白話泛函分析入門
數學推理入門

陳興逸
蔡清池
陳興忠
著

前言

　　一些人在大學念微積分的時候，看到書上說閉區間是一個緊緻集，此刻已接觸到這個名詞；少數人念研究所時，可能會涉及到小波理論，理論中亦會提到緊緻集，此刻可能又接觸到這個名詞。對於學工程的人來說，大部分人看到這個名詞就忽略過去。 但事實上，在泛函理論對緊緻集有相當嚴謹的描述，同時在泛函理論中，也可以看到純粹數學的表達方式。一般學工程的學生，看到了微積分中的數學符號，就有隔靴搔癢的感覺，畢竟那是非常不熟悉且數學味道重的數學符號。本書嘗試用比較通俗的文字去描述泛函，讓學工程的學生更能接受泛函的思維。在學到泛函的初步思維之後，或許對類似或常見的數學符號就不會再那麼陌生，進而不會再畏懼它們了。由於本書將讀者設定在有修過應用微積分的學生，針對微積分中的數學符號、一般連續、一致連續(本書稱作一致性連續)會再作說明。也針對若 P 則 Q 等價於若非 Q 則非 P 的邏輯會再作說明。在本書中，可數與不可數的觀念(康托的對角線證明法)、勒貝格積分、拓撲空間觀念也會提到，最後一章為最佳控制的簡介(裡面要用到泛函變分的觀念)。希望這些說明會對大家有所幫助。書中若有不足的地方，還請讀者諒解，也真誠地希望大家提供批評與指教。

全體作者
2022 年 12 月於台灣台中

全體作者聯絡方式：
陳興逸：中興大學電機系博士班，E-mail: a0937044051@gmail.com。
蔡清池：中興大學電機系教授，E-mail: cctsai@nchu.edu.tw。
陳興忠：亞洲大學資訊工程系教授，E-mail: cdma2000@asia.edu.tw。

目錄

第一章 距離空間

　　距離空間又稱為度量空間(Metric Space)，度量就是量測的意思。我們一般所熟知的距離為歐幾里得空間(簡稱歐式空間)的距離，廣義距離可以有不同的定義方式，有別於歐幾里得距離(簡稱歐式距離)。metric 是量測的意思，(數學中測度的英文是用 measure 這個字，兩者字的來源都是同一個)，即是將空間的元素(或者說成空間的點)作量測並使之量化。在歐式空間中，空間的元素為點，這個點會與原點產生距離，所以點與點之間也會產生距離。但在廣義的距離空間中，空間的元素為函數，這些函數就等同空間的點(此種空間的點又可視為一個歐幾里得空間的向量)，就如同傳立葉級數中，每一個指數函數$e^{in\omega_0 t}$ ($n = 0, \cdots, \infty$) 代表一個維度，此傳立葉級數就像空間中的點(這是一個無限維度的例子)。在此先說明什麼泛函，泛函英文是 functional(在此當名詞)，又稱廣義函數，我們熟知的 function 是函數之意。函數是由數映射到數；泛函(或稱廣泛函數或稱廣義函數)則是由函數映射到數，而這個函數可當作空間中的點來看，空間中的點又可當作向量來看。用英文說明則為: A functional is a particular function from a vector space into real numbers. 至於為什麼用 functional 這個詞並當作名詞，則是為了與傳統 function 這個詞作區隔，就像 integral 可解釋成整數的(當作形容詞)或積分(當作名詞)。

　　一個班級若有 50 個人，對每個人身高(或體重)作量測，將量測的身高(或體重)當作離原點的距離，就可以形成距離空間(又稱度量空間)。故 Metric Space 就是 distance-metric space (距離量測空間)，在英文文獻都是稱作 metric space。我們對集合中每一元素可給一個份量(如身高、體重、離原點距離)，而這個份量是量測得來的，這個份量也就是廣義的離原點距離。那麼元素與元素又可形成相對距離。

註 1：去查字根與字源(etymology，可參考此網站 https://www.etymonline.com/)，可知 metric 與 measure 都是量測的意思，只是字尾發生變化。

註 2：functional 英文解釋為: of the function 或 function-like(像函數之類的)。像函數之類的意思即是廣義的函數之意(比起狹義的函數定義來說)。狹義函數(一般稱為函數)的定義域為數值，廣義函數的定義域為函數或數值，廣義函數又稱為廣泛函數，簡稱泛函或廣函。在物理化學領域中電子軌道(orbit)與電子軌域(orbital)，軌道指電子運行不變的軌跡，但軌域指電子在一條不變的軌跡附近運動，這個運動範圍稱軌域。可知軌域是廣義軌道之意。先有 orbit，而後創造了 orbital。同樣地，先有 function，而後創造了 functional。

1.1 距離空間的定義與舉例

定義 **1.1.1** 距離空間

設 空間 **X** 為一非空集合，若存在二元映射(兩個成對元素映射至實數，×為 Cartesian product) d**: X×X→R** 使得 $\forall x，y，z \in$ **X**，若滿足以下三個條件(形成距離空間三條件)則稱作距離空間: (在此 d 為 distance 之意)($\forall$ 為 for All 之意，字母 A 倒過來寫)

(1) 非負性(Positivity): $d(x,y) \geq 0$，且 $d(y, x)=0$ 當且僅當 $x=y$；

(2) 對稱性(Symmetry): $d(x, y) = d(y, x)$ ；

(3) 三角不等式(Triangle Inequality): $d(x, y) \leq d(x, z) + d(z, y)$ (兩邊和大於等於第三邊)，則稱 d 為距離函數，經過 d 的運算後，就可算出兩點間的距離。

(X ,d)被稱為**距離空間**或**度量空間**(Metric Space)，metric 是量測的意思，指空間點元素之間的距離可以量測。若距離空間的元素是函數，距離函數 d 則稱距離泛函或亦可簡稱距離函數。因為 $x \in$ X，所以(x ,d) 可代表一個空間的點與對應此點到原點的距離。有些書習慣用**距離空間**，有些書習慣用**度量空間**，兩者為同義詞。事實上，若要計算兩個函數 $f(x)$ ，$g(x)$ 的差異性，最簡單方式則為 : $\int_a^b (f(x) - g(x))^2 dx$，而 $[\int_a^b (f(x) - g(x))^2 dx]^{\frac{1}{2}}$ 就是表達兩個函數之間的距離。(三角不等式亦可稱為三角形不等式)

在此先介紹兩個引理(Lemma)，引理有引導的意思，即指以後的定理或證明會用到的副定理(又稱輔助定理)。

引理 **1.1.1** 施瓦次不等式(Schwarz Inequality) 對任意實數 $a_1, a_2, \cdots, a_n$ ，$b_1, b_2, \cdots, b_n$ ，

$\sum_{i=1}^{n} a_i b_i \leq (\sum_{i=1}^{n} a_i{}^2)^{\frac{1}{2}}(\sum_{i=1}^{n} b_i{}^2)^{\frac{1}{2}}$ 成立。

證明 任取實數 λ，可得 $0 \leq \sum_{i=1}^{n}(a_i + \lambda b_i)^2 = \lambda^2 \sum_{i=1}^{n} b_i{}^2 + 2\lambda \sum_{i=1}^{n} a_i b_i + \sum_{i=1}^{n} a_i{}^2$，

可知右端二次方程式之判別式不大於零，即

$\Delta = (2\sum_{i=1}^{n} a_i b_i)^2 - 4\sum_{i=1}^{n} b_i{}^2 \cdot \sum_{i=1}^{n} a_i{}^2 \leq 0$。

得證。

施瓦次不等式之推廣式 —— Hölder 不等式: (例 3.4.2 有此不等式證明)

$$\sum_{i=1}^{n} |a_i b_i| \leq (\sum_{i=1}^{n} |a_i|^p)^{\frac{1}{p}}(\sum_{i=1}^{n} |b_i|^q)^{\frac{1}{q}}$$

上式積分形式為：

$\int_a^b |f(x)g(x)| dx \leq (\int_a^b |f(x)|^p dx)^{\frac{1}{p}}(\int_a^b |g(x)|^q dx)^{\frac{1}{q}}$，

其中 $p,q > 1$ 且 $\frac{1}{p} + \frac{1}{q} = 1$，可稱 p,q 為一對共伴數(或稱共軛數)，所謂共伴為成對之意謂(類似抽象代數中的相伴)。

註：Schwarz 是德國是數學家，發音近似為"ʃvarts"，故翻譯成施瓦次，在此 w 要發"v"。

引理 1.1.2 閔可夫斯基(Minkowski) 不等式，$a_i, b_i \in R$(實數)，

$[\sum_{i=1}^{n}(a_i + b_i)^2]^{\frac{1}{2}} \leq (\sum_{i=1}^{n} a_i{}^2)^{\frac{1}{2}} + (\sum_{i=1}^{n} b_i{}^2)^{\frac{1}{2}}$。

證明： 利用 Schwarz 不等式 $\sum_{i=1}^{n} a_i b_i \leq (\sum_{i=1}^{n} a_i{}^2)^{\frac{1}{2}} (\sum_{i=1}^{n} b_i{}^2)^{\frac{1}{2}}$ (兩向量內積 $\leq$ 各自長度乘積)

$\sum_{i=1}^{n}(a_i + b_i)^2 = \sum_{i=1}^{n} a_i{}^2 + 2\sum_{i=1}^{n} a_i b_i + \sum_{i=1}^{n} b_i{}^2$

$\leq \sum_{i=1}^{n} a_i{}^2 + 2(\sum_{i=1}^{n} a_i{}^2)^{\frac{1}{2}} \cdot$

$(\sum_{i=1}^n b_i{}^2)^{\frac{1}{2}}+\sum_{i=1}^n b_i{}^2=[(\sum_{i=1}^n a_i{}^2)^{\frac{1}{2}}+(\sum_{i=1}^n b_i{}^2)^{\frac{1}{2}}]^2$ ，得證。

閔可夫斯基不等式之推廣式為：$[\sum_{i=1}^n |a_i+b_i|^k]^{\frac{1}{k}} \leq (\sum_{i=1}^n |a_i|^k)^{\frac{1}{k}}+$ $(\sum_{i=1}^n |b_i|^k)^{\frac{1}{k}}$ 。

（其中 $k\geq1$，例 **3.4.4** 有此不等式證明）

又閔可夫斯基不等式推廣式之積分形式為：

$(\int_E |f(x)+g(x)|^k dx)^{\frac{1}{k}} \leq (\int_E |f(x)|^k dx)^{\frac{1}{k}}+(\int_E |g(x)|^k dx)^{\frac{1}{k}}$ ，

其中 E 為積分的區域。

例 **1.1.1** 空間 $R^n=\{(x_1,x_2,...,x_n) \mid x_i\in R, 1\leq i\leq n\}$，$x,y\in R^n$

定義距離函數 $d(x,y)=\sqrt{\sum_{i=1}^n (x_i-y_i)^2}$ ，

試驗證此 $d(x,y)$ 為距離函數 (是否符合形成距離空間三個條件)。

證明

$d(x,y)=[\sum_{i=1}^n (x_i-y_i)^2]^{\frac{1}{2}}$ 此式子的非負性與對稱性(或稱交換性)顯然成立。

利用閔可夫斯基不等式，

$[\sum_{i=1}^n (x_i-y_i)^2]^{\frac{1}{2}}=[\sum_{i=1}^n (x_i-z_i+z_i-y_i)^2]^{\frac{1}{2}}\leq[\sum_{i=1}^n (x_i-z_i)^2]^{\frac{1}{2}}+[\sum_{i=1}^n (z_i-y_i)^2]^{\frac{1}{2}}$ ，

得 $d(x,y)\leq d(x,z)+d(z,y)$ ，滿足三角形不等式，故得證 d 是一個距離函數。

例 1.1.1 在空間 R^n 所定義的距離為歐幾里得距離(可簡稱歐式距離)，這樣的距離定義形成的空間叫做歐式空間。然而,定義距離還有其他方式，如在向量空間 R^n 中，$x=(x_1,x_2,...,x_n)$ 與 $y=(y_1,y_2,...,y_n)$ 為空間的兩個

點，例如，可以對於$x = (x_1, x_2, ..., x_n) \in R^n$ (n維空間)，

$y = (y_1, y_2, ..., y_n) \in R^n$，

可以將距離定義好幾種方式，分別為：

$d_1(x, y) = \sum_{i=1}^{n} |x_i - y_i|$，或者，

$d_p(x, y) = [\sum_{i=1}^{n} |x_i - y_i|^p]^{\frac{1}{p}}$ ($p \geq 1$，p 為自然數)，或者，

$d_\infty = \max_{1 \leq i \leq n} |x_i - y_i|$，

皆可驗證d_1，d_p，d_∞都是$\mathbb{R}^n$上的距離函數 (三者距離定義皆滿足距離空間三條件)，當$p = 2$時，就是我們熟知的歐式距離。可見在同一個距離向量空間，定義距離可以有不同的方式，並將它們視為不同的度量空間(因為距離的度量方式不一樣)。除了$p = 2$以外，上述其他距離定義方式也皆可驗證滿足三角形不等式，同時也滿足非負性及對稱性，但都不是傳統距離的定義方式，所以不是歐式距離，當然其空間的元素當然不在歐式空間裡面。

例 1.1.2 設離散度量空間 **X** 為非空集合，在此離散度量空間中，對 $\forall x$，$y \in$ **X**，定義距離(或稱度量) (在此離散度量空間中元素的離散的，如整數空間的元素就是離散的，故整數空間就是離散度量空間(也可稱離散距離空間)，整數集合因為符合形成距離空間三條件，故整數集可形成距離空間，距離定義可採用最熟知的歐式距離定義。)

$$d(x, y) = \begin{cases} 0, & x = y, \\ 1, & x \neq y。 \end{cases}$$

上述度量(或稱量測)稱為**離散度量**(Discrete Metric)，又可稱**平凡度量**(意指非常平凡的距離的度量)。此距離定義將距離分類則為二分法，為"零距離"或"有距離"。表示若點與點相異則是分離的，如在一密閉空間中有 3 個氣球，顏色為紅色、黃色、藍色，因為空氣浮力會亂飄移，此時討論彼此間的真實距離無意義，我

們只要知道在此密閉空間中，有三種不同的氣球在隨機飄移，也可以說此距離定義只辨別是否相異或相同。那麼在**平凡距離**(或稱**離散**距離)中，$\forall x \in \mathbf{X}$ 有鄰域(neighborhood)嗎?答案是有的。

因用上述距離定義:

$$d(x,y) = \begin{cases} 0 ， x = y ， \\ 1 ， x \neq y 。 \end{cases}$$

$$開球鄰域\ \boldsymbol{O}(x_0 ， \delta) = \begin{cases} \{x_0\} ， 0 \leq \delta < 1 ， \\ \mathbf{X} ， \delta \geq 1 。 \end{cases} （\ 其實\delta只有兩個值即\ 0\ 與\ 1）$$

即任何一點的鄰域，只要鄰域半徑大於1(此處 δ 為鄰域半徑)，則點x_0之鄰域為整個空間$\mathbf{X}$，同時空間元素與元素之間一定是離散的，空間$\mathbf{X}$ 的子集合可稱為單點集(點與點都是落單的)。

註:此開球鄰域為開邊界之廣義球體形成的鄰域，如一維實數空間中，開區間$(-1,1) = \boldsymbol{O}(0，1)$ ，$\boldsymbol{O}$是 open ball 之意，以0 為中心，半徑為 1，形成的廣義球體(但邊界是開的(open))，定義詳見 **定義 1.2.1**)，如下圖，這是一個二維開圓鄰近(邊界是開的)，中心是原點 $(0，0)$，這個開圓即廣義的開球。舉例來說，如果在五維空間，原點就是$(0，0，0，0，0)$,這樣形成的開邊界球體，也是開球，這種球體，可稱呼超球(super ball)，如同在五維空間(x, y, z, u, v)，$x + y + z + u + v = c$ (c是常數)會形成超平面(super plane)。故開球有一維開球、二維開球、三維開球、四維開球、五維開球、…。

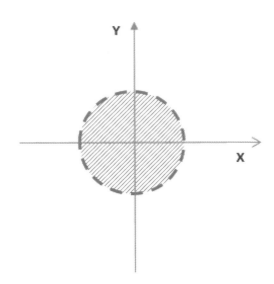

圖 1.1.1 原點 $(0,0)$ 形成的遶近(neighborhood)，邊界是開的(open)，不是封閉的(closed)。

例 1.1.3 連續函數空間 C[*a,b*]={*f*: [a,b] →**R** │*f* 為連續函數}，閉區間[a,b] 是定義域，**R** 是實數值域。$\forall f, g \in$ C[*a,b*]，在此 C 為 Continuous 之意，舉例來說，在某一區間定義的 Sin(x)，cos(x) 皆為連續函數空間中的元素，但 step function 因為不是連續函數，所以不是連續函數空間中的元素。我們在此連續函數空間中可以這樣定義兩元素的距離

$$d(f,g) = \max_{t \in [a,b]} \left| f(t) - g(t) \right|$$

驗證 (C[*a,b*],*d*) 為度量空間(或稱距離空間，或稱距離度量空間)。

證明 顯然，*d* 滿足度量空間中距離定義之非負性與對稱性。下面驗證符合三角形不等式，

設 $\forall f(t), h(t), g(t) \in$ C[*a,b*] 及 $\forall t \in [a,b]$ ，可得

$$d(f,g) = \max_{t \in [a,b]} \left| f(t) - g(t) \right| = \max_{t \in [a,b]} \left| f(t) - h(t) + h(t) - g(t) \right|$$

$$\leq \max_{t \in [a,b]} \left\{ \left| f(t) - h(t) \right| + \left| h(t) - g(t) \right| \right\}$$

$$\leq \max_{t \in [a,b]} \left| f(t) - h(t) \right| + \max_{t \in [a,b]} \left| h(t) - g(t) \right|$$

$$= d(f,h) + d(h,g)$$

即 $d(f,g) \leq d(f,h) + d(h,g)$，滿足三角形不等式。故$(C[a,b]\,,\,d)$ 為一度量空間。此空間為連續函數空間，簡記為 C[a,b]。

　　由此例可知廣義距離是代表在廣義距離空間中（在此空間中，距離定義不一定是歐幾里德空間的距離定義)，點與點的靠近程度，是藉著度量(Mertic)來測量出來的，同時，一個函數可以被當作一個空間的點。$d(f,g) = (\int_{[a,b]} \left| f(t) - g(t) \right|^2 dt)^{\frac{1}{2}}$是傳統上量測兩個不同函數的差異性，但不一定要這樣作，也可以用$d(f,g) = \max_{t \in [a,b]} \left| f(t) - g(t) \right|$量測兩個函數的差異性。廣義距離空間可簡稱距離空間。

　　例 1.1.4（有界數列空間 l^∞）記 $l^\infty = \{(x_1, x_2, \ldots, x_n, \ldots) = (x_i) \mid \sup_{i \geq 1}\{\left| x_i \right|\} < \infty\}$(維度無限大)。(亦可稱有界無窮數列空間，在此空間集合，每個元素都是有界的，即有界限的。有些書會將l^∞寫成l_∞，其實都是一樣的意思。)

對於 $x = (x_i)$，$y = (y_i) \in l^\infty$（這裡有界指空間中元素是有界的，因為$\sup_{i \geq 1}\{\left| x_i \right|\} < \infty$。）

定義 距離$d(x,y)=\sup_{i \geq 1}\{\left| x_i - y_i \right|\}$，這是一個度量空間且這一串數列值是有界的(有界限的)。這裡∞是指次冪(power)無限大，不是代表空間維度∞，以後會說明(可參考 例 1.1.9)，而數列空間這個詞表示空間的點是由一串無窮數列表示出來的。這些空間的點可當作向量來看。

(x_i) 這樣寫法是一個方便寫法，雖然這個空間點向量的維度是無限(並形成一個無窮數列)。因為以如此距離的定義方式，可以讓任何空間中的點與原點距離皆

是有限值，也讓任何這些無限維度空間中的點的"長度"變得有界(有上界及有下界)。如果在這裡用歐幾里得空間中距離的定義，則在這些點中，有些點的向量長度可能會是無界(即趨近正無限大或負無限大，因為用此距離定義：$d_2(x,y) = (\sum_{i=1}^{\infty} |x_i - y_i|^2)^{\frac{1}{2}}$)，在某些情況下，$d_2$ 會無限大，如數列 $(1,1,\cdots,1)$。在此 sup 為 supremum 之意(稱為最小上界，或稱上限)，與 maximum 有些許不一樣，舉例來說，$\sup\{1 - \frac{1}{2^n} \mid n \in \mathbb{N}^+\} = 1$，但 $\text{Max}\{1 - \frac{1}{2^n} \mid n \in \mathbb{N}^+\}$ 則不存在，$\mathbb{N}^+$ 指不包含 0 的正自然數，這個數列沒有最大值但卻有近似最大值的上限值，上限值為 1，或方便稱為准最大 (quasi-max)，quasi 是幾乎的意思。另 inf 為 infimum 之意(稱為最大下界，或稱下限)，與 minimum，有些許不一樣，如下例，$\inf\{\frac{1}{2^n} \mid n \in \mathbb{N}^+\} = 0$，這個數列沒有最小值卻有下限，下限值為 0，或方便稱為准最小 (quasi-min)，此處 l 記號，與 Lebesgue 積分(勒貝格積分)有關，以後會說明。Supremum 在拉丁文是 above 的意思；Infimum 在拉丁文是 below 的意思。又 **Schwarz** 是德國數學家，發音近似施瓦次，故翻譯成施瓦次。

例 **1.1.5** (p 次冪可積分的函數空間) $L^p[a,b] = \{f(t) \mid \int_{[a,b]} |f(t)|^p dt < +\infty\}$，其中 $1 \le p < \infty$，這裡積分為勒貝格積分(比黎曼積分更廣義的積分)，即 L 積分(Lebesgue 積分)。定義函數空間中兩函數元素之間的距離：$d(f,g) = (\int_{[a,b]} |f(t) - g(t)|^p dt)^{\frac{1}{p}}$，當 $d=0$ 時，$f(t)$ 與 $g(t)$ 為**幾乎處處相等**(幾乎處處定義 詳見**定義 1.1.2**)，驗證 $L^p[a,b]$ 為度量空間。

證明：

利用**閔可夫斯基不等式**之積分式，驗證三角形不等式，對任意 $f, g, h \in L^p[a,b]$

$$d(f,g) = (\int_{[a,b]} |f(t) - g(t)|^p dt)^{\frac{1}{p}} = (\int_{[a,b]} |f(t) - h(t) + h(t) - g(t)|^p dt)^{\frac{1}{p}}$$

$$\leq (\int_{[a,b]} |f(t)-h(t)|^p dt)^{\frac{1}{p}} + (\int_{[a,b]} |h(t)-g(t)|^p dt)^{\frac{1}{p}} = d(f,h) + d(h,g) \quad ,$$

故 $L^p[a,b]$ 為度量空間(或稱距離空間)。

　　講到勒貝格積分，勒貝格(Lebesgue)是法國人，Lebesgue 這個字裡面，s 不發音，ue 不發音，所以發音近似勒貝格。這裡先提到連通與**道路連通**觀念，若在空間X中有 x,y 有兩個相異點，在X中可找到以 x,y 分別為起點和終點的道路稱為道路連通。那麼什麼是**道路連通**呢?即 x,y 這兩點存在一條曲線或直線連接這兩個點，稱為空間X上的一條道路。設空間X有兩個點集合 A,B$\subset$ X，區域 A 與區域 B 分離的定義為：A$\cap\overline{B}=\varnothing$ 且 $\overline{A}\cap$B$=\varnothing$。$\overline{A}$表 A 的閉包，$\overline{B}$表 B 的閉包（開區間$(-1,1)$取閉包為閉區間$[-1,1]$），閉包定義詳見**定義** 1.2.2。由分離定義再推導出連通定義。因此，區域 A 與區域 B **連通**(Connected)定義為：A$\cup\overline{B}\neq$ $\varnothing$ 或 $\overline{A}\cup$B$\neq\varnothing$(從分離定義再用笛摩根定律推導出此結果，即 非 [A$\cap\overline{B}=\varnothing$ 且 $\overline{A}\cap$B$=\varnothing$] 為 A$\cup\overline{B}\neq\varnothing$ 或 $\overline{A}\cup$B$\neq\varnothing$)。用通俗的話來說，區域 A 與區域 B 幾乎相連(linked)就算連通。幾乎相連就是若即若離，以下有經典的例子 。

　　例 1.1.6 設二維空間S有子集 A,B 且空間S = A$\cup$B ，如圖 1.1.2

　　區域 A$=\{(x,\sin\frac{1}{x}) \mid x\in(0,1)\}$ ，

　　區域 B$=\{(0,y) \mid -1\leq y\leq 1 \}$ 。

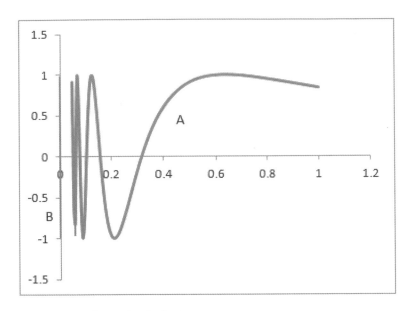

圖 1.1.2 區域 A 與區域 B

憑著直觀觀念，很難判斷區域 A 與區域 B 是否連通。區域 A 靠近 Y 軸的部分，可以看成一條與$-1\leq y\leq 1$ 近乎平行的直線，些微地左右擺盪，這個直線擺盪的序列的極限是

區域 B=$\{(0,y)\mid -1\leq y\leq 1\}$，所以區域 A 與區域 B 是連通的。若存在某拓撲空間(X, τ) (詳見**定義 1.2.4**)，X={黃金，油價，鋼筋，水泥，沙子}，τ={{黃金，油價}，{鋼筋，水泥，沙子}，{黃金，油價，鋼筋，水泥，沙子}}，τ 可以看成將集合分成不同的分群(grouping)。那麼，為何子集族 τ 將空間中元素作這樣分類，因為在價格起落觀點，黃金，油價是連動的，不能分離的；鋼筋，水泥，沙子是連動的不能分離的。這裡，連通的觀念與價格連動的觀念是近似的。

在此介紹 Lebesgue 測度，所謂外測度可以說從外面包圍一個點集的最小長度或最小面積或最小體積，若點集是閉集則作外測度計算很好界定，但點集是開集，就要一些數學操作了。這裡介紹一維空間裡面的外測度，記為m^*，測度英文為 measure，即測量，量測的意思。

設在一維空間中**有界點集**$E\subset\mathbb{R}$ (有界是有界限之意，$\{\frac{1}{x} : x \in [0,1]\}$，此集

合就是無界集合)，對取E外測度，則

外測度 $m^*(E) \triangleq \inf\{\sum_n |I_n| : E \subset \bigcup_n^\infty I_n , I_n$為有界開區間$\}$ ($\inf$ 表示取下限)

內測度 $m_*(E) \triangleq \sup\{\sum_n |I_n| : \bigcup_n^\infty I_n \subset E , I_n$為有界閉區間$\}$，$I$是 interval 之意，前者由外面作最緊包圍(由外面包圍取下限)，後者由內面作最緊頂住(由裡面包圍取上限)。或許還不明白，將I改成V即可知，V為 volume 之意(在三維空間)，$m^*(E) \triangleq \inf\{\sum_n |V_n| : E \subset \bigcup_n^\infty V_n , V_n$為有界開集$\}$，$m_*(E) \triangleq \sup\{\sum_n |V_n| : \bigcup_n^\infty V_n \subset E , V_n$為有界閉集$\}$。當內測度等於外側度時，即 $m_*(E) = m^*(E)$，則稱E為勒貝格可測集 (表示集合E的大小是可以量測出來的)，簡稱 L 可測集(也可稱可測集) ，L 即 Lebesque 之意，再決定以$m_*(E)$或$m^*(E)$為E的勒貝格測度(或稱量度)，或稱E的 L 測度，一般記為 $m(E)$ ，有些書習慣用$m^*(E)$作勒貝格測度，此時內測度等於外側度。就一維空間來說，可測集即是點集合總長度是可測量出來的。若$m_*(E) < m^*(E)$，則稱E是不可測集，類似當左極限不等於右極限時，此時沒有極限。所以當內測度等於外側度，**勒貝格測度**才存在。這裡舉一個不可測集的例子，如$\delta(t)$函數，在時間軸，時間點的大小是多少，大小是一個0^+的數量級，介於有跟無之間。

設函數 $f : E \to \widehat{\mathbb{R}}$ 為E上廣義實數值函數。集合$E(f > a) \triangleq \{x : f(x) > a, x \in E\}$。若對於任意$a \in \mathbb{R}$ ，$E(f > a)$是 Lebesgue **可測集**(像源可測)，則稱f是E上的勒貝格可測函數，簡稱可測函數，或稱f在E上可測，或簡稱$E(f > a)$ L 可測。下面敘述等價: $E(f > a)$ L 可測 $\equiv E(f \geq a)$ L 可測 $\equiv E(f < a)$ L 可測 $\equiv E(f \leq a)$ L 可測。進一步可參考測度的書。

記號" $\equiv$ "為全等或等價的意思。簡略說，像值任意分成上半部及下半部，分別對應的函數像源
的長度是 L 可測。若對應的點集是實心線段，不需要特別作 L 測度計算。若對

應的點集是非實心線段(任意兩點皆非道路連通的)，就需要作 L 測度計算。事實上，在一維空間，L 測度(或稱勒貝格測度)即是所有點長度加總計算，測度(Measure)也是測量，量度之意。在本書 L 測度簡稱測度。

廣義實數集 $\overline{\mathbb{R}}$ 的定義為：$\mathbb{R} \cup \{\pm\infty\}$，即廣義實數集包含兩個點：$-\infty$ 與 $+\infty$。所以實數集 $\mathbb{R}$ 是不包括 $+\infty$ 與 $-\infty$，這與我們一般認知的實數範圍不一樣，我們只知道實數集 $\mathbb{R}$，會往實數軸正的方向無窮發展下去，也會往實數軸負的方向無窮發展下去。到底會發展到何處，我們只知道實數發展的趨勢。因為 $+\infty$ 與 $-\infty$ 難以確切說明，我們可以用這種方式表達實數集，即 $-\infty \leftarrow 0 \rightarrow +\infty$，由 0 往正方向無窮發展下去，也會往負的方向無窮發展下去。

例 1.1.7 設 $f(x) = c$，$x \in \mathbb{R}$，c 為常數，則 f 是 $\mathbb{R}$ 上可測函數。

證明 任何 $a \in \mathbb{R}$。

$$\mathbb{R}(f > a) = \begin{cases} \emptyset, & a \geq c, \\ \mathbb{R}, & a < c, \end{cases}$$

所以 $f(x) = c$ 是可測函數。即對 f 像值任意分成上半部或下半部形成的像源集皆為可測集(像源集的大小是可測量的)。這個是一維可測集。

例 1.1.8 下面集合的 L 測度為零，我們稱 L 測度為零的集合為**零集**(Null Set)，或稱**零測度集**。在此，我們用**外側度**記號當作**勒貝格測度**。接下，有下面三個命題 (Proposition)：

(1)空集是零集，即 $m^*(\emptyset) = 0$。

(2)有限集 $\{a_1, a_2, ..., a_{N_0}\}$ 是零集，其中 $N_0 \in N$，即 $m^*(\{a_1, a_2, ..., a_{N_0}\}) = 0$。

(3)可列集 $E\{a_1, a_2, ..., a_n, ...\}$ 是零集，即 $m^*(E) = 0$。因為有理數集 $\mathbb{Q}$ 是可列集，所以 $m^*(\mathbb{Q}) = 0$。可列集 1.4 章節有進一步介紹，**可列集**又稱**可數集**(Countable Set)，顧名思義，表示集合的元素可一個一個陳列出來，實數集的元素則不能一個一個陳列出來。

證明

(1) 因為對任意 $\varepsilon>0$，皆有 $\emptyset \subset (-\frac{\varepsilon}{2}, \frac{\varepsilon}{2})$，

對上式兩邊取測度運算，得 $0 \le m^*(\emptyset) \le \varepsilon$，

ε 可任意小，得 $m^*(\emptyset)=0$。

(2) 因為對任意 $\varepsilon>0$，皆有 $\{a_1, a_2, \ldots, a_{N_0}\} \subset \bigcup_{k=1}^{N_0}(a_k - \frac{\varepsilon}{4N_0}, a_k + \frac{\varepsilon}{4N_0})$，

兩邊取測度運算，得

$$0 \le m^*(\{a_1, a_2, \ldots, a_{N_0}\}) \le \sum_{k=1}^{N_0} \left| \left(a_k - \frac{\varepsilon}{4N_0}, a_k + \frac{\varepsilon}{4N_0} \right) \right|$$

$$= \sum_{k=1}^{N_0} \frac{2\varepsilon}{4N_0} = \frac{\varepsilon}{2} = \varepsilon \text{ 。} \varepsilon \text{ 可任意小，得 } m^*(\{a_1, a_2, \ldots, a_{N_0}\})=0 \text{ 。}$$

(3) 因為對任意 $\varepsilon>0$，皆有 $\{a_1, a_2, \ldots, a_k, \ldots\} \subset \bigcup_{k=1}^{\infty}(a_k - \frac{\varepsilon}{2^{k+1}}, a_k + \frac{\varepsilon}{2^{k+1}})$，

兩邊取測度運算，得

$$0 \le m^*(\{a_1, a_2, \ldots, a_k, \ldots\}) \le \sum_{k=1}^{\infty} \left| \left(a_k - \frac{\varepsilon}{2^{k+1}}, a_k + \frac{\varepsilon}{2^{k+1}} \right) \right| = \sum_{k=1}^{\infty} \frac{\varepsilon}{2^k} = \varepsilon \text{ 。}$$

ε 可任意小，得 $m^*(\{a_1, a_2, \ldots, a_\infty\})=0$。

再來我們作一個函數 $D(x)$ 的積分。先定義 Dirichlet 函數。

Dirichlet 函數 $D(x)$ 定義為：

$$D(x)= \begin{cases} 1, & x \in \mathbb{Q} \cap [0,1], \\ 0, & x \in \mathbb{Q}^c \cap [0,1]. \end{cases}$$
其中 $\mathbb{Q}$ 是有理數集，$\mathbb{Q}^c$ 是有理數集的餘集

(實數對有理數作差集)。

對 $D(x)$ 作積分，即 $\int_0^1 D(x)=?$。因為積分定義域為 $x \in \mathbb{Q} \cap [0,1]$，由例 **1.1.8** 之(3)，得其測度(點集合長度總和)為零。 $D(x)$ 的定義域上，只有部分點，其函數值為 1，其他點的函數值為 0。因為測度為零，所以 $D(x)$ 的積分為零，即

$\int_0^1 D(x) = 0$。這種形式的積分就是勒貝格積分，在這種情況，我們無法作黎曼積分運算。我們可說$D(x)$幾乎處處等於 0(**幾乎處處**參見如下**定義** **1.1.2**)。又$\mathbb{Q} \cap [0,1]$是連通的 (定義詳見例 1.1.6 上方)，但不是道路連通的。

可測集的大小(或稱測度)有三種：一個是 0、一個是定值、及無限大。實數集$(-\infty, \infty)$ 的大小是無限大。那麼有可測集，也就有不可測集。

我們在此構造一個不可測集，在實數集$(-\infty, \infty)$上構造一個集合E，對任意有理數$q_n \in \mathbb{Q}$，

$E_n = E + q_n$，若有下列性質：(注意：$0 \in \mathbb{Q}$)

(1) $\bigcup_{n=1}^{\infty} E_n$包含(contain)某個區間，如$[0,1]$。

(2) $\{E_n\}$是互不相交的子集，並且$\bigcup_{n=1}^{\infty} E_n$是有界的，如$\bigcup_{n=1}^{\infty} E_n \subseteq [-1,2]$，則可以證明$E$不是可測集。

若E是可測的，即$m(E) = k$(一個定值)，$k \in \mathbb{R}$，則$m(E) = m(E_n) = k$。又

$$m\left(\bigcup_{n=1}^{\infty} E_n\right) = \sum_{n=1}^{\infty} m(E_n)$$

由$\bigcup_{n=1}^{\infty} E_n$包含區間$[0,1]$，可知$\sum_{n=1}^{\infty} m(E_n) \geq 1$。另外，由$\bigcup_{n=1}^{\infty} E_n \subseteq [-1,2]$，可知$m(\bigcup_{n=1}^{\infty} E_n) \leq 3$，從而

$1 \leq m(\bigcup_{n=1}^{\infty} E_n) \leq 3$　　$([0,1] \subseteq \bigcup_{n=1}^{\infty} E_n \subseteq [-1,2])$

又 $m(E) = m(E_n) = k$，這是不可能的。所以$m(E)$是一個類似0^+的值，介於有與無之間。即E不可測。

實際構造方法 設$X = [0,1]$，下面建立一種等價關係，符號為～，如下 ：對於$x_1, x_2 \in X$，$x_1 \sim x_2$當且僅當$x_1 - x_2 \in \mathbb{Q}$，根據這個等價關係，可以將X做

一個劃分，即

$$[0,1] = X = \bigcup_{n=1}^{\infty} E_n \cup E \text{。} q_n \in \mathbb{Q}_{[-1,1]} \text{，此處 } \mathbb{Q}_{[-1,1]} = \mathbb{Q} \cap [-1,1] \text{。}$$

對任何 $q_n \in \mathbb{Q}_{[-1,1]}$，$E_n = (E + q_n)$，此處 E 是位於 $[0,1]$ 的所有"純有理數"。所謂純有理數是指類似 $\frac{\sqrt{2}}{2}$、$\frac{\sqrt{2}}{3}$ 之類的實數，但 $\frac{\sqrt{2}}{2} + 1$、$\frac{\sqrt{2}}{3} + \frac{1}{2}$ 就不是純有理數。又 $\frac{\sqrt{2}}{2} \sim (\frac{\sqrt{2}}{2} + 1)$，$1 \in \mathbb{Q}_{[-1,1]}$。（$\frac{\sqrt{2}}{2}$ 與 $(\frac{\sqrt{2}}{2} + 1)$ 屬於 $[\frac{\sqrt{2}}{2}]$，即 $\frac{\sqrt{2}}{2}$ 類，$[\ ]$ 為類別符號。）

因為 $E_n = (E + q_n)$，（E_n 為 E 的陪集；$q_n \in \mathbb{Q}_{[-1,1]}$）

故 $m(E_n) = m(E)$。（E_n 只是 E 做一個平移）

(1) E_n 與 E 是互不相交的。例如，$\{\frac{\sqrt{2}}{2}\}$ 與 $\{\frac{\sqrt{2}}{2} + 1\}$ 互不相交。$\{\frac{\sqrt{2}}{2}\}$ 也與 $\{(\frac{\sqrt{2}}{2} + \mathbb{Q}) \cap [0,1]\}$ 互不相交。

(2) $[0,1] \subseteq \bigcup_{n=1}^{\infty} E_n \cup E$。

(3) $\bigcup_{n=1}^{\infty} E_n \cup E \subseteq [-1,2]$。

即 $[0,1] \subseteq \bigcup_{n=1}^{\infty} E_n \cup E \subseteq [-1,2]$，由上面證明，可知 E 是不可測集（$m(E)$ 是一個類似 0^+ 的值）。

上述構造方法的描述是非正式的數學表達方式，在傳統數學領域的描述方式則為：

構造方法 設 $X = [0,1]$，下面建立一種等價關係~：

對於 $x_1, x_2 \in X$，$x_1 \sim x_2$ 當且僅當 $x_1 - x_2 \in \mathbb{Q}$，根據這個等價關係，可以將 X 做一個劃分，即

$[0,1] = X = \bigcup_{n=1}^{\infty} \{[x] \mid x \in X\}$，此處 $[x] = \{y \in X \mid x \sim y\}$ 是所有 X 中與等價的元素。我們可以構造集合 E，此集合由每個等價類各選一個元素組合而成（如 $E = \{\sqrt{2}, \frac{\sqrt{2}}{2}, \sqrt{3}, \cdots, \}$），則 E 是勒貝格(Lebesque)不可測集。

不可測的原因

(1) 對於任何有理數 $q_n \in \mathbb{Q}$，令 $E_n = (E + q_n)$，$n \in \mathbb{N}^+$（正自然數），則 $\{E_n\}$

是互不相交的(沒有交集)。

如果可找到某個$q_1 \neq q_2$，滿足$s \in (E + q_1) \cap (E + q_2)$，則存在$y, z \in E$，使得$y + q_1 = z + q_2$，故$y - z = q_2 - q_1$是有理數，此時，與$y$和$z$屬於不同的等價類產生矛盾。

所以$\{E_n\}$互不相交的。

(2) $[0,1] \subseteq \bigcup_{n=1}^{\infty} E_n \cup E$。這是由於對於任何$x_0 \in [0,1]$，有$x_0 \in [x_0]$。若取交集：$E \cap [x_0] = \{z_0\}$(單點集合)，則意謂著$x_0 - z_0 = r \in \mathbb{Q}$，即$x_0 = z_0 + r$ ($z_0 \in E$)，因此$x_0 \in (E + r)$，所以$\{x_0\} \subseteq \bigcup_{n=1}^{\infty} E_n \cup E$。(此$x_0$為任何$x_0 \in [0,1]$)

(3) 又 $\bigcup_{n=1}^{\infty} E_n \cup E \subseteq [-1,2]$。

綜合上述，此構造成的集合E是勒貝格不可測集。

定義 1.1.2 幾乎處處(Almost Everywhere) 如果命題在點集E上不成立(不合乎條件)的點的總長度為0(零測度子集)，我們稱命題在點集E上幾乎處處成立。常用$a.e.$表示，$a.e.$為 almost everywhere 之意。例如 Dirichlet 函數$D(x)$在E上幾乎處處為零，記為 $D(x) = 0$, $a.e.$于E (這個函數幾乎是等同0)。若$E(f \neq g) = \{x \in E: f(x) \neq g(x)\}$是零測度集，則稱$f(x)$與$g(x)$在點集$E$上幾乎處處相等(兩個函數幾乎相等)，記為$f(x) = g(x)$, $a.e.$于E。簡稱$f(x)$幾乎相等於$g(x)$。用白話來說，就是幾乎相等。再舉例來說，若$D(x)$在E上有幾個點是無限大，則$D(x)$是幾乎處處有界的。

定義 1.1.3 p次冪可和的數列空間 $l^p = \{(x_1, x_2, ..., x_n, ...) = (x_i) \mid \sum_{i=1}^{\infty} |x_i|^p < \infty$, 其中 $1 \leq p < +\infty\}$(維度無限大)，對於$\forall x = (x_i)$, $\forall y = (y_i) \in l^p$ (l表示與 L 積分(勒貝格積分)的 L 作區隔之意)

定義距離：

$$d_p(x, y) = \left(\sum_{i=1}^{\infty} |x_i - y_i|^p\right)^{\frac{1}{p}}$$ ，此種距離產生的空間稱**p次冪可和數列**

空間(因為這個無窮數列是次冪可和的)。(與 energy signal 的形式一樣)

當$p \to \infty$時，$d_\infty(x,y) = \sup\limits_{i \geq 1} |x_i - y_i|$，此種距離產生的空間稱作**有界數列空間**(因為這個無窮數列是有界的)。

定義 **1.1.4** p 次冪可積分的函數空間$L^p[a,b] = = \{ f(t) \mid \int_{[a,b]} |f(t)|^p dt < +\infty \}$，其中 $1 \leq p < +\infty$，L 表勒貝格積分，簡稱 **L 積分**，表示在$[a,b]$上作勒貝格積分。對於$f, g \in L^p[a,b]$，

定義距離

$d_p(f,g) = (\int_{[a,b]} |f(t) - g(t)|^p dt)^{\frac{1}{p}}$，此種距離產生的空間稱 **$p$ 次冪可積分的函數空間**。

當$p \to \infty$時，$d_\infty(x,y) = \sup\limits_{t \in [a,b]} |f(t) - g(t)|$，此種距離產生的空間則稱**有界函數空間**。

例 **1.1.9** 設 $x = (x_1, x_2, x_3)$，$d_p(x, 0) = (\sum_{i=1}^{3} |x_i|^p)^{\frac{1}{p}}$，$1 \leq p$，則 $d_\infty(x, 0) = \sup\limits_{i \geq 1} |x_i|$。

證明

設$0 \leq x_1 \leq x_2 \leq x_3$ (先排序由小至大，將問題簡化一些)，

$x_3{}^p \leq (x_1{}^p + x_2{}^p + x_3{}^p) \leq 3 \cdot x_3{}^p$，且$1 \leq p$，

得$(x_3{}^p)^{\frac{1}{p}} \leq (x_1{}^p + x_2{}^p + x_3{}^p)^{\frac{1}{p}} \leq (3 \cdot x_3{}^p)^{\frac{1}{p}}$，當$p \to \infty$時，因為$(3)^{\frac{1}{\infty}} = 1$，

利用夾擠定理，故當$p \to \infty$時，$(x_1{}^p + x_2{}^p + x_3{}^p)^{\frac{1}{p}} \to (x_3{}^p)^{\frac{1}{p}} = x_3$。得證。

注意，x_3是集合$\{x_1, x_2, x_3\}$裡面的最大值。

例 **1.1.10** $f(t) \in L^p[a,b]$，$d_p(f, 0) =$

$(\int_{[a,b]} |f(t)|^p dt)^{\frac{1}{p}}$，$d_\infty(x, 0) = \sup\limits_{t \in [a,b]} |f(t)|$

證明

與例 1.1.9 作類似推導

設　M=$\sup\limits_{t\in[a,b]}|f(t)|$　，則　$[\int_{[a,b]}|f(t)|^p dt]^{\frac{1}{p}}\leq[\int_{[a,b]}M^p dt]^{\frac{1}{p}}=$

$[M^p\cdot(b-a)]^{\frac{1}{p}}=M\cdot[(b-a)]^{\frac{1}{p}}$

當$p\to\infty$時，上式最右項$\to$M，

對任一　M'< M，作測度計算$l=m^*[\{t\in[a,b]\mid f(t)>M'\}]$　，可測集$E=$ $\{t\in[a,b]\mid f(t)>M'\}$，或寫成　$l=m^*(E)\neq 0$，$m^*(E)$為測度，即計算一維空間$f(t)>$M'的 t 總長度，可得

$[\int_E|f(t)|^p dt]^{\frac{1}{p}}\geq((M')^p\cdot l)^{\frac{1}{p}}=M'\cdot l^{\frac{1}{p}}$

當$p\to\infty$時，因為$(l)^{\frac{1}{\infty}}=1$，此時再將 M' 任意接近 M，可得 $[\int_E|f(t)|^p dt]^{\frac{1}{p}}\to$M$\cdot$1

由於夾擠定理，故當$p\to\infty$時，$[\int_E|f(t)|^p dt]^{\frac{1}{p}}\to$M$=\sup\limits_{t\in[a,b]}|f(t)|$。

這個證明表示只要 M'< M 並且 M' $\neq$ M，$m^*(E)$ 一定要存在並不為 0，那麼 $(l)^{\frac{1}{\infty}}=1$。

定義 1.1.5 若可測集E中存在某個零測度子集E_0，使得可測函數x在集合$E\backslash E_0$上有界，則稱x在E上**本性有界**的或**本質有界**的(Essentially Bounded)。舉例來說，$x(t)$在$t=1$ ($t\in[0,2]$)，$x(1)=\infty$，$x(t)$ 還是可以算有界的，這種有界，除了稱**本性有界**，亦可稱**幾乎處處有界**，白話來說，即 "可以算是有界"。若度量是以幾乎處處為觀點，則E上形成的函數集合可以記為L_∞，其中任意兩個幾乎處處相同的函數可以看作同一元素。$L^\infty(E)$中兩個元素的距離定義為：$d(x,y)=$ $\inf\limits_{m(E_0)=0,E_0\subset E}\{\sup\limits_{t\in E\backslash E_0}|x(t)-y(t)|\}=\text{ess}\sup\limits_{t\in E}|x(t)-y(t)|$。ess 為 essential 之意。

$\inf\limits_{m(E_0)=0,E_0\subset E}$是$E_0$為變元(符合$m(E_0)=0$條件的集合可大可小)，即在所有上限形成的集合中找下限。$E\backslash E_0$為在E中減去屬於E_0的元素，又稱E對E_0取差集。

定義 **1.1.6** 設 $E \subset \mathbb{R}^n$ 且可測，$f(x)$ 是 E 上可測函數，$1 \leq p < +\infty$。

$L^p(E) = \{f(x) \mid \int_E |f(x)|^p dx < \infty$ 稱為 $L^p(E)$ 為 E 上的 L^p 空間；

對於 $p = +\infty$，$L^\infty(E) = \{f(x) \mid$ 可找到 $c > 0$ 使得 $|f(x)| \leq c, a.e.E\}$，則稱為

$L^\infty(E)$ 為 E 上的 L^∞ 空間。滿足 $|f(x)| \leq c, \ a.e.E$ 的 $f(x)$ 稱為本性有界。此時，記

為：$\underset{x \in E}{\text{ess sup}} |f(x)| = \inf\{c \mid |f(x)| \leq c, a.e.E\}$。可以看出 $L^p(E)$ 空間中，$f(x)$ 不允

許 ∞ 值，因為有積分運算。但在 $L^\infty(E)$ 空間中，若 $f(x) \infty$ 值的測度為 0，則可以

用**幾乎處處有界**讓整個函數近似有界。

1.2 距離空間的拓撲性質

　　拓撲也就是拓樸(topology)，為何中文翻譯用拓撲這個詞，因為拓為拓展的意思，撲有塗敷的意思。在拓撲空間中，主要將空間看成一個集合，由此集合產生子集，這些子集形成子集族，子集族的形成可以很多種，子集可以看作將不同位置的點劃分成一個區域，藉著子集族形式，可以判斷本點與其他點之間是否相連或稱連通(connected)，若兩點連通，則這兩點仍然可能屬於不同的子集。然後，點與點之間可以進一步再定義距離關係。拓撲(Topology)即是指空間的子集族，所以在拓撲空間，只探討子集族形式，不探討距離的。或者說，歐式空間是遠近空間，即距離遠近空間；**拓撲空間**是親疏空間，即關係親近疏離空間(後面會再說明)，是比距離空間更廣義的。所謂**拓撲性質**是指空間結構的性質，可表現空間中的點與點的連通程度。拓撲(Topology)中 topo 為 place 或 space之意，所以拓撲學就是探討空間結構之學，探討空間元素之間如何連結，元素之間的親疏，如同在歐式空間的距離就是表達一種親疏。在此與機率論中樣本空間{1,2,3,4,5,6}作比較，此為擲骰子之例。在樣本空間中，元素之間沒有親疏(沒有距離)，不像在實數空間$(-\infty, \infty)$中，元素之間有親疏(有距離)。

定義 1.2.1 開球、鄰域

　　設(X, d)為度量空間，d可表明點與點之間的距離關係，我們稱**開球**鄰域$O(x_0, \delta) = \{x \mid d(x, x_0) < \delta, x \in X\}$是以$x_0$為中心，$\delta$為半徑的**開球**(open ball)形成的點集合。但x_0的開鄰域是指包含x_0的開集合，x_0不一定位於整個鄰域的中心。而$\overline{O}(x_0, \delta)$則稱為閉球(closed ball)鄰域，所以開球是開鄰域，但開鄰域未必是開球。若在**一維實數空間**，**開區間**$(-1,1)$，就是以0為中心半徑為1形

成的**開球**。這裡用"球"這個字可泛指在如下空間形成的球體如，一維空間，二維空間，三維空間，四維空間 ，五維空間，甚至推廣到無限維高維空間。所以這個"球"是**廣義球體**。這裡開是指邊界是開的(open)。

定義 1.2.2 內點、開集、閉集、觸點、閉包(Interior Point ,Open Set, Closed Set, Adherent Point,Closure)

設 (X ，d) 為距離空間，$G \subset X$，$x_0 \in G$，若可以找到(或稱存在) 以x_0為中心的開球，且 $O(x_0, \delta) \subset G$，則稱x_0為G的**內點**，全體內點形成的集合稱為**內部**，記號為 **int G** 。若有 $G \subset X$，G 中每一點都是內點，則稱 G 為**開集合**(或稱開集)。並規定為空集合ϕ為開集。設$F \subset X$ ，若F 的補集(記為 $F^c = X \backslash F$)是開集則稱 F 是**閉集**(閉集的定義)，即先定義開集，再產生閉集。若對任意小$\delta > 0$，鄰域 $O(x_0, \delta)$都包含 G 中的點，即 $G \cap O(x_0, \delta) \neq \phi$ ，則稱x_0 是點集合 G 的**接觸點**(adherent point) ， G 的全體接觸點(又稱觸點)稱為 G 的**閉包(closure)**，記號為$\overline{G}$，所以**閉包**會將所有開邊界的點都收納進來。若$\overline{G} = G$，則稱 G 為閉集，這是閉集另一種定義方式。內點與觸點的差別在於內點的無窮小鄰域被包含於某集合，觸點則是其無窮小鄰域與某集合有交集，一個是被包含，一個是有交集，所以內點定義比觸點更嚴格。設$A = \{1,2,3,4,5,6\}$，距離度量為平凡度量，$\forall x_0 \in A$ ，可找到$O(x_0, 0.5) \cap A = \{x_0\} \neq \phi$(或寫成 $O(x_0, 0.5) \subset A$)，及 $O(x_0, 1.1) \cap A = \{1,2,3,4,5,6\} \neq \phi$，所以$\forall x_0 \in A$是**A**的內點又是觸點。

例 **1.2.1** 設距離空間 A= $\{1, \frac{1}{2}, \cdots, \frac{1}{n}, \cdots\}$，$n \in \mathbb{N}^+$，距離$d(x, y) = |x - y|$，每個$\frac{1}{n}$是孤立點，0 是 A 的聚點，但不屬於A，從而 A 不是閉集。因此，閉集亦可解釋為此集合任何點列的收斂點仍屬於原集合。

在此說明不是閉集，可能是半開集(或部分開集)，如半開區間(0,1]。或可能是全開集，如全開區間(0,1)。

例 **1.2.2** 設是$(\mathbf{X}, d_0)$平凡距離空間$(\mathbf{X}, d_0)$ (可參照例 1.3.1)，空間中的點皆為離散的， $\mathbf{A}$是$\mathbf{X}$的任意非空子集 ，證明$\forall \mathbf{A}$既是開集又是閉集。

證明 $\forall \mathbf{A} \subset \mathbf{X}$，$\forall x_0 \in \mathbf{A}$，取$\delta = \frac{1}{3}$ ，

$O\left(x_0, \frac{1}{3}\right) = \{x \mid d_0(x_0, x) < \frac{1}{3}, x \in \mathbf{X}\} = \{x_0\} \subset \mathbf{A}$ ，故$\forall x_0 \in \mathbf{A}$都是 $\mathbf{A}$ 的內點，即$\mathbf{A}$為開集， 進而$\forall \mathbf{A}$都是開集。再對$\forall \mathbf{A}$作補集運算，$\forall \mathbf{A}^c$ 都是閉集(閉集的定義)，綜合上兩句話，$\mathbf{X}$ 的任何子集既是開集又是閉集。 從直觀的說，閉集即是原本集合裡的任何點的序列(或稱點列)，其極限點(或稱收斂點)仍然還在原本集合內，舉例來說，開區間$(0,1)$ 就存在一種點序列(或稱點列)，收斂在 0 這個點，但點 0 不屬於$(0,1)$ 。從收斂觀點來看，開區間收斂在外面，所以為開集。簡略來說，開集是每一點都是內點；閉集則每一極限點皆有在原本集合內。在此，$\mathbf{X}$稱為宇集(Universal Set，或稱全集) 。

若有空間為$(0,1)$，顯然，$(0,1)$為開集，因為規定空集為開集，將空集作補集運算，得到$(0,1)$，所以$(0,1)$為閉集。因為$(0,1)$為全集，故$(0,1)$既為開集又為閉集；閉集可以視為沒有點列發展衍生到外空間，所以空集為閉集。歸納來說，只有$(0,1)$與空集具有既是開集又閉集的性質，也可以說在作集合運算得時候，發現空集具有閉集與開集的性質。又將閉區間$[0,1]$當作全集，對閉區間$[0,1]$作補運算得到空集，此時空集是開集。所以空集具有開集與閉集的性質。

性質 1.2.1 距離空間$\mathbf{X}$中開集的性質

(1) 任意多個開集的聯集是開集。

(2) 有限多個開集的交集是開集。

(3) 無限多個開集的交集有可能是是閉集。

說明：無限多個開集的交集有可能是閉集，e.g. $(-1,1)$如例 1.2.3 經過為無限個交集運算，可能收斂成一個單點，而單點(又稱單點集)是閉集。

性質 1.2.2 距離空間 **X** 中閉集的性質

(1)任意多個閉集的交集是閉集。

(2)有限多個閉集的聯集是閉集。

(3)無限多個閉集的聯集可能是是開集。

說明：利用 De Morgen 定律，因為閉集是對開集作補集運算得到的，將開集之任意多個聯集運算取補集便成任意多個交集運算，將開集之有限多個交集運算取補集變成有限多個聯集運算。

註 1： 這裡證明(也可以看成說明) 無限多個開集的交集有可能是是閉集，因爲 $\lim_{\delta \to 0} O(x_0, \delta) = x_0$ (單點集合)，又單點 x_0 爲最小閉集。

註 2： 這裡證明(也可以看成說明)空集是開集，作 $\lim_{\delta \to 0} O(x_0, \delta)$ 運算，再來將 x_0 去除，則此集合爲空集，因爲在運算過程中，開集的性質不會消除，故空集是開集。

註 3： 空集可直接定義爲開集及閉集，但在此作一些思維的推導。我們知道：開集∪開集 = 開集，又開集∪空集 = 開集，所以空集爲開集。同理，閉集∪閉集 = 閉集，又閉集∪空集 = 閉集，所以空集爲閉集。

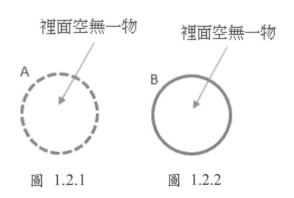

圖 1.2.1   圖 1.2.2

上圖集合 A 是預設開集邊界(又稱開邊界，開區間(−1,1)就是一維開邊界)形成的空集，因為找不到開集邊界(空集內部什麼都沒有)，所以空集為閉集。上圖集合 B 是預設閉集邊界形成的空集，因為找不到閉集邊界(空集內部什麼都沒有)，所以空集為開集。又空集的補集為全集，故全集既為開集又為閉集。

例 1.2.3 任意多個開集的交集運算不一定是開集，例如：$E_k = (-\frac{1}{k}, \frac{1}{k})$, $\forall k \in \mathbb{N}^+$， $\bigcap_{k=1}^{\infty} E_k = \{0\}$，$E_\infty = \{0\}$；任意多個閉集的聯集運算不一定是閉集，例如：$E_k = [\frac{1}{k}, 2 - \frac{1}{k}]$, $\forall k \in \mathbb{N}$。前者將開集串列(序列)作無限交集得到一點 0(閉集)，後者將閉集串列(序列)作無限聯集得到一開區間(0,2)，因為 E_k 序列永遠不會變成[0,2]，只能無窮地靠近[0,2]，這等同開邊界的觀念。

定義 1.2.3 聚點、導集、閉包(Accumulation Point , Derived Set, Closure)

設 **X** 為距離空間，$\mathbf{A} \subset \mathbf{X}$，若 x 為 **A** 的**聚點**(或稱極限點)則 x 的任意小鄰域並去除點 x (又稱去心鄰近) 都有 **A** 的點，即$[\boldsymbol{B}(x, \delta) - \{x\}] \cap [\mathbf{A}] \neq \emptyset$，$\delta$ 可任意小。**A** 中所有聚點形成的集合稱為 **A** 的**導集**(Derived Set) ，記為 $\mathbf{A}^d$，顧名思義，每一聚點都是由無窮點列衍生而來的，所以亦可稱為衍生集。$\mathbf{A} \cup \mathbf{A}^d$ 可稱為 **A** 的**閉包**(Closure)，記為 $\overline{\mathbf{A}}$ 或為 cl**A** (Closure 為 closing，關起來，封閉的意思)。這是閉包的一種定義。由聚點定義，可知 **A** 的聚點(又稱**極限點**)不一定屬於 **A**。

例 1.2.4 實數集 **R** 中的閉區間$[a, b]$在某一度量空間中可能是開集。

設 $\mathbf{X} \subset \mathbf{R}$，度量空間$(\mathbf{X}, d) = [a, b] \cup [c, f]$， $a < b < c < f$ ，$\forall x, y \in \mathbf{X}$，定義距離 $d(x, y) = |x - y|$ ，令 $x_0 = \frac{a+b}{2}$ ，

$r = \frac{b-a}{2} + \frac{c-b}{2}$ ，則開球 $\boldsymbol{B}(x_0, r) = [a, b]$ ，依此類推，可以發現 $[a, b]$上任意點可找到其所屬開球仍在 **X** 裡面，所以$[a, b]$在此為開集，開集是開區間推廣而來的。這裡要表達是邏輯的推衍。

定義 1.2.4 拓撲空間(Topological Space)

設 **X** 是一個非空集合，τ 是 **X** 的一個子集族，若滿足下列三個條件則稱 τ 為 **X** 的拓撲：

(1)空集 ϕ 和 **X** 屬於 τ。

(2)在 τ 中，眾多子集作任意次聯集運算(包括無限次)仍屬於 τ。

(3) 在 τ 中，眾多子集作有限次交集運算屬於 τ。

有了 τ，則 **X** 從集合變成了空間，此空間稱作拓撲空間，記為(**X**, τ)，τ 內的子集(或說 τ 內的元素)皆定義為開集。若某閉區間是 τ 內的子集，仍然為開集，跟我們一般的認知不同，τ 表示空間元素與元素的連結特性。此連結特性代表元素之間的各種親疏關係(親近疏離關係)，可以看成距離的廣義化。τ 亦可看成將空間元素作分組、分類(Grouping)。當分組在同一類時，表示此時，同一類的元素關係為親近。因為拓撲空間是距離空間的廣義化，所以歐式空間的性質必定符合拓撲空間的性質。簡言之，**距離空間**是遠近空間，**拓撲空間**是親疏空間。**聯集**運算就像**加法**運算，**交集**運算就像**乘法**運算，條件(1)與條件(2)類似加法封閉性與乘法封閉性。

註：此處聯集宛如實數中的加法運算；交集宛如實數中的乘法運算。條件(2)、條件(3)代表運算的封閉性。

定義 1.2.5 拓撲空間中的鄰域和閉集

設(**X**, τ) 為拓撲空間，點 $x \in$ **X**，**U** $\subset$ **X**(**U** 為 **X** 的子集)，若可找到 $G \in \tau$ ，使得 $x \in G \subset$ **U**，則稱 **U** 為拓撲空間 **X** 中 x 的鄰域(Um 這個字首在德語是 around 的意思)，即鄰域包含拓撲 τ 的某一元素 G。設 **F** $\subset$ **X** ，可找到 **G** = **F**^{c}=**X\F**$\in$ τ，則稱 **F** 為拓撲空間 **X** 中的閉集，因為所有的 $G \in \tau$ 都定義成開集。說到離散點形成的空間與連續點形成的空間，兩者各呈現的拓撲 τ 之子集族形式在本質上是不一樣的。有些書會用某一種距離形式誘導出某一種拓撲形式(子集族形式)，可能是指先有距離形式(代表點與點分離形式)後才有拓撲形式(子集族形式)，就像雞蛋是由母雞生的。

例 1.2.5 拓撲空間 **X**={a, b, c, d, e}，τ = { **X**, ϕ, {a, b, c}, {c, d, e}, {c}}，τ 內元素會滿足上述條件(1)、條件(2) 、條件(3)。這個 τ 代表各種分類，或各種

區域劃分，或各種親疏關係。若要找元素 a 在拓撲空間中的鄰域族，則有 **X**，$\{a, b, c\}$。但 $\{a, b, c, d\}$、$\{a, b, c, e\}$、$\{a, b, d\}$ 就不是 a 的鄰域，因為皆 $\nsubseteq \tau$。此處，a 不能當作距離空間的點，但可為拓撲空間的點。所以拓撲空間比距離空間更廣義。

註：此處 $\{a, b, c, d, e\}$ 稱為全集(又稱全集合，Universal Set)，全集可以看成 τ 裡面的元素彼此作聯集運算所得到的最大集合。明顯是 $\{a, b, c, d, e\}$，這裡要陳述的是集合擴張的觀念。就像對無限集合整數 $\mathbb{Z}$，如何描述全集呢？$\{\cdots, -1, 0, 1, 2, \cdots\}$ 此種描述表達的是在正數這邊一直無窮地加 1，在負數那邊一直無窮地減 1，雙邊一直無窮地擴張下去。

定義 1.2.6 Hausdorff 空間(Hausdorff Space)

設 $(\mathbf{X}, \tau)$ 為拓撲空間，若任意兩相異點都存在互不相交鄰域稱為 Hausdorff 空間(可稱為任兩點鄰域皆可分離之空間)。為什麼要定義任兩點鄰域都可分離空間呢？因為下面例子就會出現有兩點鄰域無法分離的情況，當然只要在特殊的拓撲空間內才會發生的情況。

例 1.2.6 設拓撲空間 $\mathbf{X} = \{a, b, c, d, e\}$，$\tau = \{\mathbf{X}, \emptyset, \{a, b, c\}, \{c, d, e\}, \{c\}\}$，此拓撲空間不是 Hausdorff 空間。

可以找到點 a 與點 b 的鄰域為：$\{a, b, c\}$ 與 $\mathbf{X} = \{a, b, c, d, e\}$，所以此兩點鄰域找不到分離情況，因而此拓撲空間不是 Hausdorff 空間。

例 1.2.7 設拓撲空間 $\mathbf{X} = \{$牆, 窗, 門, 桌, 椅, 床$\}$，$\tau = \{\mathbf{X}, \emptyset, \{$牆, 窗, 門$\}, \{$桌, 椅, 床$\}, \{$桌$\}, \{$椅$\}, \{$床$\}, \{$桌, 椅$\}, \{$椅, 床$\}, \{$桌, 床$\}, \}$，此空間不是 Hausdorff 空間。

可以找到牆與窗的鄰域為 $\{$牆, 窗, 門$\}$ 與 $\mathbf{X} = \{$牆, 窗, 門, 桌, 椅, 床$\}$，牆與窗的鄰域找不到分離情況，因而不是 Hausdorff 空間。牆、窗、門是不可分開的，它們緊緊地黏在一起。牆、窗、門之間可當作沒有距離，但 $\{$牆, 窗, 門$\}$ 與 $\{$桌$\}$ 又形成了廣義距離(這裡有兩個子集)，這個距離是抽象距離(代表親疏)。就像一個六歲小孩,當他看到月亮,只知道月亮在天空上,不清楚究竟有多遠,月亮有多遠對他來說就是抽象距離的觀念。故拓撲空間表達出抽象距離(或稱親疏關係)的觀念,也可以看成空間中元素與元素的各種親疏關係,如{牆,窗,門}可看成一個類別,既然是同一個類別,元素與元素的關係很"親近"。如同星星、月亮、太陽都是天體,關係很"親近"。

註:此處拓撲空間 X 可看成總類;{牆,窗,門}可看成牆壁類;{桌,椅,床}可看成家俱類。{桌},{椅},{床}可看成家俱類的子類。幾個元素可歸成一類代表這幾個元素有一定相似性(Similarity)。在實數空間,就可分成整數、自然數、小數。整數 1 的附近亦可形成一類別。無論作怎麼分類,都必須符合拓撲空間中如定義 1.2.4 中的類加法封閉性與類乘法封閉性。

例 1.2.8 拓撲空間 $\mathbf{X}=\{a, b, c\}$,$\tau = \{ \mathbf{X}, \emptyset, \{a, b\}, \{b, c\}, \{c, a\}, \{a\}, \{b\}, \{c\}\}$,$\tau$ 裡面的元素作集合運算是封閉的,此空間是 Hausdorff 空間(空間內任兩點之鄰域都可找到不相交情況)。很明顯,任何兩相異點都可找到互相分離鄰域。e.g. $\{a\}$,$\{b\}$,$\{c\}$ 都屬於 τ,他們可找到某一個鄰域(即僅包含自己的鄰域),而且鄰域與鄰域都互不相交,這裡的鄰域是指更廣義的鄰域,舉例來說,a 的鄰域有四種情況: $\{a\}$,$\{a, b\}$,$\{c, a\}$,$\{a, b, c\}$,所以鄰域是可大可小的。

例 1.2.9 距離空間 $(\mathbf{X}, d)$ 導出的拓撲空間是 Hausdorff 空間。

設 x_0,$y_0 \in \mathbf{X}$,$x_0 \neq y_0$,$\delta = d(x_0, y_0) > 0$,$U_0 = \boldsymbol{O}\left(x_0, \frac{\delta}{3}\right)$,$V_0 = \boldsymbol{O}\left(y_0, \frac{\delta}{3}\right)$ $U_0 \cap V_0 = \emptyset$,表示任兩點可找到彼此不相交鄰域,所以距離空間 $(\mathbf{X}, d)$ 是 Hausdorff 空間,即任兩點可找到恰當鄰域並可分離,而例 1.2.7 就不是"任兩點鄰域皆可分離之空間"。當說到距離空間時,若不特別說明,則此距離定義就不是平凡距離定義。

1.3 距離空間的極限與連續

定義 **1.3.1 點列的極限**

設在距離空間有無窮點列 $\{x_n\}$，若無窮點列 $\{x_n\}$ 收斂就是 $\{x_n\}$ 最終會朝向一個目標點前進。 當 $n \to \infty$， 點列若能朝向一個目標點 x 則稱**收斂**，即 $\lim_{n \to \infty} d(x_n, x) = 0$ ，x 稱點列 $\{x_n\}$ 的極限(或稱極限點、收斂點)，記作 $\lim_{n \to \infty} x_n = x$ 或 $n \to \infty, x_n \to x$。即 $\forall \varepsilon > 0, \exists N \in \mathbb{N}$ ，當 $n > N$ 時，都滿足 $d(x_n, x) < \varepsilon$。$\forall \varepsilon > 0$ 就是 ε 可任意小之意。即給一個值 ε_0 ，可找到 N_0，當 $n > N_0$ 時，都滿足 $d(x_n, x) < \varepsilon_0$。 再給 $\frac{\varepsilon_0}{10}$，甚至再給 $\frac{\varepsilon_0}{100}$，可以找到相對應的值 $(\frac{\varepsilon_0}{10}, N_1)$ 及 $(\frac{\varepsilon_0}{100}, N_2)$ ，當 $n > N_1$ 時及 $n > N_2$ 時，可滿足 $d(x_n, x) < \frac{\varepsilon_0}{10}$ 及 $d(x_n, x) < \frac{\varepsilon_0}{100}$。肯定的是，$N_0 \leq N_1 \leq N_2$ 。當 ε 趨近到無窮小時，N 趨近到無限大，x_n 就趨近目標點了。另外，若 $\{x_n\}$ 為有限點列，即 $n = 1, 2, \dots, N_0$ ，一定是收斂點列，為何？因為 x_{N_0} 就是終點也是目標點。

$\{x_n\}$ 收斂簡要說明如下:

$\{x_n\}$ 收斂定義 1: $n \to \infty$，$d(x_n, x) = 0$。

$\{x_n\}$ 收斂定義 2: $\forall \varepsilon > 0$，可找到 $N \in \mathbb{N}$，當 $n > N$ 時，滿足 $d(x_n, x) < \varepsilon$。

這兩個定義是等價的，舉一個極端的例子，若有點列 $\{x_n\}$，其中 $x_n = n$, $n = 1, 2, 3, \dots$ ，

這個點列是否**收斂**，在實數集中，此點列不收斂，但在廣義實數集中，此點列收斂到 $+\infty$。所以在數學中，會有傳統定義與廣義定義。廣義實數集包括 $-\infty$ 與 $+\infty$ 的點。在此〝可找到〞是存在的意思，〝可找到〞是一個方便用語。若點列不收斂則稱發散(Divergence)。簡言之，想到收斂，就可思考關於點列的發展，相鄰

點與點的距離是否越來越小；想到發散，就思考關於點列的發展，相鄰點與點的距離是否散開或者**不收斂**。當探討點列時，可想到點與點的分佈特性。

例 **1.3.1** 數列(或點列) $x_n = \frac{1}{n}$, n=1, 2, ... , $x_n \in X$，若 X 上定義平凡距離

$$d(x,y) = \begin{cases} 0 , & x = y , \\ 1 , & x \neq y 。 \end{cases}$$ ，則此數列是發散的。

因為 $d(x_n, x_m)$=1 , n≠ m ，所以當 $n \to \infty$, $d(x_{n-1}, x_n)$ =1,不會趨近於 0，因而數列不收斂(或稱為發散的)。但在傳統歐式距離定義下，點列 x_n 一定是收斂的，且收斂至 0。

定義 1.3.2 集合的直徑

點 x 到集合 A 的距離 $d(x, A) \triangleq \inf_{y \in A}\{d(x, y)\}$ ，即是對集合 A 元素找最近的距離，inf 為 infimum，下限之意。$\triangleq$ 為定義的記號。

集合 A 的直徑(Diameter) $\text{dia } A \triangleq \sup_{x,y \in A}\{d(x, y)\}$ ，即集合 A 內最遠兩點的距離，sup 為 supremum，上限之意。若集合 A 直徑小於∞，則稱有界集(有界限集)；若集合 A 直徑趨近∞，則稱無界集(無界限集)。若度量空間 X 中的子集 A 可包含在 X 的某個開球(廣義開球體)或閉球(廣義閉球體) ，亦可稱集合 A 是有界的。這是有界集合的另一種定義。如何定義，主要是在於定義的合理性。

定理 1.3.1 距離空間 X 點列$\{x_n\}$ 有下列性質：

(1) 若點列收斂，則極限唯一。

(2) 若收斂的點列 $\subset$ **X**，則點列有界。(注意：收斂點不一定屬於 **X**)

證明

(1) 設$\{x_n\}$收斂至兩個點 x 及 y ，即

$\forall \frac{\varepsilon}{2}$>0，$\exists N \in \mathbb{N}$，當 $n > N$ 時，有 $d(x_n, x) < \frac{\varepsilon}{2}$

$$\forall \frac{\varepsilon}{2} > 0 , \exists N \in \mathbb{N} , 當 n > N 時，有 d(x_n, y) < \frac{\varepsilon}{2}$$

利用三角(形)不等式 $d(x, y) \leq d(x_n, x) + d(x_n, y) < \frac{\varepsilon}{2} + \frac{\varepsilon}{2} = \varepsilon$

即 $\forall \varepsilon > 0 , \exists N \in \mathbb{N}$，當 $n > N$ 時，有 $d(x, y) < \varepsilon$

當 ε 為無窮小時，$d(x, y) \to 0$，又當 $\varepsilon = 0$ 時，$x = y$。

因為 x, y 不一定屬於 $\{x_n\}$，所以 ε 一定要大於 0。

但若 $x, y \in \{x_n\}$，上述則可改寫成 $\forall \frac{\varepsilon}{2} \geq 0 , \exists N \in \mathbb{N}$，當 $n > N$ 時，有 $d(x_n, x) \leq \frac{\varepsilon}{2}$ 及

$\forall \frac{\varepsilon}{2} \geq 0 , \exists N \in \mathbb{N}$，當 $n > N$ 時，有 $d(x_n, y) \leq \frac{\varepsilon}{2}$ 。

(2) 由前提可知 $x_n \to x_0$ ，取 $\varepsilon_0 = 1$ ， 則存在 $N \in \mathbb{N}$，當 $n > N$ 時，$d(x_n, x_0) < 1 = \varepsilon_0$

取 $m_1 = \max\{ d(x_1, x_0), d(x_2, x_0) , \dots , d(x_N, x_0)\}$ (找離極限點最遠的那一個)，$m_2 = \max\{m_1, \varepsilon_0\}$ (集合內所有點，找離極限點最遠的那一個), 則 $\forall n \in \mathbb{N}$ ， $d(x_n, x_0) \leq m_2 < m_2 + 1 = M$

其實，$d(x_n, x_0) < M$ 這個形式已經等價於有界集，但在此我們利用三角形不等式，

$\forall n, m \in \mathbb{N}, d(x_n, x_m) \leq d(x_n, x_0) + d(x_m, x_0) < M + M = 2M$ ，這個形式是符合以直徑有限表達有界集(即符合**定義 1.3.2)**。

定義 1.3.3 連續與一致性連續(Continuous and Uniformly Continuous)

(1) 設有映射 f：X→Y ，X, Y $\in \mathbb{R}$，$x, x_0 \in X$，$y, y_0 \in X$，對於 $\forall \varepsilon > 0 \ \exists \delta > 0$ 滿足 $0 < |x - x_0| < \delta \Rightarrow 0 < |y - y_0| < \varepsilon$，這是映射 f 在 x_0 連續的定義，若 f 在 X 上每一點都連續，稱作 f 在 X 上連續。即條件 A 蘊涵條件 B($\Rightarrow$ 為蘊涵的記號)，條件 A 是充分條件，條件 B 是必要條件。

就如同，環境衛生良好蘊涵處理好汙水，環境衛生是充分條件，處理好汙

水是必要條件，但處理好汙水不一定能環境衛生良好。因為必要條件的發生，必須充分條件夠充分，導致必要條件發生。就像 x>2⇒x>1 ，事實上，與充分條件相比較，必要條件是必較寬鬆的。另一例子: 天下雨⇒地面是濕的，但地面是濕的不一定天下雨，也有可能人去潑水。將ε, δ運用在連續函數的對應關係，是指先選擇ε = 1 ，後可找到δ = 1 ，使得 0<$|x-x_0|$<1 ⇒0<$|y-y_0|$<1，或寫成$x \in (x_0-1, x_0+1)$⇒$y \in (y_0-1, y_0+1)$。若再選擇ε = 0.1 又可找到δ = 0.1，使得 0<$|x-x_0|$<0.1 ⇒0<$|y-y_0|$<0.1，就像打靶時，先畫靶上的命中圓圈，當命中圓圈越小時，若要命中，子彈出槍口時的偏離射擊理想軌線就要越小。以此類比連續函數，若要 ε 逼進無窮小，則δ 也要逼進無窮小，依此類推下去，我們稱 f 在點x_0連續，也就是在點對(x_0, y_0) 此處連續。如果 f 是恆等映射(Identity Mapping) ，$y = f(x) = x$，區間 X=[-1,1]，區間 Y=[-1,1]，x_0=0，y_0=0，當ε = 0.1時，δ<0.1(或說δ=0.1) 就可滿足蘊涵推導如左 0<$|x-x_0|$<δ⇒0<$|y-y_0|$<ε，所以要先決定 ε 這個值。連續在拓撲學觀點，可以說若 x_0 的附近(即鄰近)是道路連通的(Connected)則對應的y_0 的附近也是道路連通的(詳見 例 1.1.6)，即源域連通區域映射像域連通區域。源域就是定義域，像域就是值域。

(2) 對於 ∀ε >0 ∃δ>0 ，∀ x_1, x_2 ∈ X，X⊂ ℝ，當 0<$|x_1-x_2|$<δ時，就會有 0<$|f(x_1)-f(x_2)|$<ε，則稱**一致性連續**，uni 在拉丁文是 one 的意思，所以 uniform 就是 one-form 的意思，即統一的形式。這裡"有"就是蘊涵或導致的意思，或解釋成有這種情況。剛剛(1)所講的連續又稱一般性連續，與此處一致性連續是有差別的，一致性連續是一個全域性的性質(globally) ，一般性連續是指一個區域性的性質(locally)，就像計算機領域講的區域變數，全域變數。所以一致性連續也可以等價解釋，將定義域 X 等量劃分成一小段(可任意大小的一小段)，每一小段長度為δ，不同地段的δ，都對應一個斜

率(值域 Y 的最大差值除以定義域 X 的最大差值)，但這些斜率集合是有界的，δ可以任意小，斜率集是有界，但不會趨近±∞(因為集合有元素趨近±∞，則找不到上限或下限)，什麼意思呢？(如果覺得斜率有界可能不夠嚴謹，亦可說變化率有界)經典例子如下，

$f(x) = \frac{1}{x}$ ，$x \in (0,1]$， 將線段分為 100 份，即 δ=0.01，在(0,0.01]這個區間，變化率是趨近-∞，變化率集則是無界，所以f(x) 不是一致性連續，而是一般性連續。

一致性連續定義也可寫成：對於 ∀ε>0，∃δ>0，∀x_1，$x_2 \in$ X $\subset \mathbb{R}$，滿足
$0 < |x_1 - x_2| < δ \Rightarrow 0 < |f(x_1)-f(x_2)| < ε$
滿足在英文表示為 such that, 簡寫為 s.t. ，即定義域(或稱像源域)任何兩點，不管身處何處，只要距離有限，其斜率是有限的(有界的)，亦即 $|f(x_1)-f(x_2)| / |x_1 - x_2|$ 有界的。即一致有界，也可稱為處處有界。可與**定義 1.1.2 幾乎處處**作比較。若有一斜率集$\{m_n\} = n$，這個斜率集是無界的，因為找不到上限。當$n \rightarrow \infty$時，斜率$\rightarrow \infty$。

一致性(Uniformness)是指對於函數或物品的性質(或特性)，其性質是均勻的(uniform)，不會因為地點變了，性質就變了。即每一地點性質都差不多，如一塊石頭的硬度有一致性，則石頭中每一點的硬度都差不多，這就是硬度有一致性。而對於函數的一致性連續(或稱一致連續)，則是指每一點的變化度(或稱變化率)都差不多。也就是變化度有一致性。

再舉另一個例子，$f(x) = \sqrt{x}$，$f'(x) = \frac{1}{2\sqrt{x}}$，$x \in [0,1]$，f(x)是一致性連續的，但不是利普希次連續的(Lipschitz-continuous)。利普希次連續須符合利普希次(Lipschitz)條件的，所謂 Lipschitz 條件是切線斜率集的絕對值≤定值(切線斜率集有界)，注意，$\sqrt{x}$在接近$x = 0$之處，斜率$\rightarrow \infty$。所以利普希次連續比一致性連續更光滑，更嚴格的。對於$f(x) = \sqrt{x}$來說，當δ極微小時$\Rightarrow 0 < |f(x_1)-f(x_2)| < ε$。左邊敘述，只要δ不等於 0，都是可以成立的。其實 Lipschitz-連續與一致性連續

是非常相近的，但透過數學語言的描述，可以把細微差異表達出來的。

再來將區間 X 與區間 Y 推廣成度量空間 X 與度量空間 Y，以下的連續是對度量空間而言的。

(3) 設(X, d)，與(Y, ρ)是兩個度量空間，有映射 $f：X \rightarrow Y$ 且 $x, x_0, y \in X$ 。

　　f 在點x_0一般性連續 $\triangleq \forall \varepsilon > 0$ ， $\exists \delta > 0$, 當 $d(x, x_0) < \delta$ 時， $\rho(f(x), f(x_0)) < \varepsilon$。

　　$d(x, x_0) < \delta$ 為像源域(Pre-image Domain，或稱源域)的活動範圍，$\rho(f(x), f(x_0)) < \varepsilon$ 為像域(Image Codomain)的活動範圍。或簡略寫成: 連續映射: 道路連通區域 $\rightarrow$ 道路連通區域。

(4) 承上，f 在 X 上一致性連續 $\triangleq \forall \varepsilon > 0$ ， $\exists \delta > 0$, 當 $d(x, y) < \delta$ 時， $\rho(f(x), f(y)) < \varepsilon$，$x, y \in X$。

　　我們可以先給x一個值，此時y當作變元，取得此處附近(x, y)的關係，再滑動x到下一個值，再依此類推，得到全域的結果。

　　一致性連續與 Lipschitz 條件連續(或稱 Lipschitz 連續)的比較:

一致性連續可等價描述為: $\forall x_1$, $x_2 \in X \subset \mathbb{R}$，對任意給一個值$\delta(x_1, x_2)$ ($\delta(x_1, x_2)$ $\triangleq |x_1 - x_2|$，x_1, x_2為線段端點)，當$\delta(x_1, x_2)$在 X 內作隨意滑動時，若δ的變化率集有界，則在 X 內一致性連續。當$\delta(x_1, x_2)$在 X 內作隨意滑動時，又當$\delta \rightarrow 0$時，若δ的變化率集仍然有界(不會走向∞)，則在 X 內為 Lipschitz-連續。

　　若 P 則 Q，P 代表 P 敘述，Q 代表 Q 敘述，用邏輯符號則是 $P \Rightarrow Q$，或是 P 蘊涵 Q。如 $x \in A \Rightarrow x \in B$ 等價表示為 $A \subset B$。所以 $x \in A \Rightarrow f(x) \in B$ 等價表示為 $f(A) \subset B$ ，在此介紹一個符號"$\cong$"，為全等的意思。

　　我們說 $P \Rightarrow Q$，即條件 P 蘊涵條件 Q，或敘述 P 蘊涵敘述 Q。例如，某人說：〝如果我拿到獎學金，就買一本英文字典。〞，P 代表拿到獎學金，Q 代表買一本英文字典。即拿到獎學金⇒買一本英文字典。即 P⇒Q。沒拿到獎學金時，P 值為偽(false)，沒買一本英文字典時，Q 值為偽(false)。所以不會出現這種情形：拿到獎學金⇒不買英文字典。但是，沒拿到獎學金⇒買一本英文字典，這個情形是允許的。沒拿到獎學金⇒沒買英文字典，這個情形也是允許的。蘊涵也是導致、導出的意思。再舉一個例子，

已知：$A = \{1,2,3\}, B = \{1,2,3,4,5\}$，設 $x \in A \Rightarrow x \in B$。

$x = 7 \Rightarrow x \notin B \ (x \notin A \Rightarrow x \notin B)$ ；

$x = 5 \Rightarrow x \in B \ (x \notin A \Rightarrow x \in B)$ ；

$x = 1 \nRightarrow x \notin B \ (x \in A \nRightarrow x \notin B)$ ；

$x = 1 \Rightarrow x \in B \ (x \in A \Rightarrow x \in B)$ ；

P 為 $x \in A$，Q 為 $x \in B$，真值表如下：

P	Q	P⇒Q
F	F	T
F	T	T
T	F	F
T	T	T

T：true，F：false

又 P⇒ Q 等價於 $\sim Q \Rightarrow \sim P$，$\sim Q$ 是非 Q 的意思；P ⇏O 是 P 不蘊涵 Q 的意思。

真值表如下：

P	Q	P⇒Q	~P	~Q	P⇒Q
F	F	T	T	T	T
F	T	T	T	F	T
T	**F**	F	**F**	**T**	F
T	T	T	F	F	T

上面真值表與下面真值表是全等的。

P	Q	P⇒Q	~Q	~P	~Q ⇒ ~P
F	F	T	T	T	T
F	T	T	F	T	T
T	F	F	**T**	**F**	F
T	T	T	F	F	T

將 P 與 Q 各自改成否定敘述 P 與否定敘述 Q，就變成非 Q 蘊涵非 P，即~Q ⇒ ~P。

註：蘊涵英文為 imply，而 imply 查英英字典為 express indirectly，即暗示或非明示之意，亦即經過推導之意，表示P經過推導後可得Q。

定理 1.3.2(連續的等價命題) f：X→Y，$x_0 \in X$，(X ,d), (Y, ρ)為度量空間，下列命題等價：對此命題(又稱陳述)我們要證明命題是真或偽。

(1) f 在x_0連續。

(2) 對 f(x_0) 的任一鄰域 $O(f(x_0),\varepsilon)$ 可找到 $O(x_0,\delta)$ 使得 $f(O(x_0,\delta)) \subset O(f(x_0),\varepsilon)$。

(3) 空間 X 點列$\{x_n\} \subset X$，若 $\lim_{n\to\infty} x_n = x_0$，則 $\lim_{n\to\infty} f(x_n) = f(x_0)$。(像源域點列收斂映射到像域點列收斂，這裡像源域是指定義域)

證明

(1)$\Rightarrow$(2) 由連續定義 $\forall \varepsilon > 0$，可找到 $\delta > 0$, 使得 $d(x,x_0)<\delta \Rightarrow \rho(f(x),f(x_0))<\varepsilon$。
(像源活動範圍蘊含像活動範圍)

$d(x,x_0)<\delta$ 等價於 $x\in O(x_0,\delta)$ ，$\rho(f(x),f(x_0))<\varepsilon$ 等價於 $f(x)\in O(f(x_0),\varepsilon)$，
又 $x\in O(x_0,\delta)$ 等價於$f(x)\in f(O(x_0,\delta))$ (因為對$x\in O(x_0,\delta)$兩邊取映射)，可得
$f(x)\in f(O(x_0,\delta)) \Rightarrow f(x)\in O(f(x_0),\varepsilon)$ (因為 $d(x,x_0)<\delta \Rightarrow \rho(f(x),f(x_0))<\varepsilon$)，
等價於 $f(O(x_0,\delta))\subset O(f(x_0),\varepsilon)$ （因為 $x\in A \Rightarrow x\in B$ 等價於 $A\subset B$ ）。

(2)$\Rightarrow$(3) 由證明過的(2)可知 $\forall \varepsilon > 0$，可找到 $\delta > 0$, 使得 $f(O(x_0,\delta))\subset O(f(x_0),\varepsilon)$。

根據(3)的已知條件: $x_n \to x_0$ (x_n **收斂於** x_0) 可得:對於前面的 $\delta > 0$, 可找到 $N\in\mathbb{N}$, 當 $n>N$時，$x_n\in O(x_0,\delta)$。(即越小的δ，就會找到越大的N；也就是說: δ越小可找到N越大)

對$x_n\in O(x_0,\delta)$兩邊取 f，可得$f(x_n)\in f(O(x_0,\delta))$，再由$f(x)\in f(O(x_0,\delta)) \Rightarrow f(x)\in O(f(x_0),\varepsilon)$，得 $f(x_n)\in f(O(x_0,\delta))\subset O(f(x_0),\varepsilon)$，由左式可得$f(x_n)\in O(f(x_0),\varepsilon)$。亦等價於即$\rho(f(x_0),f(x_n))<\varepsilon$。

歸納上述可得，對$\forall \varepsilon$, 可找到 δ ,又可找到 $n>N$ ，使得 $d(x_n,x_0)<\delta \Rightarrow \rho(f(x_n),f(x_0))<\varepsilon$ 成立。

即等價於敘述: 若 $\lim\limits_{n\to\infty} x_n = x_0$，則 $\lim\limits_{n\to\infty} f(x_n) = f(x_0)$。

事實上只是將像源點列$\{x_n\}$代入$O(x_0,\delta)$，將像點列$\{f(x_n)\}$代入$O(f(x_0),\varepsilon)$。

(3)$\Rightarrow$(1) 採反證法，即否定結論推出矛盾，即否定 f 在x_0連續，像域產生了跳躍(Jump)情形，則必找到某個正數ε_0，並設定$\delta_n = \frac{1}{n}$, 其中 $n=1,2,...$，再找$\{x_n\}$ 滿足 $x_n\in B(x_0,\frac{1}{n})$及$\rho(f(x_n),f(x_0)) \geq \varepsilon_0$ ，這與 $\lim\limits_{n\to\infty} f(x_n) = f(x_0)$ 互相矛盾(若 P 則 Q 等價於非 Q 則非 P)。

定理 1.3.3(連續的充份必要條件)設 (X, d)，與(Y, ρ)是兩個度量空間，連續映射 $f：X \rightarrow Y \Leftrightarrow$ 對 Y 中任一開集，其像源是開集。

證明

證必要性 $(\Rightarrow)$

設 Y 中任一開集 G，任取$x_0 \in f^{-1}$（G），因為 G 是開集，每一點都是內點，故存在$O(f(x_0, \varepsilon) \subset G$，其中$\varepsilon > 0$，又 f 為連續，故存在$\delta$，滿足 $f(O(x_0, \delta)) \subset O(f(x_0), \varepsilon) \subset G$，對此式前後項取 f^{-1}，可得

$O(x_0, \delta) \subset f^{-1}$（G），可知像源點$x_0$是 f^{-1}（G）內點(因為任取像源點x_0皆有鄰域)，從而 f^{-1}（G）為開集。又像點每一點都是內點，因為像源與像之映射連續性，則像源點每一點都是內點。

證充分性 $(\Leftarrow)$ 任取$x_0 \in X$，對像點取開集 G= $O(f(x_0), \varepsilon) \subset Y$，其中 $\varepsilon > 0$，ε 可任意小。顯然，$x_0 \in f^{-1}$（G）， 由前面證得開集映射開集，可得 f^{-1}（G）為開集， 故存在$\delta > 0$，滿足$O(x_0, \delta) \subset f^{-1}$（G），對此式兩邊取 f，得 $f(O(x_0, \delta)) \subset$ G= $O(f(x_0))$，因為 ε 可任意小，所以 f 在x_0連續，因為可不受位置限制，任取一開集，所以 f 在 X 上連續。當 X 為開集，就可避開 X 邊界點是否連續的問題。當 X 為閉集，x_0為邊界點，取半徑可任意小的 $O(x_0, \delta)$，並去除 X 外部的點不計，此部份鄰近仍然包含無數個點 (如同微積分所說的單邊連續)，仍然可適用連續的定義。簡略地說，任一像點鄰域可找到一個像源點鄰域與之對應。

希臘文字母 ε，英文字母為 E，應為 Error 之意；希臘文字母δ，英文字母為 d，應為 difference 之意。

例 1.3.2 設(X, d)是距離空間，$z_0 \in X$ 證明 f(x)=$d(x, z_0)$：$X \rightarrow \mathbb{R}$ 在 X 上連續映射。(證明距離函數 f(x) 為連續函數，z_0是此函數的參數)

證明 任取 $x_0 \in \mathbf{X}$，$x \in x_0$ 的鄰近，$\mathrm{d}(x, z_0) \le \mathrm{d}(x, x_0) + \mathrm{d}(x_0, z_0)$

$\mathrm{d}(x, z_0) - \mathrm{d}(x_0, z_0) \le \mathrm{d}(x, x_0)$，對兩邊取絕對值 得 $\left| \mathrm{d}(x, z_0) - \mathrm{d}(x_0, z_0) \right| \le$

$\mathrm{d}(x, x_0)$ (或者，三角形鄰邊相減小於等於第三邊)

對於 $\forall \varepsilon > 0$，可找到 $\delta = \frac{\varepsilon}{2}$，當 $\mathrm{d}(x, z_0) \le \delta = \frac{\varepsilon}{2}$ 時，

$\left| f(x) - f(x_0) \right| = \left| \mathrm{d}(x, z_0) - \mathrm{d}(x_0, z_0) \right| \le \mathrm{d}(x, x_0) \le \delta = \frac{\varepsilon}{2} < \varepsilon$，

(即 $\left| x - x_0 \right| = \mathrm{d}(x, z_0) \le \delta \Rightarrow \left| f(x) - f(x_0) \right| < \varepsilon$；上式這樣表達只是符合連續函數表達標準模式)

ε 可無窮小，故 δ 亦可無窮小(因為 $\delta = \frac{\varepsilon}{2}$)，因此函數 $\mathrm{d}(x, z_0)$ 在 $\mathbf{X}$ 上連續映射。

註：不特別說明，距離空間中點與點是道路連通的。

1.4 距離空間的可分開性(可分離性)

定義 **1.4.1 稠密(Dense)**

　　設 **X** 是距離空間，A, B ⊂ X，如果 B 中任意點x的任意大小鄰域$O(x, \delta)$都含有 A 的點，則稱作 A 在 B 中稠密，此任意鄰域$O(x, \delta)$包括範圍無窮小鄰域。換句話說，B 中任意點可由 A 中的點無窮小逼近，無窮小"半徑"包圍。若 A ⊂ B，則稱作 A 是 B 的稠密子集 。稠密可想成 B 中任意點的旁邊點夠多，夠濃稠，夠稠密。稠密有無窮小逼近，無窮小包圍的觀念，A 在 B 中稠密，但卻不一定發生 A⊂B ，也有可能發生 A∩B=∅。A 在 B 中稠密這句話，從語意來說，B 為主體，A 為客體。例如，有理數在無理數中稠密，因為無理數可被有理數無窮小逼近。無理數在有理數中稠密，因為有理數可被無理數無窮小逼近逼近。而且，有理數與無理數的交集是空集，兩者卻可互相無窮小逼近。

　　定理 1.4.1 設(X,d)是度量空間，A,B⊂X， 下列命題等價。

(1)A 在 B 中稠密。

(2)$\forall$ $x\in$ B，$\exists \{x_n\} \subset$ A，使得 $\lim\limits_{n\to\infty} d(x_n,\ x) = 0$。

(3)B⊂$\overline{\text{A}}$ 。

(4)任取δ>0，有 B⊂$\bigcup_{x\in A} O(x, \delta)$ 。

　　證明 (1)⇒(2)$\forall x\in B$ ，$\forall \varepsilon$>0 $O(x, \varepsilon) \cap$A $\neq \varnothing$ 當 $\varepsilon \to 0$ 時，$x_n \in O(x, \varepsilon)$，有 $\lim\limits_{x_n\to\infty} d(x, x_n) = 0$

(2)⇒(3) $x\in$ B，有 $\lim\limits_{x_n\to\infty} d(x, x_n) = 0$ ⇒$\forall \delta$ $O(x, \delta)$都有 A 的點，所以x是 A 的聚點，則$x \in \mathbf{A}^d$。

所以$x\in A^d \cup$A = $\overline{\text{A}}$。即 B⊂$\overline{\text{A}}$。

(3) $\Rightarrow$(4)若 $x_0 \in$ B，且 $x_0 \in$ A 則 B$\subset \bigcup_{x \in A} O(x, \delta)$

若 $x_0 \in$ B，且 $x_0 \notin$ A，$x_0 \in A^d$ 則 $\forall \delta$，$x_0 \in \bigcup_{x \in A} O(x, \delta)$，即 B$\subset \bigcup_{x \in A} O(x, \delta)$

(4)$\Rightarrow$(1)任取 $x_0 \in$ B，$\forall \delta$ $x_0 \in \bigcup_{x \in A} O(x, \delta)$ 即 $\forall \delta$ $\exists x_1 \in$A 滿足 $x_0 \in O(x_1, \delta)$，其中 $x_1 \in O(x_0, 2\delta)$

因為δ的任意性，所以 A 在 B 中稠密。

定理 1.4.2(稠密集的傳遞性)設 X 為度量空間，A, B, C $\subset$ X，若 A 在 B 中稠密，B 在 C 中稠密，則 A 在 C 中稠密。(稠密是包圍及逼近的觀念)

證明 由定理 1.4.1 可知若 在 A 在 B 稠密)則 B$\subset \overline{A}$。B 在 C 中稠密則 C$\subset \overline{B}$，又 B$\subset \overline{B} \subset \overline{A}$，因為包含 B 的最小閉集是$\overline{B}$，所以 C$\subset \overline{B} \subset \overline{A}$，及 C$\subset \overline{A}$，即 A 在 C 中稠密，又$\overline{A} = A + A^d$，可以看成 A 的本集合加上 A 集合的延伸部分(衍生部分)，其實A^d中的d為 derived 之意。

可數集(Countable Set)與不可數集(Uncountable Set)

與自然數可以一一對應之數的集合稱作**可數集**或稱**可列集**。這裡**可數集**是指集合個數可無窮地數下去的意思，舉例來說，集合$N_1 = \{2n \mid n \in N\}$是可數集，當然，自然數也是可數集。至於集合的大小，我們用 cardinality 這個詞，英文有主要，主成分，基本的意思，中文翻譯為"勢"，就像波浪般的勢頭，一波一波連續下去。用"勢"這個字可以涵括有限集合與無限集合的大小。這裡有限集合是指集合元素個數有限的，無限集合指集合元素個數無限的，如自然數是無限集合。可數集又可稱作可列集(listable set)，就是可以一個項目一個項目列舉出來的，同時可數集在本書指無限集合。在本書中，**可列集**是指可數的無限集合。在有些書中，可列集包括有限集合。有限集合的大小可以用"基數"來稱呼，即指集合中元素的個數。集合 A 的勢記號為 $|A|$。如 B=\{1,2,3\}，$|B| = 3$，事實上，絕對值符號有大小的含意。自然數的勢為 $\aleph_0$，此為希伯來文字母，念作

Aleph zero。有理數集 $\mathbb{Q}$ 的勢仍為 $\aleph_0$，為什麼?因為每個有理數可表示成 $\frac{P}{Q}$，P,Q $\in \mathbb{N}$，同時可以逐一列舉出來的，這是一個可列集的勢或稱可數集的勢。以下是可列集勢 $\aleph_0$ 的運算規律。

$\aleph_0 + \aleph_0 = \aleph_0$；$\sum_{i=1}^{\infty} \aleph_0 = \aleph_0$

$n + \aleph_0 = \aleph_0$；$\aleph_0 \times \aleph_0 = \aleph_0$；$\prod_{i=1}^{\infty} \aleph_0 = \aleph_0$；

註：舉例來說，集合{1,2,3,4,5}的個數為 5，那麼自然數的個數為多少?這個無限集合的"個數"，我們用 $\aleph_0$ 來表示，它是有限集合個數的推廣，或稱廣義化。網路上有的稱"連續統"勢，這個"統"本意為絲的線頭，"連續統"代表綿延不絕的絲。故自然數的"連續統"勢代表自然數是一個數、一個數綿延不絕地接下去，一個一個地數下去。

例 1.4.1 開區間(0,1) 不是可數集。

證明 這是利用對角線法(德國數學家康托提出的)去證明的。

假設 $\left|(0,1)\right| = \aleph_0$，即假設開區間(0,1)的勢是 $\aleph_0$。$\aleph_0$ 有一個接一個無窮列舉延續下去之意味。

(0,1)中的全體實數可表示成如下排列，並且每一數字是無窮小數

$a^{(1)} = 0. a_1^{(1)} a_2^{(1)} a_3^{(1)} \ldots$ ，

$a^{(2)} = 0. a_1^{(2)} a_2^{(2)} a_3^{(2)} \ldots$ ，

$a^{(3)} = 0. a_1^{(3)} a_2^{(3)} a_3^{(3)} \ldots$ ，

$\vdots$

找一個小數 $a = 0. a_1 a_2 a_3 \cdots a_n a_{n+1} \cdots\cdots \in (0,1)$ (這是一個無窮可列形式)，並使得此小數 a 中的 $a_i \neq a_i^{(i)}$，$i = 1,2,\cdots$，這是辦得到的，因為對任意的 i，如果 $a_1^{(1)} = 1$，$a_1 \neq 1$，$a_2^{(2)} = 2$，$a_2 \neq 2$，$a_3^{(3)} = 3$，$a_3 \neq 3$，沿著對角線無窮地依此類推下去，可得 $a_1 \neq a_1^{(1)}$，$a_2 \neq a_2^{(2)}$，$a_3 \neq a_3^{(3)}$，$\cdots$，則 $a \notin \{a^{(1)}, a^{(2)}, a^{(3)}, \ldots\} = (0,1)$ ，即找到一個數，卻又不屬於數列集合

$\{a^{(1)}, a^{(2)}, a^{(3)}, \dots\}$ 之中,所以與 $(0,1) = \{a^{(1)}, a^{(2)}, a^{(3)}, \dots\}$ 的假設產生矛盾,因此 $(0,1)$ 是不可數集(又稱不可列集),不能用可數集形式(即 $\{a^{(1)}, a^{(2)}, a^{(3)}, \dots\}$)表達出來,即 $(0,1)$ 的勢不是 $\aleph_0$,亦即自然數的勢不等於 $(0,1)$ 的勢。

定義 1.4.2 若 Y=f(X),映射 f 稱為蓋射(或稱滿射);若 $x_1 \neq x_2$,恆有 $f(x_1) \neq f(x_2)$,稱一一映射(或單射,或稱嵌射),此時,f 映射如左 f:X$\longmapsto$Y,若 X,Y 是有限集合,則 Y 的基數≥X 的基數。簡言之,嵌射的像集≥嵌射的像源集,至於為什麼要設計嵌射這樣的映射,後面會說明。

定義 1.4.3 設 A,B 是兩個集合,若 A 與 B 存在一對一蓋射(或稱對射,或稱一一對應),稱集合 A 與集合 B 對等,記號為 A~B,並且具有相同的勢。例如,$\{a, b, c\}$ 與 $\{1,2,3\}$ 對等。在對等關係: $tan(\pi x/2) \to x$ 下,有 $(-1,1) \sim (-\infty, \infty)$。A=$\{1,2,3\}$,$|A|$=3,A 的冪集合 2^A 是所有的子集族(全部部分集合形成的集合),可以發現 $|2^A| = 2^{|A|}$,所以看到 2^A,就可以聯想到 $2^{|A|}$。那麼自然數的冪集合又代表什麼涵意呢?

例 1.4.2 $2^{\mathbb{N}} \sim \mathbb{R}$ (" $\sim$ "為對等記號)。$\mathbb{N}$ 是自然數的意思,$\mathbb{R}$ 是實數的意思,$2^{\mathbb{N}}$ 是指自然數的冪集合(Power Set)。所以自然數的勢是 $\aleph_0$,而實數的勢則是 $2^{\aleph_0}$。" $\sim$ "為集合一一對應的記號。

證明 對於任意的數 $\varphi \in \{0,1\}^{\mathbb{N}}$,作映射 f:$\varphi \longmapsto \sum_{n=1}^{\infty} \frac{\varphi(n)}{2^n}$。那麼,$\{0,1\}^{\mathbb{N}}$ 是什麼意思呢,即將自然數集合,先由小到大依順序寫出來,如 $\{1,2,3,\dots\}$,集合中每一元素,可以 1 代入或用 0 代入,φ 是由 0 與 1 數字組成的無窮序列。$\varphi(n)$ 則是此序列的第幾個數字的值 $(n = 1,2,\dots)$。注意 $\sum_{n=1}^{\infty} \frac{\varphi(n)}{2^n} \in [0,1]$ ($\sum_{n=1}^{\infty} \frac{0}{2^n} = 0$; $\sum_{n=1}^{\infty} \frac{1}{2^n} = 1$),注意若考慮到 ∞ 永遠也到不了,則

$\sum_{n=1}^{\infty} \frac{\varphi(n)}{2^n}$ 可方便寫成$\in(0,1)$。所以$\{0,1\}^{\mathbb{N}}$嵌射到$(0,1)$，為什麼可以不包括 0 與 1 這兩個點，因為$\mathbb{N}$可以不包括∞這個點，(但廣義自然數則包括∞)。再經過映射，是絕對不會映射到 0 與 1 這兩個點。另一方面，對任一個$x\in(0,1)$，都可以用二進位表示成$x = \sum_{n=1}^{\infty} \frac{a_n}{2^n}$ ，$a_n\in\{0,1\}$，又$(a_1 a_2 a_3 \ldots a_n a_{n+1} \ldots \ldots) \in \{0,1\}^{\mathbb{N}}$，所以$(0,1)$嵌射到$\{0,1\}^{\mathbb{N}}$，因前面推得$\{0,1\}^{\mathbb{N}}$嵌射到$(0,1)$，綜合得知$(0,1)$與$\{0,1\}^{\mathbb{N}}$對等。又$(0,1)$、$(-1,1)$ ，$\mathbb{R}$皆為對等，他們皆可形成一一對應，則$2^{\mathbb{N}}$與$\mathbb{R}$對等。這裡有引用伯恩斯坦定理，即 A 嵌射到 B，又 B 嵌射到 A，則 A 與 B 對等，記為 A~B。這也是為什麼要設計嵌射這種映射。自然數與實數都是無限集合(元素個數無限)，但大小等級卻不一樣，自然數大小等級為$\aleph_0$ ，實數大小等級為$2^{\aleph_0}$。通俗地說，自然數的 "個數" 為$\aleph_0$，實數的 "個數" 為$2^{\aleph_0}$，只是此〝個數〞是廣義個數，也就是〝勢〞，不是一般你我熟知的個數。在此，再提到這個式子 $n+\aleph_0 = \aleph_0$，這表示整個有理數再加有限個實數仍然是可列的，所以可列集比有理數集更大，就集合的元素個數來說，可列集數目比有理數集數目更多。比起$(0,1)$的勢，可列集的勢是一般人比較可以理解的，當然，有理數集的勢也是一般人比較可以理解的，我想有理數為什麼稱有理的數，因為對人的思維來說，比較有道理。可列集可以看成有理數集的擴張或是"廣義"有理數集。

定義 1.4.3 可分開的距離空間(Separable Metric Space)

設 X 是距離空間，$A\subset X$，若 A 存在(可找到)稠密子集是可列的(可列稠密子集)，則稱呼 A 是可分點集(或稱可分開的點集，即這個點集可分出一個可列的稠密子集)，就像實數集，雖然非常密集，但可以被切開或被分開一個有理數集，而這有理數集卻可逼近任一實數，也可以說有理數集是實數的雛形，或是〝基礎〞。當度量空間 X 本集合是可分開點集時，則稱呼 X 為可分開的度量空間(可分的度量空間) ，即 X 可以找到一個子集，其為稠密子集(X 之任意數可被其稠密子集無窮小逼近)並且是可列的。因此，稠密不一定可列，稠密又可列就是可分開的觀念，可列觀念是把不可列變得更簡單。可分開的**距離空間**也可解釋成可以被分離出一個子集，這個子集是可無窮小逼近任意點(或任意數)且可列的子集，也可稱**可分離的距離空間**。此**可分離**性是可列及無窮小逼近的觀念，也有**基**的觀念。舉例來說，實數集可分離出(分開出)有理數集，有理數集是可列的稠密子集，它的角色像是實數集的基礎，因為無理數可以用有理數去無窮小逼近，而且我們又可以用數目較少的數字集去描述數目較多的數字集，所以這是一種**基**的概念。

稠密子集是無窮小逼近子集，即空間任一元素皆可被此無窮小逼近子集無窮小接近。可列稠密子集則是此無窮小逼近子集是可列的，可一個一個列舉出來的。有理數是可列集(或稱可數集)，整個有理數再添加上$\sqrt{2}$也是可列集。所以可列集的範圍比有理數更廣，這就衍生出數的擴張觀念，即集合的範圍擴大了。如自然數可擴張成有理數，有理數又可可擴張成實數。因此數的範圍是一步一步地擴張。

有理數、無理數、虛數彼此之間的"理解"關係也是相對的。對有理數來說，無理數是個看得到，摸不到的數字，是個難以理解的數字。舉例來說，$x^2 = 2$，即$x = \sqrt{2}$。那麼，什麼是$\sqrt{2}$? 可以這樣解讀，即$\sqrt{2}$ **定義成** $x^2 = 2$ (這樣表達我們暫且不會作開平方運算)。就像一個人可以勉強地理解$\sqrt{2}$這個數字，但此人卻可以輕易理解什麼是有理數。 $\sqrt{2} = 1.414213\cdots$。 $\sqrt{2} = 1 + 0.4 + 0.01 + 0.004 + 0.0002 + 0.00001 + 0.000003 + \cdots$。$\sqrt{2}$是有理數的無窮數列，我們以有理數數列無窮下去地去逼近它，但這個數列的目標點卻不在有理數裡面。這就是一個看得到，摸不到的數字。$\sqrt{2}$對有理數來說就是一個理想數(若將有理數擬人化)，是一個可間接理解的數字，而不是一個可直接理解的數字。同樣地，$x^2 = -2$，即$= \sqrt{2}i$。對$\sqrt{2}$來說，$\sqrt{2}i$是一個難以理解的數字，$\sqrt{2}i$是一個理想數(一個夢想數)。有理數難以理解無理數，無理數難以理解虛數。但虛數可理解無理數，無理數又可理解有理數。

例 1.4.3 驗證歐式空間$\mathbb{R}^3$是可分開的(可分離的)。

證明 設 $\mathbb{Q}^3$為$\mathbb{R}^3$中的有理數向量集，$\mathbb{Q}^3$如前所述是可列集(因為$\mathbb{Q}$是可列的)，下証$\mathbb{Q}^3$在$\mathbb{R}^3$稠密。

對於$\mathbb{R}^3$中任一點$x = (x_1, x_2, x_3)$，由於有理數在實數中稠密(任意實數皆可被有理數無窮小逼近)，每一實數$x_i(i = 1,2,3)$ ，都存在有理數列$r_i^k \in \mathbb{Q}$ ，當$k \to \infty$時，$r_i^k \to x_l$ (每個維度，都分別地由有理數列逼近)，其中$r_k = (r_1^k, r_2^k, r_3^k)$ ，$r_k \in \mathbb{Q}^3$，即每一維實數，有各自稠密子集，這是已知條件。

所以 $\forall \varepsilon$ 可找到$K_i \in \mathbb{N}^+$ $(i = 1,2,3)$，當$k > K_i$ 時，滿足$\left| r_i^k - x_i \right| < \frac{\varepsilon}{\sqrt{3}}$ (在此取$\frac{\varepsilon}{\sqrt{3}}$以利後面運算)，其中 $r_k = (r_1^k, r_2^k, r_3^k)$ 。取$K = \max\{K_1, K_2, K_3\}$ (找最大的)，即當$k > K$ 時，皆可滿足$\left| r_i^k - x_i \right| < \frac{\varepsilon}{\sqrt{3}}$ $(i=1, 2, 3)$ $\Rightarrow$

$$d(r_k, x) = \sqrt{\sum_{i=1}^{3} \left| r_i^k - x_i \right|^2} < \sqrt{3 \cdot \left(\frac{\varepsilon}{\sqrt{3}}\right)^2} = \sqrt{\frac{3 \cdot \varepsilon^2}{3}} = \varepsilon \quad (x是極限點)$$

即當$k \to \infty$時，$r_k \to x$，r_k點列可逼近x，所以$\mathbb{Q}^3$在$\mathbb{R}^3$中稠密。因$\mathbb{Q}^3$是可列的，所以$\mathbb{R}^3$是可分離的(可分開的)。這邊已經有集合收斂的觀念(因為一個空間點是由3個實數形成3個維度的點)，用控制工程的話語，某個點列的發展走向一個穩定點，也就是數學用語所說的收斂點。

以下例子所說的**離散距離空間**即是平凡距離空間或平凡度量空間或離散度量空間。**平凡度量**就是**離散度量**(Discrete Metric)，參見例 1.1.2。又離散距離空間是平凡度量空間，即是離散距離的空間，或是平凡距離的空間。不要誤會成此空間的元素是離散的。這裡會用離散，可能是早期提到 discrete，常指 0 與 1。所以**離散度量(離散距離)**即 0 與 1 的**度量**。

設 $x_k = (x_{k1}, x_{k2}, x_{k3}) \in \mathbb{R}^3$ ，$x_0 = (x_{01}, x_{02}, x_{03}) \in \mathbb{R}^3$ ，由例 1.4.3 證明過程可知，

$\lim_{k \to \infty} x_k = x_0$ 等價於 $\lim_{k \to \infty} x_{ki} = x_{0i}$，$i = 1,2,3$。

例 1.4.4 設距離空間 X=[0,1]，證明離散距離空間(X, d_0)是不可分離的(或稱不可分的)。

證明 假設(X, d_0)是可分離的，則必有可列(稠密)子集$\{x_n\} \subset X$ 在 X 中稠密(可列逼近子集)，又知 X=[0,1]不是可列集(因為(0,1)不是可列集，比有理數更稠密得多很多)，所以存在$x^* \in X$，但$x^* \notin \{x_n\}$。取$\delta = \frac{1}{3}$，則 $O(x^*, \delta) = \{x \mid d_0(x^*, x) < \frac{1}{3}\} = \{x^*\}$ ，這是因為 離散距離$d_0 = \begin{cases} 0 , & \text{元素相等,} \\ 1 , & \text{元素不等.} \end{cases}$。$O(x^*, \delta)$中不包含可列稠密子集$\{x_n\}$中的點，這與$\{x_n\}$在 X 中稠密矛盾(因為稠密集表示任何意點極小鄰域都與稠密集有交集)，故(X, d_0) 是不可分離的。所以是否有可列稠密子集與距離的定義有關(這裡要表達的也是數學的推理)。注意取$\delta = \frac{3}{2}$ 時，$O(x^*, \delta) = \{x \mid d_0(x^*, x) < \frac{3}{2}\} = X$，在此離散距離只有兩個值 0 與 1，代表無距離與有距離。

例 1.4.5 驗證 P 次冪可和的(無窮)數列空間l^p是可分開的。

取一集合 $E_0 = \{(r_1, r_2, \dots, r_n, 0, \dots, 0, \dots) \mid r_i \in \mathbb{Q}, n \in \mathbb{N}\}$($r$ 為 rational 之意，rational number 為有理數)，因為$n = 1, 2, \dots$，故E_0可等價表示成：$\mathbb{Q}^1 \cup \mathbb{Q}^2 \cup \mathbb{Q}^3 \cup \dots = \bigcup_{n=1}^{\infty} \mathbb{Q}^n$。因為 1 維$\mathbb{Q}$空間可列，2 維$\mathbb{Q}$空間可列，$n$維$\mathbb{Q}$空間可列，聯集運算也是可列，所以$E_0$可列。

P 次冪可和的數列空間l^p的定義:$\forall x = (x_1, x_2, \dots, x_n, x_{n+1}, \dots) \in l^p$ $(x_n \in \mathbb{R})$皆滿足$\sum_{i=1}^{\infty} |x_i|^p < +\infty$，同時 $\forall x, y \in l^p$，在此數列空間中定義距離$d_p(x, y) = (\sum_{i=1}^{\infty} |x_i - y_i|^p)^{\frac{1}{p}}$。因此$\forall \varepsilon > 0$(表 ε 可任意小)，可找到 $N \in \mathbb{N}$ ，當$n > N$時，$\sum_{i=N+1}^{\infty} |x_i|^p < \frac{\varepsilon^p}{2}$ (左式可看成可忽略項，ε越小，對應的N越大)。又因$\mathbb{Q}$在$\mathbb{R}$中稠密，$\mathbb{Q}$可任意逼近$\mathbb{R}$，對每一個$x_i \in \mathbb{R}$，$1 \le i \le N$，都可找到$r_i \in \mathbb{Q}$，滿足

$\left|x_i-r_i\right|^p<\frac{\varepsilon^p}{2N}$ ，其中 $i=1,2,3,\dots$

可得 $\sum_{i=1}^{\infty}\left|x_i-r_i\right|^p<\frac{\varepsilon^p}{2}$ 。再讓 有理數向量 $x_0=(r_1,r_2,\dots,r_N,0,0,\dots)\in E_0$ 去逼近x，則

$$d_p(x,x_0)=(\sum_{i=1}^{N}\left|x_i-r_i\right|^p+\sum_{i=N+1}^{\infty}\left|x_i\right|^p)^{\frac{1}{p}}<(\frac{\varepsilon^p}{2}+\frac{\varepsilon^p}{2})^{\frac{1}{p}}=\varepsilon$$

ε 可任意小，即x_0可任意小逼近x $(x_0\in$可列集合$)$，故E_0在l^p中稠密。又任意小即無窮小之意。

簡要陳述如下：

對於$\forall x\in l^p$，任取可任意小 ε，再選適合的N，再找有限維度N有理數向量x_0去逼近x，因為對應的x_0是可列且可任意小逼近x，所以眾多的$x_0\in E_0$在l^p中稠密，l^p有稠密子集，表示可分離出一個可列稠密子集(逼近子集)，則l^p是可分離的(可分開的)。

例 1.4.6 驗證有界數列空間 $l^{\infty}=\{(x_1,x_2,\dots,x_n,\dots)=(x_i)\mid\sup_{i\geq1}\{\left|x_i\right|\}<\infty\}$，此空間是不可分開的(不可分離的)。對於 $x=(x_i)$，$y=(y_i)\in l^{\infty}$(空間維度無限大)，定義距離 $d(x,y)=\sup_{i\geq1}\{\left|x_i-y_i\right|\}$。

證明 考慮有界數列空間$l^{\infty}=\{x=(x_1,x_2,\dots,x_n,x_{n+1},\dots)=(x_i)\mid x$為有界數列$\}$中$(x_i\in\mathbb{R})$的

子集$A=\{x=(x_1,x_2,\dots,x_n,x_{n+1},\dots)\mid x_i=0$ 或 $1\}$，若$x,y\in A,x\neq y$，則$d(x,y)=1$。因為區間$[0,1]$中的實數可表示成二進制，由例子1.4.2可知，$(x_i)\in A$嵌射到$[0,1]$，同時$[0,1]$ 嵌射到$(x_i)\in A$，(x_i)與$[0,1]$一一對應。因為區間$[0,1]$不可列，故子集A 不可列。(當所有$x_i=1$時，(x_i)對應到$[0,1]$二進制的 1；當所有$x_i=0$時，(x_i)對應到對應到$[0,1]$二進制的 0)

假設l^{∞}空間可分離，則可分離出一個可列稠密子集A_0，再由可列稠密子集A_0作

數的擴張，即以A_0中的每一點為中心，作半徑為$\frac{1}{3}$的開球，將所有開球聯集，則覆蓋l^∞，也覆蓋 A。因為A_0"可列"。因 A "不可列"，於是存在 A 的某個區域，其點密度是大於A_0的點密度，所以必可找到A_0某開球內含有 A 的兩相異點x,y，即$x \neq y$，$x,y \in A$，設此開球中心為$x_0 \in A_0$，因在 A 中兩相異點的$d(x,y)=1$，於是有

$1=d(x,y) \leq d(x,x_0)+d(x_0,y)=d(x_0,x)+d(x_0,y) < \frac{1}{3}+\frac{1}{3}=\frac{2}{3}$，產生矛盾，因此$l^\infty$空間不可分離(沒有可列稠密子集)。 主要因為 l^∞ 空間的距離定義為：$d(x,y)=\sup\limits_{i \geq 1}\{|x_i-y_i|\}$所造成，與某一維歐式距離有關，而且是最大一維歐式距離，因而原有歐式多維向量之間距離的可分離特性就失去了。

1.5 距離空間的完整性(或稱完備性)

實數空間ℝ中任何基本列必收斂,但在度量空間(距離空間)中的基本列未必收斂(可說成在原度量空間不收斂),等下會舉例。基本列又稱 Cauchy 列,有些書稱"柯西列",因為 Cauchy 是法國數學家,法文唸法近似 koshi,所以稱"柯西列"。

定義 **1.5.1 基本列(Fundamental Sequence)**

設$\{x_n\}$是度量空間 X 中的一個點列,若對可任意小 ε>0 ,可找到$N \in \mathbb{N}$,當$m, n > N$時,滿足$d(x_m, x_n) < \varepsilon$,則稱$\{x_n\}$為 X 中的基本列(或稱柯西列)。設$m > n$,當滿足上述條件時,表示$x_m, x_n$彼此夠靠近,有可能$x_n$更靠近收斂點,這種情形類似集合收斂,也像隨機過程中飛彈追蹤一個活動靶時,在某一小段時間,軌跡會有些震盪,但整體來說飛彈會離靶越來越近,如圖 1.5.1 所示,點序列逐段收斂至 0,序列前段離 0 較遠,後段就接近 0。〝可找到〞是通俗用語,數學用語慣用"存在",記號為 ∃。

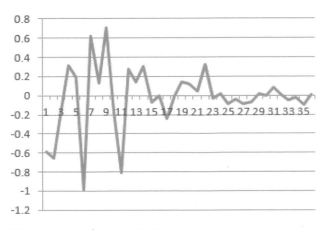

圖 1.5.1 點序列逐段收斂

定理 1.5.1 設(X, d)為度量空間，則

(1) 若點列$\{x_n\}$收斂，則$\{x_n\}$是基本列。

(2) 若點列$\{x_n\}$是基本列，則$\{x_n\}$有界。

(3) 若基本列$\{x_n\}$含有收斂子列，即$\lim\limits_{k\to\infty}\{x_{n_k}\}=x_0$，則$\lim\limits_{n\to\infty}\{x_n\}=x_0$

證明 (1)設$\{x_n\}\subset X$，$x\in X$，且$x_n\to x$，從前面定義，則對於$\forall\frac{\varepsilon}{2}>0$，$\exists N\in\mathbb{N}$，當$m,n>N$時，$(x,x_m)<\frac{\varepsilon}{2}$ 及

$(x,x_n)<\frac{\varepsilon}{2}\Rightarrow d(x_m,x_n)\leq d(x_m,x)+d(x,x_n)<\frac{\varepsilon}{2}+\frac{\varepsilon}{2}=\varepsilon$ ，這是基本列的定義，即得$\{x_n\}$是基本列。

即 收斂條件$\Rightarrow$基本列條件，

亦即 點序列朝向一個目標點前進$\Rightarrow$點序列越後面，鄰近點與點距離越來越靠近。

(4) 集合A有界$\triangleq \text{dia}A=\sup\limits_{x,y\in A}\{d(x,y)\}<+\infty$

設$\{x_n\}$為一基本列，取$\varepsilon=1$，可找到$N\in\mathbb{N}$，當，$n>N$時，滿足$d(x_{N+1},x_n)<\varepsilon=1$

取 $M=\max\{d(x_1,x_{N+1}),d(x_2,x_{N+1}),\ldots,d(x_n,x_{N+1}),1\}+1$ (最後一項會列入 1 是考慮當前面項最大值小於 1 時)，所以對任何 n，$d(x_n,x_{N+1})\leq M$，那麼對任意 m, n 都滿足

$d(x_m,x_n)\leq d(x_m,x_{N+1})+d(x_{N+1},x_m)\leq M+M=2M$ ，即$\{x_n\}$有界。

(5) 設$\{x_n\}$為基本列，且$\{x_{n_k}\}$是$\{x_n\}$的收斂子列，即$k\to\infty$，$x_{n_k}\to x_0$。根據定義，$\forall\frac{\varepsilon}{2}>0$，可找到$N_1\in\mathbb{N}$，當 $m,n>N_1$時，滿足$d(x_m,x_n)<\frac{\varepsilon}{2}$(基本列定義)；$\forall\frac{\varepsilon}{2}>0$，可找到$N_2\in\mathbb{N}$，當 $k>N_2$時，滿足$d(x_{n_k},x_0)<\frac{\varepsilon}{2}$(收斂子列定義)，取$N=\max\{N_1,N_2\}$，則當 $n>N$, $k>N$ 時，$n_k\geq k>N$ (因為$k=1,2,\cdots$，$n_1\geq 1$；$n_2\geq 2$。收斂子列表示從原點列再挑選子點列並且會收斂)，因而$d(x_n,x_0)\leq d(x_n,x_{n_k})+d(x_{n_k},x_0)<\frac{\varepsilon}{2}+\frac{\varepsilon}{2}=\varepsilon$ ，故$n\to\infty, x_n\to x_0$。

例 1.5.1 設距離空間 X=(0,1)，$\forall$ $x,y\in$X，定義$d(x,y) = |x-y|$ ，證明度量空間(X,d)的點列$\{x_n\} = \{\frac{1}{n+1}\}$是空間 X 的基本列，卻不是X的收斂列。

證明 對任意 ε，都可找到$N\in\mathbb{N}$，滿足$N > \frac{1}{\varepsilon}$，那麼對於任何 m,n>N 有

$d(x_m,x_n)\leq |\frac{1}{N} - \frac{1}{\infty}| = \frac{1}{N} < \frac{1}{\varepsilon}$，因為 n 越大，$\{x_n\}$越靠近 0。可得$\{x_n\}$是基本列。

但$\lim\limits_{n\to\infty}\frac{1}{n+1} = 0 \notin(0,1)$ ，0 在空間 X 的外面。故$\{x_n\}$不是 X 的收斂列，因為根據收斂列定義，收斂點可以$\in$收斂列，收斂點也可以$\notin$收斂列，需要看如何定義點序列而定。其實這是准收斂。

定義 1.5.2 完整的距離空間(或稱完備的距離空間)

若距離空間(X,d)任何基本列都收斂且收斂點都仍在原本空間，則此空間被稱為完整(Complete)度量空間或稱**完整距離空間** (因為基本列少了收斂點就不"完整"了)，一般數學用語稱作**完備距離空間**。若 M$\subset$ X，M 中任何基本列皆收斂，其收斂點還屬於原本集合 M，則稱 M 為完整集(Complete Set)。有理數空間$\mathbb{Q}$不是完整的，實數空間$\mathbb{R}$是完整的，舉例來說，實數$\sqrt{2}$可由有理數無窮小逼近，表示存在有理數無窮數列(無窮點列)一直發展衍生下去的極限點是$\sqrt{2}$，但$\sqrt{2}\notin$有理數，即在有理數中，有些無窮數列衍生到有理數**空間**的外面，所以有理數空間$\mathbb{Q}$不是完整的(或稱**完備**的)。Complete 在英文是完整不缺的意思。

例 1.5.2 證明 3 維歐式空間$\mathbb{R}^3$是完整距離空間。

設 x_k=$(x_{k1},x_{k2},x_{k3})\in \mathbb{R}^3$，$x_0$=$(x_{01},x_{02},x_{03})\in \mathbb{R}^3$，由例 1.4.3 證明得知$\mathbb{R}^3$是可分離的。再由例 1.4.3 證明的證明過程，可知$\lim\limits_{k\to\infty}x_k = x_0$ 等價於 $\lim\limits_{k\to\infty}x_{ki} = x_{0i}$，$i =$ 1,2,3，即$\mathbb{R}^3$ 中的點列收斂對應於點列的各座標收斂，或者說一個點列收斂等價三個點列收斂，即x_1-點列收斂、x_2-點列收斂、x_3-點列收斂，任一點可表示為三維形式: (x_1,x_2,x_3)。因為$\mathbb{R}$的任意基本列皆收斂並收斂在原空間集合，所以$\mathbb{R}$是完整距離空間，因而，$\mathbb{R}^3$是完整距離空間。

例 1.5.3 設X=C[0, 1] (Continuous 函數空間)，$f(t), g(t) \in X$，定義距離 $d_1(f, g) = \int_0^1 \left| f(t) - g(t) \right| dt$ (類似差之和)，證明 (X, d_1)不是完整距離空間。

證明 設

$$f_n(t) = \begin{cases} 0, & 0 \le t < \frac{1}{2}, \\ n\left(t - \frac{1}{2}\right), & \frac{1}{2} \le t \le \frac{1}{2} + \frac{1}{n}, \\ 1, & \frac{1}{2} + \frac{1}{n} \le t \le 1, \end{cases}$$

$f_n(t) \in C[0, 1]$，$n = 1, 2, 3, \dots,$。n越大，上升越陡，如圖 1.5.1 所示

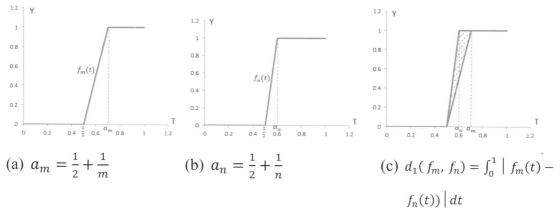

(a) $a_m = \frac{1}{2} + \frac{1}{m}$ (b) $a_n = \frac{1}{2} + \frac{1}{n}$ (c) $d_1(f_m, f_n) = \int_0^1 \left| f_m(t) - f_n(t)) \right| dt$

圖 1.5.2 $f_m(t)$ 與 $f_n(t)$ 及兩者距離示意圖

由圖 1.5.2(c)趨勢可得

$\forall \varepsilon > 0$，可找到$N > \frac{1}{\varepsilon}$ 且 $N \in \mathbb{N}$ ，當 $m, n > N$ 時 $(\frac{1}{m} < \frac{1}{N} ; \frac{1}{n} < \frac{1}{N})$，滿足

$d_1(f_m, f_n) = \frac{1}{2} \left| (\frac{1}{2} + \frac{1}{m}) - (\frac{1}{2} + \frac{1}{n}) \right| < \frac{1}{2} \left| \frac{1}{m} - \frac{1}{n} \right| < \frac{1}{2} \left| \frac{1}{N} + \frac{1}{N} \right| < \varepsilon$

於是，點列$\{f_n\}$是X的基本列(又稱 Cauchy 列)。

若假定可找到極限點$f(t) \in X$ 滿足 $n \to \infty, d_1(f_n, f) \to 0$

因為 $f_n(t) = 0, 0 \le t < \frac{1}{2}$ ，$f_n(t) = 1, \frac{1}{2} + \frac{1}{n} \le t \le 1,$ 可得

$d_1(f_n , f) = \int_0^1 \left| f_n(t) - f(t)) \right| dt = \int_0^{\frac{1}{2}} \left| f(t)) \right| dt + \int_{\frac{1}{2}}^{\frac{1}{2}+\frac{1}{n}} \left| f_n(t) - f(t)) \right| dt + \int_{\frac{1}{2}+\frac{1}{n}}^1 \left| 1 - \right.$

$f(t))\left| dt\right.$,

由於 $d_1(f_n, f)$ 為絕對值積分，因此當 $n \to \infty$, $d_1(f_n, f) \to 0$ 時，上式右邊三項絕對值積分，每項都要均趨近於零，故可得

$$f(t) = \begin{cases} 0, & t \in [0, \frac{1}{2}), \\ 1, & t \in (\frac{1}{2}, 1] \end{cases} \circ (n \to \infty)$$

可得 $f(t)$ 是一個 step function，所以 $f(t)$ 是不連續函數，故 $\{f_n\}$ 之收斂點不在 X 中，即空間 C[0, 1] 經過如此距離 d_1 的量測後，是不完整的。

可與例 3.10.1 作比較，若在此例，距離定義採用 $d(x, y) = \sup\limits_{t \in [0,1]} |x(t) - y(t)|$，C[0, 1] 是完整距離空間 (參見例 3.10.1)。此時，$f(t) \notin$ Cauchy 列，為何? $d\big(f_n(t), f(t)\big) = \sup\limits_{t \in [0,1]} |x(t) - y(t)| = 1$。無論 $f_n(t)$ 怎麼接近 $f(t)$，在靠近 $t = 0$ 之處，會形成一個距離，其距離無窮接近 1。由例 3.10.1 知，當距離定義採用 $d(x, y) = \sup\limits_{t \in [0,1]} |x(t) - y(t)|$ 時，任意 Cauchy 列 $\subset$ C[0, 1] 都會收斂在原本空間內。這裡有一個問題，是否還能採用如上 $f_n(t)$ 當作柯西列: $f_n(t)$, $n \to \infty$。答案是不行的，即 n 可以非常非常大，但不能趨近 ∞，因為 $f(t) \notin$ Cauchy 列。

定理 1.5.2：閉球套定理：設 (X, d) 是完整度量空間，$B_n = \overline{O}(x_n, \delta_n)$ 是一個閉球序列，大球套住小球，稱球套，即 $B_1 \supset B_2 \supset \cdots \supset B_n \supset \cdots$

若球半徑 $n \to \infty$, $\delta_n \to 0$，則存在**唯一**的點 $x \in \cap_{n=1}^{\infty} B_n$。

證明 (1) $\{x_n\}$ 為球心形成的點列 $\{x_n\}$，當 $m > n$ 時，$x_m \in B_m \subset B_n$，其中 $B_n = \overline{O}(x_n, \delta_n)$ ，可得 $d(x_m, x_n) \le \delta_n$ 。$\forall \varepsilon > 0$，可找到 N，滿足 當 $n > N$ 時，$\delta_n < \varepsilon$ 成立。於是，當 $m, n > N$ 時，有 $d(x_m, x_n) \le \delta_n < \varepsilon$，所以球心點列 $\{x_n\}$ 是 X 的基本列。這個閉球心點列，球半徑越來越小，且大球包小球。(先確定有**基本列**，再看基本列是否有**極限點**)

註：**閉球套定理**用一維解釋則為**閉區間定理**，這裡球是指超球 (維數大於 3 的 super ball)。

(2) 極限點 x 的存在性。由於 (X,d) 是**完整度量空間**，故無限點列 $\{x_n\}$ 可找到 $x \in X$，滿足 $\lim\limits_{n \to \infty} x_n = x$。

因 $d(x_n, x_m) \le \delta_n (m > n)$，所以 $d(x_n, x_\infty) \le \delta_n$，$x_\infty$ 就是 x，可得 $d(x_n, x) \le \delta_n$，即 $x \in B_n$，$n = 1, 2, 3, \ldots$，當 B_n 半徑越來越小，$d(x_n, x) \to 0$。又 $x \in B_n$ 等價於 $x \in \bigcap_{k=1}^{n} B_k$；$x \in B_\infty$ 等價於 $x \in \bigcap_{k=1}^{\infty} B_k$。(先找到極限點，再將點慢慢靠近極限點)

(3) 極限點 x 的唯一性。設存在另一極限點 y，且 $y \in \bigcap_{n=1}^{\infty} B_n$，那麼對任意 B_n，$n \in \mathbb{N}$，$x, y \in B_n$，從而 $d(x,y) \le d(x, x_n) + d(x_n, y) \le \delta_n + \delta_n = 2\delta_n$，當 $n \to \infty$ 時，$2\delta_n \to 0$，即 $d(x,y) \to 0$，於是 $x = y$。

例 1.5.4 設 $x, y \in \mathbb{R}$，定義距離：$\rho(x,y) = \left| \arctan(x) - \arctan(y) \right|$，試証 $(\mathbb{R}, \rho)$ 不是完整的度量空間($\mathbb{R}$ 有了 ρ 才形成距離空間)。

證明 "特別"取點列 $\{x_n\} \subset \mathbb{R}$，其中 $x_n = n$ $(n = 1,2,3,\ldots)$。可知 $n \to \infty$，$\arctan(n) = \frac{\pi}{2}$。因而可得

$\forall \frac{\varepsilon}{2} > 0$，可找到 N，當 $m, n > N$ 時，滿足 $\left| \arctan(m) - \frac{\pi}{2} \right| < \frac{\varepsilon}{2}$，$\left| \arctan(n) - \frac{\pi}{2} \right| < \frac{\varepsilon}{2}$。於是有

$\rho(x_m, x_n) = \left| \arctan(x_m) - \arctan(x_n) \right| \le \left| \arctan(m) - \frac{\pi}{2} \right| + \left| \frac{\pi}{2} - \arctan(n) \right| < \varepsilon$，所以點列 $\{x_n\}$ 是基本列。點列發展為點與附近點距離越來越小。但點列 $\{x_n\}$ 不存在點 $x \in \mathbb{R}$，滿足 $n \to \infty$，$\rho(x, x_n) = \left| \arctan(x) - \arctan(x_n) \right| \to 0$，因為 $\infty \notin \mathbb{R}$，所以點列 $\{x_n\}$ 在 $\mathbb{R}$ 中沒有極限。因此 $(\mathbb{R}, \rho)$ 不是完整的度量空間。但廣義實數與 ρ 可形成完整度量空間，完整這個用語代表將收斂點皆容納在原本空間，沒有流落到外空間。這個例子表達此無限點列，幾乎所有點都在原本空間但只差 ∞ 那一點。

例 1.5.5 試問有界無窮數列空間 $l^\infty = \{(a_1, a_2, \ldots, a_n, \ldots) = (a_i) \mid \sup\limits_{i \ge 1}\{|a_i|\} < \infty\}$(維度無限)。若存在某一基本列如下，其是否有收斂點？

對於 $a = (a_i)$，$b = (b_i) \in l^\infty$，定義 距離$d_\infty = \sup\limits_{i \geq 1}\{|a_i - b_i|\}$，

若有一點列$x_n = (a_1, a_2, \ldots, a_n, 0, \ldots)$，其中$a_n = \frac{1}{n}$，此點列為$x_1 = (1, 0, 0, \ldots)$，$x_2 = (1, \frac{1}{2}, 0, \ldots)$，$x_3 = (1, \frac{1}{2}, \frac{1}{3}, 0, \ldots)$，...依此類推，$d_\infty(x_n, x_{n+1}) = \frac{1}{n+1}$，可知此為柯西基本列，又$d_\infty(x_n, x_\infty) = \frac{1}{n+1}$，我們知道可能有收斂點非常接近$x_\infty$，或者收斂點就是$x_\infty$，但$x_\infty$又是什麼呢？又如何在無限維度空間表示這個點？所以柯西點列是個准收斂的現象，只是在目前空間觀測下，我們並不關心收斂點是否在原本空間內，准收斂是比收斂更抽象的觀念。

定理 1.5.3：設(X,d)是完整的距離空間，則 M⊂X 是完整集當且僅當 M 是閉集。

證明⇐ (充分性) M 是閉集，任何點列收斂點都還在原集合內，故 M 是完整集。

⇒ (必要性)採反證法，若 M 不是閉集，即 M 是開集，開集存在點列之收斂點不在原集合內，故不是完整集，得證。

註1：P⇒Q，即等價於~ P ⇐~Q，即 非 P ⇐非 Q，即若 M 不是閉集會導致 M 不是完整集。

註2：在距離空間中，完整集與閉集可以當作同義詞，只是對於完整集，是從完整性去探討；對於閉集，是從開集推導到閉集(可參考定義 1.2.2)。不同的文字表述卻是表達同一件事物。

定理 1.5.4：有界無窮實數序列必有收斂子列定理(Bolzano-Weierstrass 一維有界無窮點列存在聚點定理)

證明$\{a_n\}$為無窮實數列且有界，設$\{a_n\} \in [a, b] = I_0$ (I為 interval 之意)

將$[a, b]$切成一半，即$[a, \frac{a+b}{2}]$, $[\frac{a+b}{2}, b]$ 兩個子區間，

一定在其中之一區間含無數個點，選取包含無窮點子區間，並記為I_1，且任取其中一點$a_{n_1} \in I_1$，

再將I_1等分兩個區間,再取包含無窮點子區間,並記為I_2,且任取其中一點$a_{n_2} \in I_2$,其中$n_2 > n_1$(代表取點的順序),即n_k, $k \in \mathbb{N}$。可得

$$|I_1| = \frac{|I_0|}{2}, \ |I_2| = \frac{|I_1|}{2}, |I_3| = \frac{|I_2|}{2}, \ldots ,$$

一直無窮做下去,可得 $k \to \infty$, $|I_{k|} \to 0$ (找到收斂點),得証。

開區間(a,b)也是有界,因為聚點不一定屬於(a,b),將(a,b)作閉包(作封閉)得到$[a,b]$,可簡化問題。

定理 1.5.5:$\mathbb{R}^n$中任一有界無窮點列必有收斂子列。 **(Bolzano-Weierstrass n 維有界無窮點列存在收斂子列定理)**

證明

設$n = 3$,$\{x_k\}$ (k=1,2,3,...)是$\mathbb{R}^3$中一有界無窮點列,記為x_k=$(x_1^{(k)}, x_2^{(k)}, x_3^{(k)})$,上標表第$k$個點,下標表座標維度,對$\{x_k\}$投影在維度 1,仍然是有界數列,故存在收斂子列$x_1^{(k_1)}$,

再對x_{k_1}投影在維度 2,仍然是有界數列,故存在收斂子列$x_2^{(k_2)}$,

再對x_{k_2}投影在維度 2,仍然是有界數列,故存在收斂子列$x_3^{(k_3)}$,

$\{x_k\}$每一維度有收斂子列,故在$\mathbb{R}^3$中有收斂子列。

有收斂子列等價於有聚點,但聚點不一定屬於原本點集合。

注意:指標集$\{k\} \supset \{k_1\} \supset \{k_2\} \supset \{k_3\}$ (指標集代表取點的順序)。

定理 1.5.6:(Cantor 閉集套定理)若$\{F_k\}$是$\mathbb{R}^n$中非空有界閉集序列,且滿足$F_1 \supset F_2 \supset \cdots \supset F_k \supset \cdots$,則$\bigcap_{k=1}^{\infty} F_k \neq \varnothing$。

證明

Case1: 若在$\{F_k\}$中有無窮多個相同集合($\{F_k\}$為點集的集合或點集序列),則存在$k_0 \in \mathbb{N}$,當$k > k_0$時,滿足$F_k = F_{k_0}$,此時,$\bigcap_{k=1}^{\infty} F_k = F_{k_0} \neq \emptyset$。

Case2: 若對所有k,F_{k+1}是F_k的真子集($F_{k+1} \subset F_k$且$F_{k+1} \neq F_k$),則對所有k,$F_k \backslash F_{k+1} \neq \emptyset$ (F_k對F_{k+1}取差集)。

選取$x_k \in F_k \backslash F_{k+1}(k = 1,2,...)$，$\{x_k\}$皆相異且有界，由定理 **1.5.4(簡稱 Bolzano-Weierstrass 定理)**，存在收斂子列$\{x_{k_i}\} \in \mathbb{R}^n$，由$F_k$皆為閉集，存在收斂點$x \in \bigcap_{k=1}^{\infty} F_k$，故 $\bigcap_{k=1}^{\infty} F_k \neq \emptyset$。

定義 1.5.2 開覆蓋、子開覆蓋(Open Covering、Open Sub-covering)

設 A$\subset$X, $G_k \subset$X, G_k為開集 , $k \in$M$\subset\mathbb{N}$ (M 是指標集) 。

若 A$\subset\bigcup_k G_k$，則稱$\{G_k : k \in$M$\}$為 A 的開覆蓋($\{G_k\}$是一個開集族)。

若 '$= \{k_1\} \subset$M，且 A$\subset\bigcup_{k_1} G_{k_1}$ ，則稱$\{G_{k_1} : k_1 \in$ '$\}$為$\{G_k : k \in$M$\}$(對於 A)的子開覆蓋。

A$\subset\bigcup_{k=1}^{\infty} G_k$，此開覆蓋$\bigcup_{k=1}^{\infty} G_k$稱作無限開覆蓋。A$\subset\bigcup_{k=1}^{k_0} G_k$ ($k_0 \in \mathbb{N}$)，此開覆蓋$\bigcup_{k=1}^{k_0} G_k$稱作有限開覆蓋，因為k_0是有限值。

定理 1.5.7：有限開覆蓋定理(Heine-Borel 定理，又稱海內-波瑞爾定理)

$\mathbb{R}^n$中有界閉集的任一開覆蓋(此開覆蓋可能是無限開覆蓋)皆有一個有限子開覆蓋。(實數$\mathbb{R}$是無界閉集，因為實數中任一收斂點列之收斂點仍屬於$\mathbb{R}$)

證明一

設 F 是$\mathbb{R}^n$中的有界閉集，

設 F$\subset\bigcup\{G_1, G_2, ..., G_i, ...\}$ (G_i為開集)

令 $H_k = \bigcup_{i=1}^{k} G_i$，$L_k = F\cap H_k^c (k = 1,2,...$ ，H_k^c為H_k的補集)，L_k可看成 estimation error，

顯然，集合列H_k是開集，故集合列L_k是閉集，且$L_k \supset L_{k+1}(k = 1,2,...)$。

分兩種情形

(i) 存在k_0滿足$L_{k_0} = \varnothing$，即$H_{k_0}^c$不含 F 的點，從而得知 F$\subset H_{k_0}$，k_0為某一自然數(即找到有限開覆蓋)，得証。

(ii) 所有$L_k \neq \varnothing$，又$L_k \supset L_{k+1}(k = 1,2,...)$ (L_{k+1}為L_k的真子集)，由康托(Cantor)閉集套定理可知，

存在點$x_0 \in$ 所有$L_k (k = 1,2,...)$，

即$x_0 \in F$ 且$x_0 \in H_k^c (k = 1,2,...)$，$x_0$不屬於所有$H_k$，亦即$x_0$不屬於所有$G_k$，

因為$F \subset \cup \{G_1, G_2, ..., G_i, ...\}$，且$x_0 \in F$，$x_0$必屬於某一$G_k$，產生矛盾，故第二種情形不成立。

證明二

將定理簡化成$\mathbb{R}$中有界閉區間的任一開覆蓋皆有一個有限子開覆蓋。

設$\mathbb{R}$的開集合族$\{G_1, G_2, ..., G_i, ...\} = \{G_k\}$覆蓋閉區間$[a,b]$。

假設$\{G_k\}$的有限覆蓋無法覆蓋$[a,b]$，即$\{G_k\}$的有限覆蓋無法覆蓋$[a,b]$的某一區域，

設$[a,b] = I_0$

將$[a,b]$切成一半，即$[a, \frac{a+b}{2}]$, $[\frac{a+b}{2}, b]$ 兩個子區間，

一定某子區間無法被有限覆蓋，選取此子區間，並記為I_1，

再將I_1等分兩個區間，一定某子區間無法被有限覆蓋，選取此子區間，並記為I_2，

可得

$[a,b] \supset [a_1,b_1] \supset \cdots \supset [a_n,b_n] \supset \cdots$ ，

$|I_1| = \frac{|I_0|}{2}$, $|I_2| = \frac{|I_1|}{2}$, $|I_3| = \frac{|I_2|}{2}, ...$ ，

每個$[a_n, b_n]$都無法被$\{G_k\}$的有限覆蓋來覆蓋

$b_n - a_n = \frac{1}{2^n}(b-a) \rightarrow 0 (n \rightarrow \infty)$，依據定理 1.5.5(康托閉集套定理)，存在一個點x_0滿足

$\lim\limits_{n \to \infty} a_n = \lim\limits_{n \to \infty} b_n = x_0$。

$\quad x_0 \in [a,b]$，因為$\{G_k\}$覆蓋$[a,b]$，故$x_0 \in \{G_k\}$中的某一G_{k_0}，

G_{k_0}為開集合，故存在α, β 滿足$x_0 \in (\alpha, \beta) \subset G_{k_0}$，表示$(\alpha, \beta)$被$G_{k_0}$覆蓋，

又$\lim\limits_{n \to \infty} a_n = \lim\limits_{n \to \infty} b_n = x_0$，可知$[a_n, b_n]$以$x_0$為中心越縮越小，

故存在$[a_{n_0}, b_{n_0}] \subset (\alpha, \beta) \subset G_{k_0}$，表示$[a_{n_0}, b_{n_0}]$ 被G_{k_0}覆蓋，產生矛盾，

故無法被有限覆蓋不成立。(先集中到某一點再擴張)

註：這是經典證明，但是這句話 `` 故存在$[a_{n_0}, b_{n_0}]\subset(\alpha, \beta)\subset G_{k_0}$"，有點像理髮師謬論，因爲已假設$[a_n, b_n]$不能被有限覆蓋，但$[a_{n_0}, b_{n_0}]\subset(\alpha, \beta)$已蘊涵有限覆蓋$((\alpha, \beta)$覆蓋$[a_{n_0}, b_{n_0}])$。所謂理髮師謬論即理髮師想爲不想被自己理髮的人理髮，陷於兩難。

定義 1.5.3 同構映射(Isomeric Mapping)與同構空間(Isometric Spaces)

設(X, d)與(Y, ρ)是度量空間，若存在一一對應映射(又稱作一對一且蓋射)$T:X\to Y$，滿足$\forall x_1, x_2\in X$，滿足$d(x_1, x_{2)})=c\cdot\rho(Tx_1, Tx_{2)})$，c是一個數乘，則稱T是X到Y的同構映射，X與Y是同構空間。若$c = 1$，則X與Y是等距同構空間，記號為$X \cong Y$。當X與Y是等距同構空間時，可將X與Y看成同一空間，彼此沒有分別。

定義 1.5.4 不完整距離空間(Complete Metric Space)

距離空間中有些收斂點列，其收斂點不在原本空間內，稱**不完整距離空間**。將不完整空間加入所有在外空間收斂點的動作稱作完整化(Complete, Bring to a whole)。**Complete** 可以當形容詞或當動詞之用。

距離空間有完整的，也有不完整的，在不完整的距離空間中對點列取極限不封閉。

對於距離空間X，若存在完整的距離空間(X', ρ')，使得X等距離於X'的某個稠密子空間 W，則稱X'是X的完整化空間。舉例來說，有理數空間$\mathbb{Q}$的**完整化空間**(或稱**完備化空間**)是實數空間$\mathbb{R}$，此處有理數空間$\mathbb{Q}$為實數空間$\mathbb{R}$的一個稠密子空間。在一般數學用語會用完備化空間這個用語。

例 1.5.6 有理數$\mathbb{Q}$中的基本列$x_n = (1+\frac{1}{n})^n$在$\mathbb{Q}$中不收斂，收斂點$\in\mathbb{R}$，因此$\mathbb{Q}$是不完整空間，完整空間要包含所有的極限點(或稱聚點)。

1.6 距離空間的緊集與准緊集

先舉一個例子，點列有界卻發散(或稱鬆散，即是不會匯聚成一點)。

例 1.6.1 設 $X = L^2[-\pi, \pi] = \{f \mid \int_{-\pi}^{\pi} |f(x)|^2 dx < \infty\}$ ，對於 $f, g \in X$，定義

$d(f,g) = (\int_{-\pi}^{\pi} |f(x) - g(x)|^2 dx)^{\frac{1}{2}}$，

$\{f_n(x)\} = \sin(nx)$，證明 $\{f_n(x)\}$ 是發散點列卻有界。

證明 因為

$$d(f_n, 0) = \left(\int_{-\pi}^{\pi} |f_n(x) - 0|^2 dx\right)^{\frac{1}{2}} = \left[\int_{-\pi}^{\pi} |\sin(nx)|^2 dx\right]^{\frac{1}{2}}$$

$= [\int_{-\pi}^{\pi} \frac{1-\cos(2nx)}{2} dx]^{\frac{1}{2}} = [\int_{-\pi}^{\pi} \frac{1}{2} dx - \int_{-\pi}^{\pi} \frac{\cos(2nx)}{2} dx]^{\frac{1}{2}} = \sqrt{\pi}$

每個點對原點距離都是 $\sqrt{\pi}$，所以點列 $\{f_n(x)\}$ 有界。

對於任意的 $m, n \in \mathbb{N}$，皆有

$$d(f_m, f_n) = \left(\int_{-\pi}^{\pi} |sin(mx) - sin(nx)|^2 dx\right)^{\frac{1}{2}}$$

因為 $sin(mx)$ 與 $sin(nx)$ 內積積分為 0，所以上式可這樣化簡，

$= (\int_{-\pi}^{\pi} |sin(mx)|^2 + |sin(nx)|^2 dx)^{\frac{1}{2}} = \sqrt{2\pi}$ 。

即任兩點的距離都大於等於一個值，

故 $\{f_n(x)\}$ 不是基本列。又沒有收斂點，所以也不是收斂列，因而是發散點列，但有界 $(n \to \infty$，點列不收斂)。

例 1.6.2 設 $X = L^2[-\pi, \pi] = \{f \mid \int_{-\pi}^{\pi} |f(t)|^2 dt < \infty\}$ ，對於 $f, g \in X$，定義

$d(f,g) = (\int_{-\pi}^{\pi} |f(t) - g(t)|^2 dt)^{\frac{1}{2}}$，$\{f_n(t)\} = \sin(nt)$，以下說明週期性方波

$g(t)$與 2 次冪可和的數列空間彼此關係，定義p次冪可和的數列空間l^p，記為

$l^p = \{(x_1, x_2, \ldots, x_n, \ldots) = (x_i) \mid \sum_{i=1}^{\infty} |x_i|^p < \infty, 其中\ 1 \leq p < +\infty\}$(維度無限大)

如圖 1.6.1。

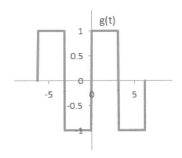

圖 1.6.1

$g(t) = \sum_n a_n \sin(nt)$，其中 $a_n = \frac{1}{\pi} \int_{-\pi}^{\pi} g(t) \cdot \sin(t)$

我們把問題簡化，假設$\{\sin(nx))\}$可以形成無限維度函數空間，

我們對$g(t) \cdot g(t) = \sum_n a_n \sin(nt) \cdot \sum_n a_n \sin(nt)$在區間$[-\pi, \pi]$兩邊作積分，可得

$\sum_n a_n \cdot a_n < \infty$，可知$(a_n)$形成了與 2 次冪可和的數列空間，這也是$p$次冪可和的

數列空間l^p之各維度分量次冪和必須小於∞的原因。

定義 **1.6.1 准緊集、緊集與緊空間(Precompact Set, Compact Set, Compact Space)**

先說緊集的觀念，即在緊集中找不到一個鬆散的無窮點列(鬆散與緊是對立詞)，那麼什麼是鬆散的無窮點列，即是在這個鬆散無窮點列中，任兩個點的距離都大於等於某一個定值，這個思維也適用於准緊集。

准緊集中的任何點列都有收斂子列，可以收斂在原集合內，也可以不收斂在原集合內。緊集中的任何點列也都有收斂子列，但收斂點必在原集合內。簡略地說，在**准緊集**、**緊集**這兩個集合內都找不到無窮鬆散點列。或說**准緊集**、**緊集**皆為：非無窮地點散列集，或說點列非可無窮寬鬆列出；在**准緊集**、**緊集**裡面，找不到無窮稀疏點列集(或稱無限稀疏集)。

　　從空間的觀點來看，緊空間就是侷限空間，如同[-1,1]。鬆空間是延伸空間，如同(-∞,+∞)。集合與空間的差別是:空間的元素經過運算還在空間內，集合的元素經過運算不一定還在集合內。

　　Precompact Set(准緊集) 的英文還有 **Relatively Compact Set(相對緊集)**，**列緊集(Sequentially Compact Set)(序列上緊集)**，准緊集(又稱列緊集)的任何點列都有收斂子列(但**收斂點必須∈空間 X**)，只是收斂點未必在本集合中。將**准緊集**取**閉包**(closure)則變成了**緊集**，此是完整不欠缺的觀念，即把未容納原集合的所有極限點都收納進來(**閉包**是**封閉**的意思)。若緊集是距離空間，則稱緊空間。這裡舉一個收斂子列的例子，若在 1 維空間有點列$\{x_n\} = (-1)^n$，則其收斂子列分別為$(-1)^{2m}, (-1)^{2m+1}$，其中$m, n \in \mathbb{N}$，也可以說點列透過特定方向選擇點，找到收斂的子點列。 緊(Compact)有非發散的意義。簡略說明如下:

准緊集 ≙ 任何點列都有收斂於空間 X 的子列；(收斂子列之收斂點不一定在本集合內) ≡任何無窮點列都有收斂子列

緊集 ≙ 取准緊集的閉包；(收斂子列之收斂點在本集合內)

准緊空間 ≙ 准緊集為距離空間。

緊空間 ≙ 緊集為距離空間。

　　≡是全等或等價於的記號。任何有限點列一定收斂，等下會說明，因而任何點列都有收斂子列等價於任何無窮點列都有收斂子列。由例 1.6.1，可知任何無窮點列都有收斂子列表達當無限的點散佈在列緊集裡面時，不會發生相異點與點皆大於等於一個距離。

　　談到收斂，必須要有距離的定義，於是距離空間(或稱度量空間)就形成了。所以緊集一定在某一距離空間內。任何點列包括有線點列及無限點列。有限點列一定收斂，如例，$x_1 = 1, x_2 = 2, x_3 = 3$，最末點就是收斂點也就是最終目的地點。若有一度量空間為為 2 維空間，圓心在原點，從圓心向圓周劃一直線，若有無限點列散佈此圓內，在這直線內，可看出此點列會收斂，所以取一方向，可求得收斂子列。

設 A 是距離空間 X 的子集，若 A 中任何點列都存在收斂子列，則稱 A 為准緊集；若 A 中任何點列都存在收斂子列，每一收斂子列之收斂點皆屬於原本集合 A，則稱 A 為緊集。

准緊集與緊集的區別在於，前者任何收斂子列之收斂點僅要求屬於 X 空間，後者任何收斂子列之收斂點要求一定屬於 A 集合。緊集一定是准緊集，因為准緊集的條件較鬆。列緊的又可稱序列緊的。

緊(Compact)有非發散的意義，列緊(Sequentially Compact)即序列發展觀點上當作緊集的，由字面來看，在序列發展觀點上，表示此序列發展下去，點列不會發散。列緊又稱准緊(Precompact)，表示准緊集是緊集產生前的前身，只差一些極限點就是緊集。

另外，緊的之相對詞可以說是鬆的。緊有緊收之意，鬆有鬆散之意。

緊集又稱為緊緻集，我們說一個人肌膚很緊緻就有肌膚緊收的意念。Compact 英文解釋為 closely and firmly united or packed together。由此字面上意義再由前面所述可知，在緊緻集裡面，找不到一個點與點可以無窮散開的無限子集合，即找不到"無窮散開點列子集"，或找不到"無窮分散點列子集"。另一個等價說法:當我們把無窮點列放到緊緻集當中，一定可找到點與點"緊緻地"靠在一起的情況，同時也不能無窮地分散。

緊緻集可簡略地說成:非無窮鬆散集(或非無窮散列集)，它是個非無窮延伸集合的概念。舉例來說，$[-1,1]^n$，$n \to \infty$。n維空間，n趨近∞。這是一個無窮延伸空間的情況。另外，$(-\infty,\infty)$也是一個無窮延伸空間的情況。

由緊緻集形成的距離空間稱緊空間或緊緻空間，由上述可知准緊空間是一個非無窮延伸空間，因為有非無窮延伸性質，亦可說成有侷限性質。故准緊空間可以方便稱為侷限空間，就如同把金龜子放在玻璃箱裡面，上方沒有蓋子，但因為玻璃很滑，金龜子爬不出去，金龜子侷限在玻璃箱形成的侷限空間。

准緊空間也可以看成**非膨脹空間**或非擴張空間或收斂空間，也就是空間不能再向外延伸，不能再向外伸展了。講到**膨脹空間**，讓人想起了目前宇宙是一個(一直)**膨脹空間**(一直在往外膨脹)。再舉例來說，若有集合: $[-1,1]^n$，$n \to \infty$，$n \in N^+$，可知此集合在維度上是無限擴張，故此為(無限)膨脹集。

故**准緊集**也可以看成**非膨脹集**或非擴張集或收斂集。事實上在此無限維空間中某一集合: $[-1,1]^n$，$n \to \infty$，我們可想辦法定義一個子集合為緊集(合)，最簡單是$[-1,1]^{n_0}$，$n_0 \in N^+$，n_0為一個定值。很明顯，$[-1,1]^{n_0}$是閉集合，但如果規定此子集合維度是∞，同時又是非膨脹集，可加一些限制以得到緊集，所以**緊集(合)可以看成:無限維度空間下，廣義**的**有限維度閉集合**，即是在對無限維空間中的點集合做一些限制以致有類似有限維度閉集合的性質。故緊集可有兩種情形: 無限維度緊集、有限維度緊集。如$[-1,1]^5$就是有限維度緊集，$[-\frac{1}{2^n},\frac{1}{2^n}]^n$，$n \to \infty$就是無限維度緊集。

我們可作無限維度空間下**侷限性**比較: 無限維度閉集 $\leq$ 無限維度緊集 $\leq$ 有限維度閉集。

定理 1.6.1 設(X, d)是距離空間，$A \subset X$，下列命題成立。

(1) 任何有限集都是緊集。

(2) 准緊集的子集是准緊集。

(3) 任意多個准緊集的交集是准緊集；有限多個准緊集的聯集是准緊集。

(4) 准緊集必是有界集，有界集未必是准緊集。

(5) A 是 X 的准緊集當且緊當 A 的閉包$\overline{A}$是緊集。

證明

(1) 在有限集內，點列發展，一定有最終目的地點，並在原本集合內，即收斂點皆在本集合內部，所以是緊集。

(2) 准緊集的任何收斂子列的收斂點屬於空間**X**，其子集的任何收斂子列的收斂點仍屬於空間**X**。

(3) 准緊集有可能是閉集，緊集一定是閉集，准緊集條件較鬆。有限多個聯集或交集運算不會改變收斂子列性質，若作無限多個交集運算，收斂點仍在 X 內所以仍是准緊集。寫這麼多，只是為了表達邏輯的推理，因為准緊集的條件比緊集寬鬆。但作無限多個准緊集聯集運算，不一定是准緊集，一個單點就是准緊集，無窮發展下去(無窮聯集下去)，有可能會發散的。

(4) 假設准緊集 A **無界**，故可先取一點 x_1，再取一點 $x_2, \ldots$，直至無窮，並滿足 $d(x_i, x_j) \geq 1$ ，如同在區間 $(-\infty, \infty)$ 取點列。因為 $d(x_i, x_j) \geq 1$，即任何兩相異點 ≥ 1，即是發散，即不是准緊，產生矛盾，所以准緊集 A 有界。

由例 1.6.1 可知此點列是有界的，但卻是散開的，即發散，即不收斂，所以有界未必是准緊的。

(5) $\Leftarrow$ 設 $\overline{A}$ 是緊集，$\overline{A}$ 一定是准緊集，又 $A \subset \overline{A}$，由(2)知准緊集的子集還是准緊集，因而 A 是准緊集。

$\Rightarrow$ 設 A 是准緊集，則任一點列 $\{x_n\} \subset \overline{A}$，其中 $n \in \mathbb{N}$，那麼 $x_n \in A$ 或 $x_n \in A^d$(A 的衍生集或稱導出集)，於是可找到 $y_n \in A$ 滿足

$d(y_n, x_n) < \frac{1}{n}$ (y_n 與 x_n 越來越靠近)，x_n 與 y_n 可能是相同點，當 $n \to \infty$ 時，$y_n \to x_n$。

A 是准緊集，所以點列 $\{y_n\}$ 有收斂子列 y_{n_k}，並設 $\lim\limits_{k \to \infty} y_{n_k} = y_0$，由閉包定義可知 $y_0 \in \overline{A}$ (因為 $y_n \in A$)，那麼點列 $\{x_n\}$ 收斂子列是否收斂在 $\overline{A}$ 裡面呢?計算 $\{x_{n_k}\}$ 與 y_0 距離 $d(y_0, x_{n_k})$，這樣寫表示以 y_0 為中心作距離量測，可得

$d(y_0, x_{n_k}) \leq d(y_0, y_{n_k}) + d(y_{n_k}, x_{n_k}) \leq d(y_0, y_{n_k}) + \frac{1}{n_k}$，當 $k \to \infty$ 時，第一項與第二項皆趨近 0。

因此點列 $\{x_n\} \subset \overline{A}$ 也有收斂子列，由閉包定義，可知 $y_0 \in \overline{A}$，即收斂點在原集合，即 $\overline{A}$ 是緊集。

例 1.6.3 如何解釋開區間(0,1)與閉區間[0,1]的差別？

若將二者看成開空間與閉空間，在現實世界有類似的例子，就像電子在軌域上活動宛如在開空間，若電子吸收一定的光能量，就會脫離原軌域，並躍升到另一軌域上。質子在原子核宛如在閉空間，幾乎不可能脫離原空間，除非空間被破壞重組如發生核分裂，質子才會脫離原空間。用天文物理的觀點，(0,1)這個開區間，奇異點為 0 與 1 之處，在 0 與 1 之處發生巨大陷落宛如到了黑洞。

$(0,1) = \bigcup_{k=2}^{\infty} (\frac{1}{n}, 1 - \frac{1}{n}) = \lim_{n \to \infty} (\frac{1}{n}, 1 - \frac{1}{n})$，在 0 與 1 之處，看到開區間無窮伸展，表現出伸展性，

所以緊集與准緊集都具有緊收的特性，但准緊集在奇異點還有伸展的特性，因而緊收的相對詞為鬆展，亦可說，准緊集 $\triangleq$ 集合中任一無窮點列有子收斂現象。緊集 $\triangleq$ 准緊集的閉包(對准緊集取closure)。我們用緊性、准緊性、展性描述(0,1)與 [0,1]的差別。

Compact 在英文亦有緊湊的意思(緊密地湊在一起)，亦即空間所有點緊密地湊在一起而**不向外擴張**。所以 Compact Set 亦可翻譯成緊湊集，Precompact Set 亦可翻譯成准緊湊集，如用**緊密集**這個詞，可能在有限點集會產生歧異(有孤立點存在)，緊湊代表點與點之間緊緊的連結湊在一起，而**不向外擴張**。准緊湊集表示只差一些點可以當作緊湊集，就像開區間(-1,1) 差兩個點就是緊湊集，因為在-1 與 1 這兩個點形成鬆散結構，跟幾乎處處觀念類似，開區間(-1,1)是否真的可以當作開區間呢，在開區間的成員認為它們自己身處在開區間，事實上在開區間(-1,1)之外的成員認為在開區間內的成員身處在某"封閉式區間"，就如同我們身處在彎曲的空間，但我們不覺得，但可以穿梭空間的人就可知道我們的空間是彎曲的，即空間內與空間外觀測到現象可能會不一樣。事實上，有限

點集一定是緊集，此時，用緊湊集這個詞，似乎更貼切，同時，在有限點集內 ，找不到一個無窮鬆散點列。另外一個看法，點集可二分成准緊集與非准緊集，這兩個點集的差別性是如何產生的?因為非准緊集只能在**膨脹空間**出現。

例 1.6.4 設有點列 $x_1=1, x_2=2, x_3=3, x_4=4, x_5=5$，，此點列是否可以看作無窮點列？

$x_1=1, x_2=2, x_3=3, x_4=4, x_5=5$

可以設 $x_k=5$,當 $k=6,7,\cdots,+\infty$ 時 ，這樣定義，則此點列就可以當作無窮點列，並且符合收斂點定義: $\lim_{k\to\infty} d(x_k, 5) = 0$，此時，此點列收斂點為 5。(收斂點可以簡略表示成: x_∞)

例 1.6.5 實數 $\mathbb{R}$ 既非准緊空間，也非緊空間。

因為 $\mathbb{R}$ 存在子集 $\{1, 2, 3, \cdots\}$，不含任何收斂子列，准緊性不成立了，緊性一定不成立。

例 1.6.6 實數 $\mathbb{R}$，非緊空間，卻是完整空間。

在緊空間中，任何點列都有收斂子列，其收斂點還在原本空間中。

在完整空間中，任何基本點列都收斂，其收斂點還在原本空間中。

什麼是收斂呢?就是要確定收斂點存在。基本列就是一個收斂現象，只是不能確定收斂點是否存在，所以可以當作准收斂現象。

完整空間中的測試點列是基本點列(柯西點列)，緊空間中的測試點列是任何點列，所以緊空間比完整空間更嚴格，兩者可以說對測試點列的找相關的收斂點(或稱極限點)，並看此收斂點是否仍然在原本空間。

如例 1.6.5 知實數 $\mathbb{R}$ 為非准緊空間，亦非緊空間，由定理 1.5.1(2)可知: $\mathbb{R}$ 中的基本列**有界**，再由定理 **1.5.4(Bolzano-Weierstrass 一維無窮點列有界存在聚點定理)**，可知基本列之收斂點在原空間，所以實數 $\mathbb{R}$ 空間是完整空間。

例 1.6.8 設 $X = L^2[-\pi,\pi] = \{f \mid \int_{-\pi}^{\pi}|f(x)|^2 dx < \infty\}$ ，對於 $f,g \in X$，定義 $d(f,g) = (\int_{-\pi}^{\pi}|f(x)-g(x)|^2 dx)^{\frac{1}{2}}$，此空間非准緊空間。

因為 $\{f_n(x)\} = \sin(nx)$ 是發散點列卻有界，故 X 非准緊空間，因此點列集合有界但不一定准緊。

定理 1.6.2 設 A 是 n 維歐式空間 $\mathbb{R}^n$ 的一個子集，則

(1) A 是准緊集當且僅當 A 是有界集。

(2) A 是緊集當且僅當 A 是有界閉集。

證明

(1) ⇒(必要性) 准緊集之任何點列都有收斂子列，由收斂定義，故任何點列有界，即集合本身有界。

⇐(充分性) 已知 A 是有界集，對任何點列對每一維座標作投影，由定理 1.5.4：**任何一維有界無窮實數列存在收斂子列**，再由定理 1.5.5：$\mathbb{R}^n$ 中任何有界無窮點列**存在**收斂子列，知 $\mathbb{R}^n$ 中**任何**有界無窮點列必有收斂子列，故 A 是准緊集。

(2) 若敘述(1)成立，且收斂子列之收斂點仍在原集合，將敘述(1)取閉包(take closure)，則敘述(2)成立。

註：若 A 是 ∞ 維歐式空間 $\mathbb{R}^\infty$ 的一個子集，則**定理 1.6.2** 不適用。(**定理 1.6.2** 只適用有限維空間)

引理 1.6.1 設 $B=f(A)$, f 是距離空間 (X,d) 到 (Y,ρ) 的連續映射，若 A 是 X 中的緊集，則 B 是 Y 中緊集。

證明 所謂距離空間的連續映射，即定義域是道路連通區域，映射到值域，值域也是道路連通區域。經過映射後，原空間點分布特性不會改變，任何點列 $\{y_n\} \subset B$，都存在 $\{x_n\} \subset A$ 滿足 $y_n = f(x_n)$，其中 $n = 1,2,3,\cdots$。

由於 A 是緊集，任一點列$\{x_n\}$在 A 中皆存在收斂子列$\{x_n\}$及收斂點$\{x_{n_0}\}$，又已知 f 為連續映射，故任一點列$\{y_n\}$在 B 中皆存在收斂子列$\{y_n\}$及收斂點$\{y_{n_0}\}$，所以 B 是 Y 中緊集。

本引理亦說明一個收斂點列，經過連續映射後，不會變成發散點列，緊集映射到緊集可稱緊映射。

註：何謂映射前後空間拓撲特性不會改變?舉例來說，在原空間是聚點，在像空間也是聚點。即映射前後，空間點分佈特性不變。

定理 1.6.3(最大值最小值存在定理)設函數空間 X 是度量空間(距離空間)，A⊂X，A 是緊集，有連續映射$f: X \to \mathbb{R}$，$\mathbb{R}$是實數集，此映射稱為泛涵(或稱廣義函數)，f在緊集 A 上有最大值值及最小值(此泛涵為函數映射到實數，也可以說函數的函數，即定義域是函數，值域是實數也可以是虛數)。

證明 由上述引理 1.6.1 知，緊集經由連續映射會到映射到緊集。

再由定理 1.6.2 知在$\mathbb{R}$中的緊集為有界閉集($\mathbb{R}$ 即是$\mathbb{R}^1$)，故有最大值及最小值。

例 1.6.10 設(X, d_0)為平凡距離空間，A⊂X，證明 A 是緊集當且僅當 A 是有限點集。

證明⟸(充分性) 已知 A 是有限點集，因為點列永遠在有限點之間移動，故 A 為閉集。有限點集，一定收斂，並收斂在原集合內，故為緊集。

⟹(必要性)已知 A 是緊集，用反證法，假設 A 為無限點集，一定存在可列子集 A'⊂A(可列即無窮可列，參見**定理1.4.2 下方文字**)，A'=$\{x_1, x_2, \cdots, x_n, \cdots\} = \{x_n\}$，A'中每一點皆不同，當$m \neq n$時，$d_0(m,n)=1$，從而在$\{x_n\}$中沒有收斂現象，即不可能有收斂子列，與緊性矛盾(不是緊集)，因為無限點列(又稱無窮點列)若有收斂現象，收斂子列x_{n_k}的點與收斂點距離會越來越近($k = 1,2,\cdots$)，故 A 一定為有限集。

註：P⟹Q 等價於 非 Q⟹非 P (或:非 P⟸非 Q)，所以先設 A 為無限點集可推導出非緊集，又非准緊集一定是非緊集。

定理 1.6.4 距離空間 X 中的任一緊集本身是完整集。

證明 設 A 是 X 中的緊集,並設$\{x_n\} \subset A$是柯西點列,由於 A 是緊的,於是存在$x_n \in A$及其收斂子列$\{x_{n_k}\}$,滿足$x_{n_k} \to x_0$。因為$\{x_n\}$是柯西點列,由定理 1.5.1(3)得$x_n \to x_0$,又緊集中收斂子列的收斂點x_0還在原集合內,故 A 是完整集(又稱完備集)。

定理 1.6.5 設$\{K_n\}$是距離空間 X 中的一非空緊集序列(一個非空集合序列),滿足
$$K_1 \supset K_2 \supset \cdots \supset K_n \supset \cdots,$$
則$\bigcap_{n=1}^{\infty} K_n$非空。

證明 由於緊集序列$\{K_n\}$非空,任意選$x_n \in K_n$可得點列x_n(即$x_1 \in K_1, x_2 \in K_2, \cdots$)。集合點列$\{x_n\} \subset K_1$,因$K_1$是緊的,$\{x_n\}$有收斂子列$x_{n_k}$,且收斂點$x_0 \in K_1$。對任意$n \in \mathbb{N}$,當$n_k \geq n$時,$x_{n_k} \in K_n$,因$K_n$是閉的(因為緊集是將准緊集取閉包得來的),故收斂點$x_0 \in K_n$。由於n可為任意大小,則$x_0 \in \bigcap_{n=1}^{\infty} K_n$,即$\bigcap_{n=1}^{\infty} K_n$非空。(至少包含 1 點$x_0$)

1.7 距離空間內的完全有界集

定義 **1.7.1 ε-網(ε-net)**

設 X 為距離空間，A,B⊂X，給定ε>0，滿足 A⊂U$_{x∈B}$ $O(x,ε)$ ，稱 B 為 A 的ε-網，舉例來說，若存在有限點集B = $\{x_1,x_2,x_3\}$滿足 A⊂U$_{x∈B}$ $O(x,ε)$ ，則B = $\{x_1,x_2,x_3\}$為 A 的**有限ε-網**，x_1,x_2,x_3就像 A 的基點，從基點擴張再覆蓋 A，所以這是一個覆蓋。ε-網可簡略說成基點擴張成的覆蓋，B 則是基點集合。若B⊂B'=$\{x_1,x_2,x_3,x_4,x_5\}$，B'也是 A 的**有限ε-網**。若 B 中的點的分布為比較稀疏，則ε要比較大才能覆蓋，因為U$_{x∈B}$ $O(x,ε)$就是開球的聯集。故**ε-網**也有基的觀念。這個基就是基礎的意思。

定義 **1.7.2 完全有界集(Totally Bounded Set)**

設 X 為距離空間，A⊂X，若對於任意大小ε>0，都可找到 A 的**有限的ε-網**來有限覆蓋 A，則稱 A 是 X 中的完全有界集(即可找到**有限基點**)。或說對於任意大小ε，都可找到"**有限基點**"。**完全有界(Totally Bounded Set)**又可稱為全域有界。例如一維實數集就不是**完全有界集**。故**完全有界集**沒有無窮膨脹、無窮伸展的特性。(這裡的關鍵字是"**有限**"；**基點可以∈ A或∉ A**)

例 1.7.1 基本列是完全有界集。

證明 若$\{x_n\}$是距離空間 X 中的基本列，則對於任意大小**ε>0**，都存在自然數N，滿足當$n > N$時，$d(x_{N+1},x_n)<ε$，因而$\{x_1,x_2,…,x_N,x_{N+1}\}$是基本列$\{x_n\}$的一個有限ε-網(即被有限個半徑為ε的開球之聯集所包覆)，故基本列$\{x_n\}$是完全有界的。

引理 1.7.1 A 為距離空間 X 中的完全有界集，當且僅當對任意$\varepsilon>0$，皆可取 A 的一個有限子集作為 A 的ε-網。 (基點可以$\in$ A或$\notin$ A)

證明 $\Rightarrow$(必要性)若 A 為完全有界集，則對任意$\frac{\varepsilon}{2}>0$，A 可找到有限$\frac{\varepsilon}{2}$-網 $\{x_1, x_2, \cdots, x_{n_0}\}$，其中$x_k \in$ X，

設對每個 k，$A \cap O(x_k, \frac{\varepsilon}{2}) \neq \varnothing$，取$y_k \in A \cap O(x_k, \frac{\varepsilon}{2})$，其中$k = 1, 2, \cdots, n_0$，則$y_k \in$ A 且$d(y_k, x_k) < \frac{\varepsilon}{2}$。

$\forall x \in$ A，可找到$x_{k_0} \in \{x_1, x_2, \cdots, x_{n_0}\}$滿足$d(x_{k_0}, x) < \frac{\varepsilon}{2}$，又$d(y_{k_0}, x_{k_0}) < \frac{\varepsilon}{2}$，

可得$d(y_{k_0}, x) < d(y_{k_0}, x_{k_0}) + d(x_{k_0}, x) < \varepsilon$，

故$\{y_1, y_2, \cdots, y_{n_0}\}$是包含在 A 中的 A 的有限$\varepsilon$-網。

$\Leftarrow$(充分性)由已知 $\forall \varepsilon>0$，存在$\{y_1, y_2, \cdots, y_{n_0}\} \subset A \subset X$ 滿足 $A \subset \bigcup_{k=1}^{n_0} O(y_k, \varepsilon)$ 這是完全有界集的定義，即 A 是 X 中的完全有界集。

定理 1.7.1 設 X 為距離空間，$A \subset X$，若 A 是完全有界集，則 A 必有界且可分離的(可分離出一個可列稠密子集)。

證明 (1)設 A 是完全有界集，取$\varepsilon = 1$，可找到$\{x_1, x_2, \cdots, x_n\}$是 A 的有限 1-網，$A \subset \bigcup_{i=1}^{n} O(x_i, 1)$，令 $M = 1 + \max_{2 \leq i \leq n}\{d(x_1, x_i)\}$，作一個以$x_1$為中心的開球，

則知 $A \subset O(x_1, M)$，於是 A 有界。(因為集合有界亦可定義成:可包含在某個開球)

(2) 設 A 是完全有界集，下面證明 A 有可列的稠密子集(可分離的定義)。

設B_n是 A 的有限$\frac{1}{n}$-網，由引理 1.7.1 知:所選擇的有限網的基點皆可以屬於 A，故可找到

$B_n = \{x_1^{(n)}, x_2^{(n)}, \cdots, x_{k_n}^{(n)}\} \subset A$ 並使得$A \subset \bigcup_{i=1}^{k_n} O(x_i^{(n)}, \frac{1}{n})$，下面證明$\bigcup_{n=1}^{\infty} B_n$ 是A的稠密子集。

由於每個B_n是有限集，故$B = \bigcup_{n=1}^{\infty} B_n$是可列集合 (此處可列集可以指有限可列集或無限可列集；可列又稱可數，即 countable)，

對於 $\forall x \in A$，任意大小 $\delta > 0$，可找到 $n_0 \in \mathbb{N}^+$，使得 $\frac{1}{n_0} < \delta$。由於 B_{n_0} 是 A 的

$\frac{1}{n_0}$-網（n_0 越大，基點越多），故可找到某一點

$x_{n_0} \in B_{n_0} \subset \bigcup_{n=1}^{\infty} B_n$，使得 $d(x, x_{n_0}) < \frac{1}{n_0} < \delta$，從而 $x_{n_0} \in O(x, \delta)$，即 $\bigcup_{n=1}^{\infty} B_n$

在 A 中稠密。顯然，$\bigcup_{n=1}^{\infty} B_n$ 是可列的集合，故 A 是可分離的。

$(B_1, B_2, B_3, \cdots$：可發現基點越來越多，可以多到無窮)

註 1：若 A 在 B 中稠密，根據稠密的性質知，$\forall \varepsilon < 0$，皆有 $B \subset \bigcup_{x \in A} O(x, \varepsilon)$，顯然 A 是 B 的 ε-網。

註 2：若 A 為有限集合，可列稠密子集就是 A 自己。

註 3：事實上，$\lim_{n \to \infty} B_n$ 就是 A 的稠密子集。寫成 $\bigcup_{n=1}^{\infty} B_n$ 的型式，是有逐步擴張且無窮擴張的意味。

例 1.7.2 當 $n \to \infty$ 時，$[0,1]^n, n \in \mathbb{N}^+$，此集合是非完全有界集。

當 $n = n_0$ 時，由定理 1.5.6(有限開覆蓋定理)知 $[0,1]^n$ 是完全有界集。

當 $n \to \infty$ 時，因為 $\{0.25, 0.75\}$ 是 $[0,1]$ 的 **0.3-網**，故 $[0,1]^n$ 的 **0.3-網**集合的數目為 $2^n \to \infty$，於是 $[0,1]^\infty$ 非完全有界集。

例 1.7.3 自然數 $\mathbb{N}$ 在平凡距離中是有界集，但不是完全有界集。

證明 由平凡距離定義：

$$d(x,y) = \begin{cases} 0, & x = y, \\ 1, & x \neq y. \end{cases}$$

$\{1\}$ 的 **1-網**包含全集合自然數 $\mathbb{N}$；但 $\{0, 1, 2, \cdots, \infty\}$ 的 **0.5-網**才能包含全集合自然數 $\mathbb{N}$，此時基點數目非有限。

定理 1.7.2 **(完全有界的充要條件)** 設 X 是距離空間，$A \subset X$，則 A 是完全有界集當且僅當 A 中任何點列必有基本子列。

證明 $\Leftarrow$(充分性)用反證法，設 A 不是完全有界的，則必存在 $\varepsilon_0 > 0$，滿足

A 沒有有限ε_0-網，於是對於任何一點$x_1 \in$A，皆有 A$\not\subset O(x_1, \varepsilon_0)$(否則$\{x_1\}$為一個有限$\varepsilon_0$-網)，再找一點$x_2 \in$A$\backslash O(x_1, \varepsilon_0)$滿足$x_2 \in$A 且$d(x_1, x_2) \geq \varepsilon_0$ ，即一直找沒有被開球包覆的點，

$\{x_1, x_2\}$亦不是有限ε_0-網，可再一點$x_3 \in$A$\backslash O(x_1, \varepsilon_0) \cup O(x_2, \varepsilon_0)$滿足$d(x_3, x_k) \geq \varepsilon_0$($k = 1,2$)，依此類推，可得點列$\{x_n\} \subset$A$(n \to \infty)$滿足$d(x_n, x_m) \geq \varepsilon_0$($n > m$)，此無窮點列$\{x_n\}$中任兩點距離皆大於ε_0，故為發散，這與 A 中點列必有基本子列矛盾，所以 A 是完全有界的。

註：非 P$\Rightarrow$非 Q 等價於 P$\Leftarrow$Q。A 沒有有限ε_0-網，即是不存在有限ε_0-網，亦即是無限ε_0-網。

$\Rightarrow$(必要性)設$\{x_n\}$是 A 的任一點列，取$\varepsilon_k = \frac{1}{k}$，$k = 1,2,\cdots$,因為 A 是完全有界集，故 A 可找到有限基點$\varepsilon_k$-網，記為$B_k$，$B_k$是一個有限基點集合。推導方式與閉球套定理類似。

以B_1網的各點為中心，作半徑為ε_1的開球，所有開球聯集覆蓋了 A，當然覆蓋了無窮點列$\{x_n\} \subset$A，

所有開球中，至少可找到一開球S_1可包含$\{x_n\}$的子點列$\{x_k^{(1)}\} \subset S_1$， ($\{x_k^{(1)}\} = S_1 \cap \{x_n\}$)

以B_2網的各點為中心，作半徑為ε_2的開球，

所有開球中，至少可找到一開球S_2可包含$\{x_k^{(1)}\}$的子列$\{x_k^{(2)}\} \subset S_2$,依此類推(開球半徑越來越小)，可得

($\{x_k^{(2)}\} = S_2 \cap \{x_k^{(1)}\}$)

$x_k^{(1)} \subset S_1$： 又$\{x_k^{(1)}\} = \{x_1^{(1)}, x_2^{(1)}, \cdots, \cdots\} = S_1 \cap \{x_n\}$

$x_k^{(2)} \subset S_2$： 又$\{x_k^{(2)}\} = \{x_1^{(2)}, x_2^{(2)}, \cdots, \cdots\} = S_2 \cap \{x_k^{(1)}\}$

$\vdots$

$x_k^{(i)} \subset S_i$： 又$\{x_k^{(i)}\} = \{x_1^{(i)}, x_2^{(i)}, \cdots, \cdots\} = S_i \cap \{x_k^{(i-1)}\}$

$\quad \vdots \qquad\qquad\qquad \vdots$

下一個點列是上一個點列的子列，取對角線元素作$\{x_n\}$的子列，即

$\{x_k^{(k)}\} = \{x_1^{(1)}, x_2^{(2)}, \cdots, x_{k_0}^{(k_0)}, \cdots\}$，$k_0 \in \mathbb{N}^+$ ，此為$\{x_n\}$的子列，下證此子列是基本子列。

給任意大小ε>0，選擇 K 滿足$\varepsilon_K = \frac{1}{K} < \frac{\varepsilon}{2}$，當$k, p >$K 時，不妨設$p > k$，則有 $x_p^{(p)} \in S_k$(因為$x_i^{(i)} \subset S_i$)，

將開球S_k的中心記為x_k^*，可得

$d(x_p^{(p)}, x_k^{(k)}) \leq d(x_p^{(p)}, x_k^*) + d(x_k^*, x_k^{(k)}) \leq \varepsilon_K + \varepsilon_K = 2\varepsilon_K < \varepsilon$ （注意：$p > k >$K)，

故$\{x_k^{(k)}\}$是$\{x_n\}$基本子列。故 A 中任何點列必有基本子列。

註：K 越大，ε越小，開球半徑ε_K越小，使選擇的點列，造成准收斂現象，故有基本子列。

下面定理說明在距離空間中完全有界與准緊集的關係。

定理 1.7.3**(Hausdorff 定理)**設 X 為距離空間，A⊂X，則

(1) 若 A 為准緊集，則 A 為完全有界集。

(2) 若 X 為完整距離空間，則當 A 為完全有界集時，A 也是准緊集。

(3) 在完整距離空間中，准緊集與完全有界集是等價的。

證明一 (1)用反證法，先設 A 是 X 中的准緊集。若 A 不是完全有界的，則必存在$\varepsilon_0 > 0$，滿足 A 找不到有限ε_0-網，於是對於任意一點$x_1 \in$A，皆有 A$\not\subset O(x_1, \varepsilon_0)$（若 A$\subset O(x_1, \varepsilon_0)$成立，則$\{x_1\}$為一個有限$\varepsilon_0$-網），再找一點$x_2 \in$A\ $O(x_1, \varepsilon_0)$滿足$x_2 \in$A 且$d(x_1, x_2) \geq \varepsilon_0$ ，
$\{x_1, x_2\}$亦不是有限ε_0-網，可再找一點$x_3 \in$A\ $O(x_1, \varepsilon_0) \cup O(x_2, \varepsilon_0)$滿足$d(x_k, x_3) \geq \varepsilon_0$（$k = 1,2,\cdots$），依此類推，可得點列$\{x_n\} \subset$A 滿足$d(x_m, x_n) \geq \varepsilon_0$（$m < n$），可以一直無窮找下去，$\{x_n\}$中任兩點距離皆大於等於$\varepsilon_0$，故為發散，這與 A 是准緊集矛盾，所以 A 是完全有界的。

(3) 先任取 A 中點列$\{x_n\}$。

若$\{x_n\}$只有有限相異點,利用收斂定義,必可找到收斂子列。(又有限相異點必是准緊集)

若$\{x_n\}$有無限相異點(無窮點列),並記$\{x_n\}$為B_0,由於$B_0 \subset A$,因 A 完全有界,B_0亦完全有界。

在B_0中作$\varepsilon_1 = \frac{1}{2}$-網,至少某一開球包含無限多點,並記為$B_1$,由於$B_1 \subset B_0$,$B_0$完全有界,$B_1$亦完全有界。

在B_1中作$\varepsilon_2 = \frac{1}{2^2}$-網,至少一開球包含無限多點,並記為$B_2$,由於$B_2 \subset B_1$,$B_1$完全有界,$B_2$亦完全有界。

依此類推,可得$B_1 \supset B_2 \cdots \supset B_k \supset \cdots$,$B_k$的直徑 $d(B_k) \leq \frac{1}{2^{k-1}}$,每個$B_k$皆含有無限多點,在$B_1$取一點$x_{n_1}$,在$B_2$取一點$x_{n_2}$,並設$n_1 < n_2$(表示相異點),依此類推,

在B_i取一點x_{n_i},在B_j取一點x_{n_j},並設$n_i < n_j$,$x_{n_j} \subset B_i$,可得 $d(x_{n_i}, x_{n_j}) \leq \frac{1}{2^{i-1}} \to 0$, 當$i \to \infty$時。

所以$\{x_{n_k}\}$是基本列。因空間 X 完整,故$x_{n_k} \to x_0 \in X$,即 A 是准緊的。

上述思考邏輯與定理 1.5.3 是類似的(有界無窮實數序列必有聚點)。

(4) 由(1)與(2)得証。

證明二 (1)因准緊集中任何點列皆有收斂子列,此收斂子列必是基本子列,由定理 1.7.2 得 A 是完全有界集。

(2)$\Rightarrow$(必要性) 由(1)得 准緊集一定是完全有界集。

$\Leftarrow$(充分性) 對任意$\{x_n\} \subset A$,設 A 是完全有界集,由定理 1.7.2 得$\{x_n\}$含有基本子列$\{x_{n_k}\}$。

因 X 是完整距離空間,故$\{x_{n_k}\}$收斂在 X 內,即 A 的任何點列有收斂子列且收斂在空間 X 內,亦即 A 是准緊集。得証。

(3) 由(1)與(2)得証。

到目前為止，我們對空間中的集合作了一些操作，例如，有限、無限、無窮、限縮、再限縮、擴張、再擴張。

例 1.7.4 設空間 X 為[0,1]數線上的有理數全體，$\lim\limits_{n\to\infty}\frac{1}{3}(1+\frac{1}{n})^n=\frac{e}{3}$，點列 $\{x_n\}=\{\frac{1}{3}(1+\frac{1}{n})^n\}$ 是 X 中**基本列**，但不在 X 中收斂，無窮點列$\{x_n\}$不含收斂子列(以有理數的觀點來說)，即空間 X 不是完整的距離空間,也不是准緊集(參見 **定義 1.6.1 准緊集、緊集與緊空間**)，但對實數空間[0,1]來說，$\{x_n\}$就是准緊集了。給任意大小 ε>0，可找到正整數 n，並讓 ε>$\frac{1}{n}$，則$\{0, \frac{1}{n}, \frac{2}{n}, \dots, \frac{n-1}{n}, 1\}$ 是 X 的 ε-網，故 X 是完全有界，則點列$\{x_n\}$也是完全有界，但$\{x_n\}$不是准緊集(以有理數的觀點來說)。可與**定理** 1.7.3 作比較。

定理 1.7.4 設 X 是完整距離空間，則 A⊂X 是准緊集的充要條件是∀ε>0，A 有准緊的 ε-網。

⇒(必要性) 由定理 1.7.3 (1) 若 A 為准緊集，則 A 為完全有界集，及引理 1.7.1 任意**ε>0**，皆可取 A 的一個有限子集作為 A 的**ε-網**。此**ε-網**為 A 的一個有限子集，一定是准緊的。

⇐(充分性) 利用**定理** 1.7.3 (3)完整距離空間中，准緊集等價於完全有界集。∀ε>0，A 有准緊的 ε-網 B，B 為准緊的，則 B 為完全有界，從而 B 有有限 ε-網 C，以 C 元素當基點，可得 C 是 A 的有限 2ε-網(畫圖可得知)，因為 ε 可任意大小，得 A 為完全有界。又空間 X 是完整空間，得 A 等價於准緊 (由定理 1.7.3 (3))，得證。

註：完整是指不欠缺某些極限點，又極限點是一種衍生下去到無窮的觀念，所以完整空間指包括這些極限點，舉例來說，有理數空間是不完整的，將有理數空間所有的極限點(在此指無理數)都包含進來，就形成了完整的空間，也就是實數空間。完全是指在本質上完好。

定理 1.7.5 集合 $A \subset C[a,b]$(連續函數空間)准緊的充要條件是 (Arzela-Ascoli 定理)

(i)A 為逐點有界，即存在 M>0，對任意$x(t) \in A$，對所有$t \in [a,b]$滿足

$\underset{x(t) \in A}{\text{Sup}} |x(t)| \leq M$ $(x(t)$中所有t的"值"(大小)都小於等於某一個值)；

(舉例來說，函數列$\{f_n | f_n(t) = \sin(t)\}$是有界且一致有界，因為對於一切正整數$n$和一切$t \in [-\pi, \pi]$，$|f_n(t)| \leq 1$都成立，界不隨$n$變化。這裡一致性是指對$n$有一致性。

(ii)A 等變化度一致性連續(uniformly **equicontinuous**)，即對任意 ε>0，存在$\delta = \delta(\varepsilon) > 0$，對任意$t_1, t_2 \in [a,b]$，使得 $|t_1 - t_2| < \delta \Rightarrow |x(t_1) - x(t_2)| < \varepsilon$ 且對於一切$x \in A$成立。等變化度一致性連續在一些書中又稱等度連續。這裡等變化度一致性連續是指:只要$x(t)$屬於A，每個$x(t)$都是一致性連續，又一致性連續性質代表一種函數變化度。(簡言之,若僅提到一致性連續,是針對某一個函數$f(t)$)。若$\forall f_n(t)$在區間I上皆一致性連續，並受到統一限制(受共同的$\delta(\varepsilon)>0$控制)，則稱在區間I上的函數序列$f_n(t)$為等變化度一致性連續的。

證明 ⇒(必要性) 設 A 為准緊集，由**定理** 1.7.3 (1)知 A 為完全有界，可得 A 有界。又對於 $\forall x(t) \in A$，在此利用以下距離定義

$d(0,x) = \int_{[a,b]} |x(t) - 0| dt < \infty$ ，得$|x(t)| < M$，即 A 為一致性有界，即 (i) 成立。

另一方面，對任意大小 ε>0，由於 A 完全有界，則可找到有限$\frac{\varepsilon}{3}$-網$\{x_j\}_{j=1}^{n_0}$。

對任意$x(t) \in A$，對此有限$\frac{\varepsilon}{3}$-網，可找到某個 x_{j_0}，滿足$d(x_{j_0}, x) < \frac{\varepsilon}{3}$ ，即 $|x(t) - x_{j_0}(t)| < \frac{\varepsilon}{3}$。

因$x_j \in C[a,b]$，$x_j(t)$在$[a,b]$上必一致性連續(一致性有界加上連續性質)。即對上

述 ε>0，存在對應的 $\delta > 0$，使得

$$\left| t_1 - t_2 \right| < \delta \Rightarrow \left| x_j(t_1) - x_j(t_2) \right| < \frac{\varepsilon}{3}，其中 j = 1, 2, \cdots, n_0，t_1, t_2 \in [a, b]。$$

$$\left| x(t_1) - x(t_2) \right| \leq \left| x(t_1) - x_{j_0}(t_1) \right| + \left| x_{j_0}(t_1) - x_{j_0}(t_2) \right| + \left| x_{j_0}(t_2) - x(t_2) \right| < \frac{\varepsilon}{3} + \frac{\varepsilon}{3} + \frac{\varepsilon}{3} = \varepsilon。$$

ε可任意大小，且 $\delta = \delta(\varepsilon)$(表示δ隨ε而變)，與 t_1, t_2 所在位置無關，故 A 是等變化度一致性連續的，即(ii) 成立。

⇐(充分性) $C[a, b]$ 是完整空間(此時距離定義採用 $d(x, y) = \sup\limits_{t \in [0,1]} \left| x(t) - y(t) \right|$，可參考例 1.5.3 後面說明)，且 $A \subset C[a, b]$，故A的極限點皆屬於空間 $C[a, b]$。由定理 1.7.3 (3)知：在完整距離空間中，准緊集與完全有界集是等價的。故只需証明 A 是完全有界。

由等變化度一致性連續定義，對任何 ε>0，可找到δ>0，當 $t', t'' \in [a, b]$ 且 $\left| t' - t'' \right| < \delta$ 時，任意 $x(t) \in A$ 皆可 $\left| x(t') - x(t'') \right| < \frac{\varepsilon}{3}$ (1.7.1) (即讓所有的函數變化率有一致性)，取自然數 n，使得 $\frac{b-a}{n} < \delta$。將 $[a, b]$ 分成 n 等分，即 $a = t_0 < t_1 < \cdots < t_n = b$。若 t', t'' 屬於同一個小區間 $[t_i, t_{i+1}]$，不等式(1.7.1)便成立，

作 $\mathbb{R}^{n+1}$ 中的點集 $\widehat{A} = \{ (x(t_0), x(t_1), \cdots, x(t_n)) : x(t) \in A \}$ ($n + 1$ 維)，注意此點集是歐式空間 $\mathbb{R}^{n+1}$ 的點集，可以看成被取樣形成的點集。由於 A 為一致性有界，即 $\left| x(t) \right| \leq M$，故 $\widehat{A}$ 在 $\mathbb{R}^{n+1}$ 中也有界，再由定理 **1.6.2** (A 是准緊集當且僅當 A 是有界集)，知 $\widehat{A}$ 在 $\mathbb{R}^{n+1}$ 中准緊。在 $\mathbb{R}^{n+1}$ 完整空間中，准緊等價於完全有界，故可找到有限 $\frac{\varepsilon}{3}$-網，可記為 $\{(x_j(t_0), x_j(t_1), \cdots, x_j(t_n))\}_{j=1}^{k} = \widehat{B}$。對應 $\widehat{B}$ 的函數集 B，在A中可找到函數集 $B = \{x_1(\cdot), x_2(\cdot), \cdots, x_k(\cdot)\}$。下証此有限集函數集B是函數集 A 的一個有限ε-網，注意，以下距離定義的方式是透過"取樣"來完成的。

任選 $x(t) \in A$，則 $(x(t_0), x(t_1), \cdots, x(t_n)) \in \widehat{A}$，因 $\widehat{A}$ 擁有有限 $\frac{\varepsilon}{3}$-網 $\widehat{B}$，故可找到 $j_0 : 1 \leq j_0 \leq k$，滿足距離定義 $\rho(x, x_{j_0}) = (\sum_{i=1}^{n} \left| x(t_i) - x_{j_0}(t_i) \right|^2)^{\frac{1}{2}} < \frac{\varepsilon}{3}$，

從而對每個i，$\left|x(t_i)-x_{j_0}(t_i)\right|<\dfrac{\varepsilon}{3}$，

任取$t\in[a,b]$，可找到$t\in[t_i,t_{i+1}]$ ($i\in\{0,1,\cdots,n-1\}$；$t\in$某一個小區間)，於是

$$\left|x(t)-x_{j_0}(t)\right|\leq\left|x(t)-x(t_i)\right|+\left|x(t_i)-x_{j_0}(t_i)\right|+\left|x_{j_0}(t_i)-x_{j_0}(t)\right|$$

$<\dfrac{\varepsilon}{3}+\dfrac{\varepsilon}{3}+\dfrac{\varepsilon}{3}=\varepsilon$，又$x(t)\in A$，$x_{j_0}(t)\in B$

所以距離定義$\rho\left(x,x_{j_0}\right)=\sup\limits_{t\in[a,b]}\left|x(t)-x_{j_0}(t)\right|<\varepsilon$。這說明 B 是 A 的$\varepsilon$-網，因而

A 是完全有界的，故 A 是准緊的。

在定理必要性證明中，利用完全有界的有限基點特性，將無窮多個函數等變化度現象問題換成有限多個函數等變化度現象問題；在定理充分性證明中，將$C[a,b]$函數空間的問題先轉換成歐式空間$\mathbb{R}^{n+1}$問題，然後再回到$C[a,b]$函數空間中。

註 1：因 A 是一致性有界，$\rho\left(x,x_{j_0}\right)=\left(\sum_{i=1}^{n}\left|x(t_i)-x_{j_0}(t_i)\right|^2\right)^{\frac{1}{2}}<\dfrac{\varepsilon}{3}$，可代表兩個函數之間的距離，代表兩函數之間的相異性(dissimilarity)。對 dissimilarity(不同性)作估測，只要取足夠大的取樣點數，就可描述兩函數之間的相異性。

註 2：對於有限點集$\{x_1,x_2,\cdots,x_N\}$為 A 的有限ε-網，$\{x_1,x_2,\cdots,x_N\}$可以看成描述點集 A 的估測點集。

　　網有逼近及捕捉的意思，也像行動電話基地台信號覆蓋的蜂巢式結構。

　　一般來說函數有界是指在一區間內函數的值有界。若說函數元素有界，則指此函數被當作距離空間集合的一個元素，並可以計算與原點的距離，若與原點的距離有界，則稱此函數元素有界。

　　兩個函數的等變化度是指兩者之間具有共同的變化特性，如兩者皆是連續函數，或兩者皆是一致性連續函數，同時變化度不遠；或兩者皆是光滑曲線連續函數，同時變化度不遠。之前提到的空間連續映射前後空間點分布特性不會變化太大，也有類似的概念。

註 3：上文提到的一段話：" 另一方面，對任意 $\varepsilon>0$，由於 A 完全有界，則可找到有限$\dfrac{\varepsilon}{3}$-網$\{x_j\}_{j=1}^{n_0}$。

　　　"及另一段話：" 即對上述 $\varepsilon>0$，存在對應的$\delta>0$，使得 "，這兩段話如同計算機領域的兩個迴圈運算，或者類似雙變數函數，當觀察變化情形時，會先固定一個變數在某一值，另一變數作變動。之後原先固定的變數再設定另一個值，另一變數再作變動。

註 4：以下是從維基百科有關等度連續(Equicontinuity)抄的一段解釋：

Let X and Y be two metric spaces, and F a family=$\{f_n\}$ of functions from X to Y. We shall denote by d the respective metrics(度量) of these two spaces.

The family F=$\{f_n\}$ is equicontinuous at a point $x_0 \in X$ if for every $\varepsilon > 0$, there exists a $\delta > 0$ such that $d(f(x_0), f(x)) < \varepsilon$ for all $f \in F$ and all x such that $d(x_0, f(x)) < \delta$. The family is pointwise(逐點) equicontinuous if it is equicontinuous at each point of X.

The family F is uniformly equicontinuous if for every $\varepsilon > 0$, there exists a $\delta > 0$ such that $d(f(x_1), f(x_2)) < \varepsilon$ for all $f \in F$ (F 是 family 之意)and all x_1, $x_2 \in X$ such that $d(x_1, x_2) < \delta$.

For comparison, the statement 'all functions f in F are continuous' means that for every $\varepsilon > 0$, every $f \in F$, and every $x_0 \in X$, there exists a $\delta > 0$ such that $d(f(x_0), f(x)) < \varepsilon$ for all $x \in X$ such that $d(x_0, x) < \delta$.

For continuity, δ may depend on ε, f, and x_0.

For uniform continuity, δ may depend on ε and f. (not depending on x_0；uniform can mean globally)

For pointwise equicontinuity, δ may depend on ε and x_0. (locally and for every $f_n \in$ **F**)(與所處位置有關)

For uniform equicontinuity, δ may depend only on ε. (globally and for every $f_n \in$ F) (與所處位置無關)

註5：Let $F = \{f_n\}$ be a family of linear operators from a normed space X to a normed space Y. We say that $f \in F$ is pointwise bounded if $\sup_{f \in F}\{\| f(x) \|\} < \infty$ for every $x \in X$. We say $f \in F$ is uniformly bounded if $\sup_{f \in F}\{\| f \|\} < \infty$. (pointwise bounded:逐點有界，對象是$\| f(x) \|$；uniformly bounded:一致有界(函數族有上限)，對象是$\| f \|$。逐點為針對每一個空間點$x \in$ X。這裡f是指函數)

例 1.7.5 證明 A=$\{x_n: x_n(t) = \sin\frac{\pi t}{n}, n \in \mathbb{N}^+\}$是連續函數空間$C[0,1]$中的准緊集，其中距離定義為$d(x,y)=\max_{t\in[a,b]}\{|x(t) - y(t)|\}$。

證明 (1) $|x_n(t)| \leq 1$不隨n而變，故 A 一致性有界，符合 Arzela-Ascoli 定

理充要條件(i)。

(2)對任意 ε，選 $\delta = \frac{\varepsilon}{\pi}$，則對任意 $x(t) \in A, t_1, t_1 \in [0,1]$，

當 $|t_1 - t_2| < \delta$ 時，可得 $\left| x_n(t_1) - x_n(t_2) \right| = \left| \sin\frac{\pi}{n}t_1 - \sin\frac{\pi}{n}t_2 \right|$

$$= 2\left| \sin\frac{\pi}{2n}(t_1 - t_2)\cos\frac{\pi}{2n}(t_1 + t_2) \right|$$

$$\leq 2\left| \sin\frac{\pi}{2n}(t_1 - t_2) \right|$$

$$\leq \frac{\pi}{n}\left| t_1 - t_2 \right| \leq \pi\left| t_1 - t_2 \right| < \varepsilon,$$

故 A 是等變化度一致性連續，符合 Arzela-Ascoli 定理充要條件(ii)。

符合 Arzela-Ascoli 定理兩充要條件得知 A 是准緊集。

註：$1 \leq n$，$0 \leq \left| t_1 - t_2 \right| \leq 1$，$0 \leq \left| \sin\theta \right| \leq 1$，$0 \leq \left| \cos\theta \right| \leq 1$。

定理 1.7.6 設 X 是距離空間，A 是 X 的緊子集，則 A 的任何子集皆是有界集，也是可分離集。

證明 由定理 1.6.1 知，A 是緊子集，則 A 的任何子集皆是准緊集。再由**定理** 1.7.3 准緊集是完全有界集。再由**定理** 1.7.1 完全有界集是有界集及可分離集。

1.8 距離空間中的開覆蓋

定義 1.8.1 開覆蓋(Open Cover 或 Open Covering)

設 X 是距離空間，Λ 是指標集，$A \subset X$，$\forall \lambda \in \Lambda$，$G_\lambda$ 是 X 的開子集，

若 $A \subset \bigcup_{\lambda \in \Lambda} G_\lambda$，則稱 $\bigcup_{\lambda \in \Lambda} G_\lambda$ 或 $\{G_\lambda \mid \lambda \in \Lambda\}$ 是 A 的開覆蓋。即 A 被 $\bigcup_{\lambda \in \Lambda} G_\lambda$ 包覆。

引理 1.8.1 設 A 是距離空間 X 的緊子集，$\{G_\lambda \mid \lambda \in \Lambda\}$ 是 A 的開覆蓋，則可找到 $\varepsilon > 0$，使得 $\forall x \in A$，又可找到 $G_x \in \{G_\lambda\}$ 滿足 $O(x, \varepsilon) \subset G_x$。($x \in G_x$)

證明 用反證法，假設結論不成立，即找不到適當大小 $\varepsilon > 0$ (ε 不存在)，並設 $n \in N^+$（因為自然數 N 包括 0），則對 $\forall n$，都存在某一點 x_n(注意:選擇的點列 $\{x_n\}$ 每一點附近都是不能被覆蓋的)，使得任意開集族 $\{G_\lambda\}$ 都無法覆蓋 $O(x_n, \frac{1}{n})$ ，即讓點列鄰域越來越小，即 $O(x_n, \frac{1}{n}) \not\subset G_\lambda$，點列 $\{x_n\}$ 可以看成靠近某一個奇異點，這個奇異點及其極小附近無法被覆蓋。緊集是准緊集的閉包，故緊集內任何點列都具有收斂子列，其收斂點還在原集合內。從而 $\{x_n\}_{n=1}^{\infty}$ 存在收斂子列 $\{x_{n_k}\}_{k=1}^{\infty}$，且收斂點 $x_0 \in A$。

因為 $\{G_\lambda \mid \lambda \in \Lambda\}$ 開覆蓋 A，所以可找到某個開集 G_λ 及某個 δ 滿足 $O(x_0, \delta) \subset G_\lambda$。由於 $\lim_{k \to \infty} x_{n_k} = x_0 \in A$，存在某個 $k \in N$，當 $k > N$ 時，滿足 $O(x_{n_k}, \frac{\delta}{2}) \subset G_\lambda$(當 x_{n_k} 足夠靠近 x_0 時)。這與 $x_{n_k} \in \{x_n\}_{n=1}^{\infty}$ 及任意開集 G_λ 皆不能覆蓋 $O(x_n, \frac{1}{n})$ 相矛盾，故假設不成立。即存在 $\varepsilon > 0$，$\forall x \in A$，可找到 $G_x \in \{G_\lambda\}$，滿足 $O(x, \varepsilon) \subset G_x$。

簡言之，假設存在一個不能覆蓋的鄰域序列，此鄰域列半徑越來越小直到無窮小，但在此鄰域列卻可找到收斂子列及收斂點 $x_0 \in A$ (緊集的子收斂性)，但收斂點極小附近的鄰域 $O(x_{n_k}, \frac{\delta}{2})$ 又可被覆蓋，產生矛盾。

例 1.8.1 $(-1, 1) = \bigcup_{k=1}^{\infty} O(-1 + \frac{1}{2^n}, 1 - \frac{1}{2^n})$，此開覆蓋 $\bigcup_{k=1}^{\infty} O(-1 + \frac{1}{2^n}, 1 -$

$\frac{1}{2^n}$)覆蓋(−1,1)。但此此開覆蓋找不到有限子開覆蓋來覆蓋(−1,1)。故可知開區間是一個無窮延伸的觀念,每走一步都離目標點越來越近,但卻永遠也走不到目標點。同樣地,開集也是一個無窮延伸的觀念。

例 1.8.2 A = (−1,1),當 $x_0 = 1$(邊界點)時,x_0 在 A 的外部,無法滿足 A⊂$\bigcup_{x \in A}$ O$(x, \frac{1}{2}d(x, x_0))$。

例 1.8.3 A = [−1,1],x_0 在 A 的外部,可滿足 A⊂$\bigcup_{x \in A}$ O$(x, \frac{1}{2}d(x, x_0))$。

定理 1.8.1 設 X 是距離空間,A⊂X,A 是緊集當且僅當 A 的任意開覆蓋皆存在有限子開覆蓋。

證明 (1)⇐(充分性)首先證明 A 是閉集,設對於 $\forall x_0 \in A^c$ (x_0 在 A 的外部),都可滿足 A⊂$\bigcup_{x \in A}$ O$(x, \frac{1}{2}d(x, x_0))$(此假設是有利假設,已排出開邊界情況,因為如**例 1.8.1** 之開覆蓋不存在有限子開覆蓋)。因為可找到有限子覆蓋,故可找到 $x_k \in A$ 使得 A⊂$\bigcup_{k=1}^{m}$ O$(x_k, \frac{1}{2}d(x_k, x_0))$。

令 $\delta = \min\limits_{1 \le k \le m} \{\frac{1}{2}d(x_k, x_0)\}$ (x_0 在 A 的外部),顯然 $\delta > 0$。($2\delta = \min\limits_{1 \le k \le m}\{d(x_k, x_0)\}$)

得 $\forall x \in O(x_0, \delta)$ $(d(x_0, x) < \delta)$ 皆滿足 $d(x, x_k) \ge d(x_k, x_0) - d(x_0, x) > \delta$,$k = 1, 2, \cdots, m$。

x_0 選擇半徑為 δ 的鄰域,藉著作圖(可用一維來作圖),可得 $O(x_0, \delta) \cap O(x_k, \frac{1}{2}d(x_k, x_0)) = \varnothing$,$k = 1, 2, \cdots, m$,(舉例來說開區間(0,1)就沒有這種性質,因為找不到適當的 $\delta = \min\limits_{1 \le k \le m} \{\frac{1}{2}d(x_k, x_0)\}$)

故 $O(x_0, \delta) \cap A = \emptyset$,即 $O(x_0, \delta) \subset A^c$ (x_0 是內點)。因為任意 $x_0 \in A^c$ 都是內點,所以 A^c 是開集,即 A 是閉集。

其次證 A 是准緊集,假設在 A 內存在一點列 $\{x_n\}$ 不包含收斂於 X 的收斂子列(即非准緊集),

$\{x_n\} = \{x_1, x_2, \cdots, x_n, x_{n+1}, \cdots\}$

$S_1 = \{x_n\}\backslash\{x_1\} = \{x_2, \cdots, x_n, \cdots\}$: 缺$x_1$

$S_2 = \{x_n\}\backslash\{x_2\} = \{x_1, x_3, \cdots, x_n, \cdots\}$: 缺$x_2$

$\vdots$

$S_n = \{x_n\}\backslash\{x_1\} = \{x_1, x_2, \cdots, x_{n-1}, x_{n+1}, x_{n+2}, \cdots\}$: 缺$x_n$

$\vdots$

故$\emptyset = \bigcap_{n=1}^{\infty} S_n$

因$\{x_n\}$不含聚點，S_n亦不含聚點。開邊界是由聚點形成的，S_n不含聚點表示S_n是閉集，得S_n^c是開集。

A$\subset$X = X\$\emptyset$ = X\$\bigcap_{n=1}^{\infty} S_n$ = $\bigcup_{n=1}^{\infty}(X\backslash S_n)$ = $\bigcup_{n=1}^{\infty} S_n^c$，

$\{S_n^c \mid n = 1,2,\cdots\}$是一個開覆蓋，所以存在有限子開覆蓋，可記為$\{S_1^c, S_2^c, \cdots, S_m^c\}$，

於是 A$\subset\bigcup_{n=1}^{m} S_n^c$=$\bigcup_{n=1}^{m}(X\backslash S_n)$=$X\backslash \bigcap_{n=1}^{m} S_n$ = $X\backslash\{x_n\}_{n=m+1}^{\infty}$，

A有點列$\{x_n\}$，但A內又沒有這些點$\{x_n\}_{n=m+1}^{\infty}$，

這與$x_{m+1} \in A$ ，$x_{m+2} \in A$，$\cdots$ 產生矛盾，故A是准緊集。准緊集又是閉集即為緊集。

(2)$\Rightarrow$ (必要性)設$\{G_\lambda \mid \lambda\in\Lambda\}$是緊集A的一個開覆蓋，由引理1.8.1知，存在$\varepsilon$，對$\forall x\in A$，又存在$G_x\in\{G_\lambda \mid \lambda\in\Lambda\}$，滿足$O(x,\varepsilon)\subset G_x$。因為緊集A為完全有界，對於$\varepsilon_0 = \frac{\varepsilon}{2}$，存在$\{x_1, x_3, \cdots, x_n\} \subset A$，滿足

A$\subset \bigcup_{k=1}^{n} O(x_k, \varepsilon_0) \subset \bigcup_{k=1}^{n} O(x_k, \varepsilon) \subset \bigcup_{k=1}^{n} G_{x_k}$。(對$O(x,\varepsilon)\subset G_x$兩邊作聯集運算可得此式最後項)

得A的任意開覆蓋皆存在有限子開覆蓋。

由上述定理知，在距離空間X中，設A$\subset$X，A為緊集等價於A的任意開覆蓋皆存在有限子開覆蓋。

在此再說明一下，在有限維空間，不需要緊集的定義，因為此時，緊集等價於有界閉集。在無限維空間，有類似有限維有界閉集的性質，即是緊集，所以緊集是廣義的有界有限維閉集。實數空間$(-\infty, \infty)$是閉集空間，因為任何點列

都有收斂子列，且收斂點仍在原空間。

例 1.8.4 設 $e_n = (0, \cdots, 0, 1, 0, \cdots)$ 表示在距離空間 l^2 中第 n 維分量為 1，其餘為 0，設 A=$\{e_n \mid n = 1, 2, \cdots\}$ ，證明 A 是有界閉集，卻不是緊集。

證明 對於任意 $m, n \geq 1$，皆有 $d(e_m, e_n) = \sqrt{2}$ ，$m \neq n$，故 A 是有界的。$d(e_m, e_n) = \sqrt{2}$ 亦表示 A 中點列不含柯西列，但 A 中點列衍生發展下去的點仍在原集合內，故 A 是閉集。

再對任意 $n \geq 1$ 取 $G_n = O(e_n, \frac{1}{3})$，則 $G = \{G_n \mid n = 1, 2, \cdots\}$ 開覆蓋 A，

但開覆蓋 G 不存在 A 的有限子開覆蓋，故 A 不是緊集。

其實這是一個無限維度的擴張，正如同在此 $(-\infty, \infty)$ 區間中，作無限長度的擴張，所以有非緊性。

性質 1.8.1 設 X 是緊空間，$f: X \to \mathbb{R}$ 為連續映射，則 f 為一致性連續映射。

證明 由於 f 為連續可知， 對 $\forall \frac{\varepsilon}{2} > 0$，$\forall x \in X$，皆存在 δ_x(表隨 x 而變)滿足

$$y \in O(x, \delta_x) \Rightarrow \left| f(y) - f(x) \right| < \frac{\varepsilon}{2},$$

因為緊集是封閉的，故緊空間是封閉的，可得 $X = \bigcup_{x \in X} O(x, \frac{\delta_x}{2})$。在封閉空間的邊界點上有連續性質的鄰域不是標準開球體。

因 X 是緊集空間(緊空間)，由定理 1.8.1 可找到有限子開覆蓋，即存在有限個點 $x_1, x_2, \cdots, x_{n_0}$ 滿足

$$X = \bigcup_{i=1}^{n_0} O(x_i, \frac{\delta_{x_i}}{2}),$$

取 $\delta = \min\{\frac{\delta_{x_1}}{2}, \frac{\delta_{x_2}}{2}, \cdots, \frac{\delta_{x_{n_0}}}{2}\}$(當 δ 取最小值時，則可推導如右)，當 $d(x'', x') < \delta$ 時，

$$\left| f(x'') - f(x_j) \right| < \frac{\varepsilon}{2}.$$

我們可以設 $x'' \in$ 某個 $O(x_j, \frac{\delta_{x_j}}{2})$ $(d(x'', x_j) < \frac{\delta_{x_j}}{2})$，此時，$\delta \leq \frac{\delta_{x_j}}{2}$，於是

$d(x',x_j) \leq d(x',x'')+d(x'',x_j) \leq \delta + \frac{\delta_{x_j}}{2} < \frac{\delta_{x_j}}{2} + \frac{\delta_{x_j}}{2} = \delta_{x_j} \Rightarrow |f(x')-f(x_j)| < \frac{\varepsilon}{2}$,

綜合可得 $|f(x'')-f(x')| \leq |f(x'')-f(x_j)| + |f(x_j)-f(x')| < \varepsilon$,

又當 n_0 極大時,$\frac{\delta_{x_i}}{2}$可極小,δ可極小,故 f 為一致性連續。

性質 1.8.2 設(X,d)是距離空間,X 為緊空間的充要條件:對 X 中的任意閉集族$\{F_\lambda | \lambda \in \Lambda\}$($\Lambda$ 是指標集),若在閉集族其中,任取有限個閉集F_λ作交集運算都是非空集,則$\bigcap_{\lambda \in \Lambda} F_\lambda$(可能是無限個交集運算)也必為非空集。(此命題型式為:X 為緊空間$\Leftrightarrow$ P$\Rightarrow$Q)

(P:任取有限閉集作交集為非空集)(Q: $\bigcap_{\lambda \in \Lambda} F_\lambda$ = 非空集)

證明 $\Rightarrow$ (必要性) 採反證法,假設必要條件不成立,即假設對任意有限閉集作交集為非空集,可找到交集運算$\bigcap_{\lambda \in \Lambda} F_\lambda = \varnothing$,則 X=X\$\varnothing$= X\$\bigcap_{\lambda \in \Lambda} F_\lambda$=$\bigcup_{\lambda \in \Lambda}(X\backslash F_\lambda)$=$\bigcup_{\lambda \in \Lambda} F_\lambda^c$。因$F_\lambda$為閉集,則$\{F_\lambda^c | \lambda \in \Lambda\}$是 X 的一個開覆蓋。($F_\lambda^c = X\backslash F_\lambda$)。若 X 是緊集空間(又稱緊空間),則存在有限子覆蓋 X=$\bigcup_{i=1}^m(X\backslash F_{\lambda_i})$,於是$\varnothing$= X\ X=X\$\bigcup_{i=1}^m(X\backslash F_{\lambda_i})$=$\bigcap_{i=1}^m F_{\lambda_i}$,違背〝對任意有限閉集作交集為非空集〞這個敘述,所以 X 不是緊集空間,才不會違背〝對任意有限閉集作交集為非空集〞這個敘述。得証。

$\Leftarrow$ (充分性)採反證法,假設 X 不是緊集空間,即存在 X 的開覆蓋$\{U_\lambda\} = D$不是有限子覆蓋(開覆蓋是一個開集合族),並設$\bigcup_{U \in D} U = X$,即此覆蓋的任何有限子集都無法覆蓋 X,$\forall U_1, U_2, \cdots \in \{U_\lambda\}$, 任取$\bigcup_{\lambda=1}^n U_\lambda \neq X$,($n \in$ 自然數),對兩邊作補集運算,即任取 $\bigcap_{\lambda=1}^n U_\lambda^c \neq \varnothing$,$U_\lambda^c$是閉集,在此已設$\{U_\lambda\}$為無限開覆蓋(因為已設 X 不是緊集空間),即對閉集作有限交集為非空。U^c為閉集,對此敘述(若對任意有限閉集作交集為非空集,則 $\bigcap_{U \in D} U^c \neq \varnothing$)產生矛盾,為何?因為若此敘述成立的話,可推導如下:$\bigcap_{U \in D} U^c \neq \varnothing \Rightarrow \bigcup_{U \in D} U \neq X$,與

$\bigcup_{U \in D} U = X$ 產生矛盾。因而只有當 X 是緊空間時，則此敘述才可成立。。即假設 X 不是緊集空間是錯的。

命題即命名的題目或命名的話題之意。

註：敘述:緊集空間 $\Leftarrow (P \Rightarrow Q)$，等價於: 非緊集空間 $\Rightarrow$ 非$(P \Rightarrow Q)$ ，即 $P \Rightarrow Q$ 是偽敘述。又等價於: 非緊集空間 $\Rightarrow$ P 是真的 $\Rightarrow$ Q 是偽的。

緊空間 X: 開覆蓋空間 X 的任意開覆蓋都有有限子覆蓋。

緊空間如何得到:將緊空間所有的閉集聯集起來可得緊空間(這是一個集合擴張到最大)。

1.9 巴拿赫(Banach)不動點定理

定義 **1.9.1** 設 X 是距離空間，T:X→X 是一個映射。若存在常數ρ，0≤ρ<1，滿足

$d(Tx, Ty) \leq \rho\, d(x, y)$, $x, y \in$ X，則稱 T 是 X 上的壓縮映射。

定理 **1.9.1 (巴拿赫壓縮原理)** 完整距離空間上的壓縮映射具有唯一的不動點。

證明 設 X 為完整距離空間，T:X→X 是一個壓縮映射。任意選擇$x_0 \in$X，逐次迭代可得到一點列$\{x_n\}$，

令 $x_1 = Tx_0$，$x_1 = Tx_0$，$\cdots$，$x_{n+1} = Tx_n$，$\cdots$。

下證$\{x_n\}$是柯西列(基本列)。由於

$d(x_1, x_2) = d(Tx_0, Tx_1) \leq \rho\, d(x_0, x_1) = \rho\, d(x_0, Tx_0)$；

$d(x_2, x_3) = d(Tx_1, Tx_2) \leq \rho\, d(x_1, x_2) = \rho^2\, d(x_0, Tx_0)$；

$$\vdots$$

得 $d(x_n, x_{n+1}) \leq \rho^n\, d(x_0, Tx_0)$，$n = 0,1,2,\cdots$，

對任意自然數p，有

$$d(x_n, x_{n+p}) \leq d(x_n, x_{n+1}) + d(x_{n+1}, x_{n+2}) + \cdots + d(x_{n+p-1}, x_{n+p})$$
$$\leq (\rho^n + \rho^{n+1} + \cdots + \rho^{n+p-1}) \cdot d(x_0, Tx_0)$$
$$\leq \frac{\rho^n}{1 - \rho} \cdot d(x_0, Tx_0)$$

由於 $0 \leq \rho < 1$，n越大，$d(x_n, x_{n+p})$越小，所以$\{x_n\}$是柯西列，即點序列後面的點會越來越靠近。因為 X 是完整空間，故$\{x_n\}$收斂於原空間 X 內的一點$\bar{x}$。在$x_{n+1} = Tx_n$中，當$n \to \infty$時，得$\bar{x} = T\bar{x}$，即$\bar{x}$是映射 T 的不動點。

再證唯一性，設另存在$\bar{y} \in$X，滿足$T\bar{y} = \bar{y}$，則

$d(\bar{x}, \bar{y}) = d(T\bar{x}, T\bar{y}) \leq \rho d(\bar{x}, \bar{y})$，

因為 $0 \leq \rho < 1$，代入上式，得 $d(\bar{x}, \bar{y}) = 0$，即 $\bar{x} = \bar{y}$。

例 1.9.1 試用不動點定理證明方程式 $x^6 + 12x - 11 = 0$ 在 $[0,1]$ 上有實根。

證明 令 $Tx = \frac{1}{12}(11 - x^6)$ 即 $T: x \to \frac{1}{12}(11 - x^6)$，

用 0 代入 $x^6 + 12x - 11$，得-11，用 1 代入上式，得 2，我們可估計實根位於 $[0,1]$ 上，

所以方程式有解等價於 $T: [0,1] \to [0,1]$ 存在不動點 $\bar{x} \in [0,1]$，此不動點滿足

$\bar{x} = T\bar{x} = \frac{1}{12}(11 - \frac{1}{12}(11 - x^6)^6)$。

設空間 X=$[0,1]$，令 $d(x,y) = |x - y|$，則空間 X 用此距離定義可為完整空間(用平凡距離定義不為完整空間)。對任意 x, y，有

$d(Tx, Ty) = |Tx - Ty|$

$= |\frac{1}{12}(11 - x^6) - \frac{1}{12}(11 - y^6)|$

$= \frac{1}{12}|(y^3 - x^3)(y^3 + x^3)|$

$= \frac{1}{12}|(y^3 + x^3)(y^2 + xy + x^2)(x - y)|$　(因為 $y^3 + x^3 \leq 2$，$y^2 + xy + x^2 \leq 3$)

$\leq \frac{1}{2}|x - y|$。

因此，T 是壓縮映射，由定理 1.9.1 知，經多次壓縮映射，可得不動點，此不動點在 $[0,1]$ 上，且為 $x^6 + 12x - 11$ 的根。

即因 $Tx = \frac{1}{12}(11 - x^6)$ 是壓縮映射，故存在不動點 $x = \frac{1}{12}(11 - x^6)$。

第二章 賦範線性空間與內積空間

　　賦範線性空間是一種特殊的**距離空間**，賦範(賦予範數)就是對空間元素給予大小，而給範數(Norm)就是給大小，Norm 就是 standard、標準、規範之意，可能是度量量測時需要共同的規範、標準，如同公尺是公共的尺之意。對集合中元素給個規範，即是賦予輕重或是賦予價值或是大小。在距離空間中，我們採用與原點的距離來定義空間元素的大小。

　　對距離空間中的元素可定義範數：$\|x\| = (\sum_{i=1}^{n} |x_i|^p)^{\frac{1}{p}}$，$1 \le p < \infty$ 或 $\|x\| = \max\{|x_i|\}$。這表示範數可以有不同的定義。如同在一個班級有 30 個學生，對每個學生作評量，數學老師是看數學成績，定義每個學生在他心目中的份量，但體育老師則以身高加體重綜合評量，定義學生的"份量"。

　　一般想到線性，會想到線性輸入輸出關係，即 $y = cx + d$，c 是乘數，d 是位移。線性關係有兩種定義：定義 1：$L(x) = kx + b$ 或簡化寫成 $L(x) = kx$

定義 2：性質 1. $L(x+y) = L(x) + L(y)$(可加性)，性質 2. $L(kx) = kL(x)$(一次齊次性)。

由定義 1 可知：y(輸出)與 x(輸入)在 xy 平面就是一個線性關係，畫起來就是一條直線。簡化的定義 1 是符合定義 2 的兩種性質。之後又會提到一個巴拿赫空間，巴拿赫空間是完整的賦範線性空間，即是空間點列的衍生發展下去的極限點還是在原本空間內。在抽象代數，多項式可以是空間的元素，但在此多項式空間的元素沒有大小(範數)，因多項式空間是線性空間，所以線性空間的元素不一定有大小。

2.1 賦範線性空間與巴拿赫空間的定義與性質

定義 2.1.1 線性空間(Linear Space)

設X為非空集合，$\mathbb{F}$為是實數域(或複數域)，若 X 有下列性質，則稱 X 為一個實數(或複數)線性空間。設$x, y, z \in X$，$\alpha, \beta \in \mathbb{F}$，$\theta$為零元素(因為比使用整數 0 更廣義)。

(1)滿足交換律：$x + y = y + x$；

　滿足結合律：$(x + y) + z = x + (y + z)$；

　存在零元素θ：$x + \theta = x$；

　存在逆元素：$x + (-x) = \theta$。

(5) 滿足如左運算：$1 \cdot x = x$；$\alpha(\beta x) = (\alpha\beta)x$；

　分配律:$(\alpha+\beta)x = \alpha x + \beta x$；分配律:$\alpha(x + y) = \alpha x + \alpha y$。

　線性空間有加法運算與乘數運算，線性空間的元素也稱為向量(或點)，可能是分配律具有線性性質，所以稱線性空間。線性空間也稱為向量空間。

　當$\mathbb{F} = \mathbb{R}$ 時(乘數$\in \mathbb{R}$)，X為實數線性空間(又稱實線性空間)。

　當$\mathbb{F} = \mathbb{C}$ 時(乘數$\in \mathbb{C}$)，X為複數線性空間(又稱複線性空間)。空間元素可看成向量，例如，在不同方向傳播，具有向量的性質，每個傳播方向的電磁波又具有不同的相位，此時複數的 scalar 就派上用場了。

　所謂域，英文稱作 field，德文稱作 Körper(英文是 body 的意思)，所以又稱作體，是數的結構，又稱可除環(環是數的結構，具有加法與乘法的運算)，即加法元素有加法可逆元，乘法元素也有乘法可逆元，一般來說，當只說到可逆元是指乘法可逆元。舉例來說，在有理數中，當乘以 2 時，可找到$\frac{1}{2}$，使得乘以 2 後再乘以$\frac{1}{2}$等於沒有乘。3 的加法可逆元則是-3，即加 3 又減 3 等於沒有加。在整數中，

$\frac{1}{2}$是不存在的，故 2 沒有乘法可逆元。所以整數是不可除環，有理數是可除環 (divisible ring)。這裡可除是指對任一元素皆具有乘法可逆元。

2×2矩陣環中的任意元素，皆可執行加法運算與減法運算與乘法運算，但有些元素沒有乘法可逆元，如$\begin{bmatrix} 0 & 0 \\ 0 & 1 \end{bmatrix}$，不存在逆矩陣(又稱反矩陣)，故2×2矩陣環是不可除環。

註：所謂空間表示存在一些點在這個空間中，並且物體可在這些點(這些位置)移動。即若有一物體位置在某一點上，它可以移動到其他點。

定義 2.1.2 賦範的線性空間(Normed Linear Space)

設 X 是線性空間，若對每個$x \in X$給予一個大小，即給一個實數與之對應，記為 $\|x\|$：　，並且$\forall x, y \in X, \alpha \in \mathbb{F}$　，$\mathbb{F}$表示實數域 $\mathbb{R}$ 或複數域 $\mathbb{C}$，若滿足：

(1)非負性：$\|x\| \geq 0$，$\|x\|=0$ 當且僅當$x=0$；

(2)齊次性：$\|\alpha x\|=|\alpha| \cdot \|x\|$；

(3)三角形不等式：$\|x+y\| \leq \|x\|+\|y\|$，

則稱$\|x\|$為向量x的範數(Norm)，稱(X, $\|\cdot\|$)賦範線性空間，簡記為 X，範數是規範或標準的意思。定義中的(1)(2)(3)稱為範數公理。距離定義有如左性質，非負性、對稱性、三角形不等式。距離定義讓空間元素有了位置。一般來說我們先定義範數，之後再導出距離，令$d(x,y) = \|x-y\|$，我們可以證明符合範數三條公理一定滿足定義距離的條件，這樣的距離d稱由範數$\|\cdot\|$導出的距離(又稱作範數$\|\cdot\|$誘導的距離)。不是每一種距離定義都適合當作空間元素的大小(範數)，離散距離就不適合當作空間元素的範數。

我們可以說有範數就有距離，但有距離不一定有範數，即

有範數$\Rightarrow$ 有距離，有距離$\not\Rightarrow$有範數(或表示成: 有範數$\not\Leftarrow$有距離)。又範數$\|x\|=\|x-0\|$已有x到原點的距離的意義。又滿足線性空間的條件不一定滿足賦範線性空間的條件。賦範就是賦予範數，範數是 Norm，Norm 是標準之意，也就是給個

標準，或說對每個元素給個大小(Size)，給個標準。

定義 2.1.3 依範數收斂(Convergence in Norm)

設X為賦範線性空間，$\{x_n\}$是 X 中的點列，$x \in X$，若 $\lim\limits_{n\to\infty} \|x_n - x\| = 0$，則稱

$\{x_n\}$依範數收斂於x，記為 $\lim\limits_{n\to\infty} x_n = x$，或$n \to \infty$，$x_n \to x$　　　　　　。

依範數收斂亦即是依範數導出的距離收斂。所以 $\lim\limits_{n\to\infty} x_n = x$的真正含意即是量

測x_n與x的差異性，如何量測差異性，即量測$\|x_n - x\|$，即量測$x_n - x$的 "大小"。

性質 2.1.1 設X 為賦範線性空間，$x_n \in X$，x_n的收斂點x不一定$\in X$

(1)範數的連續性：範數$\|x_n\|$是 X 到 $\mathbb{R}$ 的連續映射，

(2)有界性：若$\{x_n\}$收斂於x，則$\{\|x_n\|\}$有界，

(3)極限線性運算的連續性：若$n \to \infty$，$x_n \to x$，$y_n \to y$，則$n \to \infty$，$x_n + y_n \to$

$x + y$，$\alpha x_n \to \alpha x$，其中α為常數。

證明 (1)設函數$f(x) = \|x\|$(將範數看作函數)，即$f : x \in X \to \|x\| \in \mathbb{R}$。若$x_n \to$

x，即$\|x_n - x\| = d(x_n, x) \to 0$，

因為$\|x_n\| \leq \|x_n - x\| + \|x\|$(由範數公理得)　，$\|x\| \leq \|x - x_n\| + \|x_n\|$ (由範

數公理得)

$\left| f(x_n) - f(x) \right| = \left| \|x_n\| - \|x\| \right| \leq \|x_n - x\| \to 0$

即$x_n \to x$會導出$\|x_n\| \to \|x\|$，這是函數連續的定義，所以範數函數$\|x\|$

是x的連續函數(連續映射)。

(2) $\|x_n\| = \|x_n - x + x\| \leq \|x_n - x\| + \|x\|$，又$\|x_n - x\| \to 0$，$\|x\|$有界，故

$\{\|x_n\|\}$有界。

(3)已知：$\lim\limits_{n\to\infty} \|x_n - x\| = 0$，$\lim\limits_{n\to\infty} \|y_n - y\| = 0$

$\|x_n + y_n - x - y\| = \|x_n - x + y_n - y\| \leq \|x_n - x\| + \|y_n - y\|$

當$\|x_n - x\| \to 0$，$\|y_n - y\| \to 0$ 時，$\|x_n + y_n - x - y\| \to 0$，得證。

由性質 **2.1.1** 得若$x_n \to x$，則滿足$\|x_n\| \to \|x\|$，x_n如何靠近 x 是由範數距離決定的。

例 2.1.1 在空間$\{a,b,c\}$定義平凡距離 $d(x,y)=\begin{cases} 0 \text{ , } x=y \text{ ,} \\ 1 \text{ , } x \neq y \text{ .} \end{cases}$

因為離散距離只能分辨相異或相同，不能滿足範數公理(2)齊次性，所以不是每種型態距離都可當作範數。在這種情形，並不是先定義範數，之後再導出距離，而是先定義距離，但範數無法由此距離定義導出。

定義 2.1.4 巴拿赫空間(Banach Space)

設 X 為賦範線性空間，如果 X 依距離 $d(x,y)=\|x-y\|$導出的所有收斂點列的收斂點仍在原空間內(稱完整空間)，則稱空間 X 是**巴拿赫空間**，或稱**完整賦範線性空間**(傳統稱作"完備賦範線性空間")。又 **Banach** 是波蘭人，發音近似巴拿哈，一般翻譯成**巴拿赫**。有一位著名德國音樂家叫做**巴哈**，德文是 **Bach**，在此 ch 就是發"哈"的氣音。

前面所說的是:先有賦範線性空間 X，而後在 X 中又定義距離，在此距離定義下，所有收斂點列的收斂點仍在原空間內，則稱空間 X 是**巴拿赫空間**，或稱**完整賦範線性空間**。看到"完整"二字，就聯想到點序列的發展，想到點序列的發展就想到點與與鄰近點的距離。

例 2.1.1 在 n 維歐氏空間$\mathbb{R}^n$中，$\forall\ x=(x_1,x_2,\cdots,x_n)$，$y=(y_1,y_2,\cdots,y_n)\in\mathbb{R}^n$，定義範數$\|\cdot\|$為

$\|x\|=(\sum_{i=1}^n |x_i|^2)^{\frac{1}{2}}=\sqrt{x_1{}^2+x_2{}^2+\cdots+x_n{}^2}$，由此範數導出的距離 $d(x,y)=\|x-y\|=(\sum_{i=1}^n |x_i-y_i|^2)^{\frac{1}{2}}$，證明$(\mathbb{R}^n,\|\cdot\|)$為**巴拿赫空間**。

證明 由例 1.5.2 推得知$(\mathbb{R}^n,d)$是完整的距離空間，又符合此性質

$\|\alpha x\|=|\alpha|\cdot\|x\|$，故$(\mathbb{R}^n, \|\cdot\|)$為線性完整距離空間，即**巴拿赫空間**。

例 2.1.2 在連續函數空間 $C[a,b]$上定義範數$\|x\|_1=\int_a^b |x(t)|dt$，定義距離 $d_1(x,y)=\|x-y\|_1 = \int_a^b |x(t)-y(t)|dt$，

證明在範數$\|\cdot\|_1$下，$C[a,b]$不是**巴拿赫空間**。

證明 由例 1.5.3 知$(C[a,b], d_1)$不是完整空間，所以一定不是巴拿赫空間。

由$\|x+y\|_1=\int_a^b |x(t)+y(t)|dt \le \int_a^b |x(t)|dt + \int_a^b |y(t)|dt = \|x\|_1 + \|y\|_1$

得知$\|\cdot\|_1$雖然符合範數三條公理，但因為不是完整空間，所以不是巴拿赫空間。

定義 2.1.4 級數(Series)

設 X 為賦範線性空間，點列$\{x_n\}\subset X$，稱$x_1+x_2+\cdots+x_n = \sum_{i=1}^n x_i$ 為 X 中的級數(亦稱廣義級數，x_n可能是$x_n(t)$)。若$S_\infty = \sum_{i=1}^\infty x_i$依範數收斂於$S$，則稱級數$S_\infty$收斂於$S$。如果範數項級數$\sum_{i=1}^n \|x_i\|$收斂，則稱級數 $\sum_{i=1}^\infty x_i$ 絕對收斂。**(Series 為串列之意)**

定理 2.1.1 設 X 是賦範線性空間，則 X 是巴拿赫空間當且僅當 X 中任何級數絕對收斂總是蘊涵級數收斂。

證明 $\Rightarrow$(必要性)已知若級數$\sum_{i=1}^\infty x_i$絕對收斂，令$S_n = \sum_{i=1}^n x_i$，當$n > m$時，

$\|S_n - S_m\|=\|x_{m+1} + x_{m+2} + \cdots + x_n\|$

$\le \|x_{m+1}\| + \|x_{m+2}\| + \cdots + \|x_n\|$

$\le \|x_{m+1}\| + \|x_{m+2}\| + \cdots + \|x_n\| + \cdots + \|x_\infty\| = \sum_{i=m+1}^\infty \|x_i\| = \sum_{i=1}^\infty \|x_i\| - \sum_{i=1}^m \|x_i\|$

當$m \to \infty$時，上式$\to 0$，故$\{S_m\}$是柯西列，又巴拿赫空間是完整空間，收斂點仍在原空間內，$\{S_m\}$是收斂列。

$\Leftarrow$(充分性)採反證法，設 X 不是巴拿赫空間，會導致必要條件不成立，如上所述，當$n > m$時，

$\|S_n - S_m\| \leq \sum_{i=1}^{\infty} \|x_i\| - \sum_{i=1}^{m} \|x_i\|$ ，

當 $m \to \infty$ 時，上式 $\to 0$，故 $\{S_m\}$ 是柯西列，因 X 不是完整空間，收斂點不在原空間內，$\{S_m\}$ 在原空間內不是收斂列，故不蘊涵 $\{S_m\}$ 收斂在原空間內，故得證。

註：當對 $P_1 \Leftarrow (P \Rightarrow Q)$ 採反證法，即 非 $P_1 \Rightarrow (P \not\Rightarrow Q)$，其中 P_1、P、Q 都是敘述。

定理 2.1.2 設 X 是巴拿赫空間，$\{x_n\}$，$\{y_n\} \subset X$，且存在 $N \in \mathbb{N}$，當 $n > N$ 時，$\|x_n\| = c\|y_n\|$ ，其中 c 為常數，若 $\sum_{i=1}^{\infty} y_i$ 絕對收斂，則 $\sum_{i=1}^{\infty} x_i$ 也絕對收斂。

證明 若 $\sum_{i=1}^{\infty} y_i$ 絕對收斂，則 $\sum_{i=N+1}^{\infty} y_i$ 絕對收斂(因為當 $n > N$ 時，$\|x_n\| = c\|y_n\|$)，則 $\sum_{i=N+1}^{\infty} x_i$ 絕對收斂，則 $\sum_{l=1}^{\infty} x_l$ 絕對收斂。

註：$\sum_{i=1}^{\infty} y_i \to S$ 等價於 $\sum_{i=N+1}^{\infty} y_i \to (S - \sum_{i=1}^{N} y_i)$。

2.2 賦範線性空間的子集與商空間

我們知道$[x,y]=\{\alpha x+(1-\alpha)y|0\leq\alpha\leq1\}$，將此推廣得到凸集的概念，凸集若用二維平面來看，及微觀來看，可以近似成凸的多邊形，在凸的多邊形內，任兩點作直線，直線還在原集合內。

定義 **2.2.1 凸集(Convex Set)**

設 X 是線性空間，C 為 X 的子集，若$\forall\, x,y\in$C，及$\{\alpha x+(1-\alpha)y|0\leq\alpha\leq1\}\subset$ C 則稱 C 為 X 的凸集，在二維平面，凸集內，任二點作直線，直線仍然包含在原凸集內。

性質 **2.2.1** 設 X 為賦範線性空間，證明 X 上閉單位球$\overline{\boldsymbol{O}}(0，1)=\{x|\ \|x\|\leq$ 1\}為凸集。

證明 討論 $\|x\|=1,\|y\|=1$的情況即可(因為這是邊界情況)，由**定義** **2.2.1** 取$\alpha=\frac{1}{2}$，

$\left\|\frac{1}{2}x+\frac{1}{2}y\right\|\leq\left\|\frac{1}{2}x\right\|+\left\|\frac{1}{2}y\right\|=\frac{1}{2}\|x\|+\frac{1}{2}\|y\|=1$，可見仍然在閉單位球裡面，當然亦可取其他值$0\leq\alpha\leq1$。得証。

例 **2.2.1** $0<p<1$，$x=(x_1,x_2)\in\ \mathbb{R}^2$，證明$\varphi(x)=(|x_1|^p+|x_2|^p)^{\frac{1}{p}}$不是$\mathbb{R}^2$的範數。

證明 假設$\varphi(x)$是$\mathbb{R}^2$中的範數(norm)，即$\mathbb{R}^2$中的大小，由性質 2.2.1 知賦範線性空間$\mathbb{R}^2$中的單位球$\overline{\boldsymbol{O}}(0，1)=\{x,\varphi(x)\leq1,x\in\mathbb{R}^2\}$是$\mathbb{R}^2$中的凸集，(1,0)與 $(0,1)\in\overline{\boldsymbol{O}}(0，1)$，利用此式$\alpha x+(1-\alpha)y$，並設$\alpha=\frac{1}{2}$，得(1,0)與(0,1)兩點連線中 點 $z=(\frac{1}{2},\frac{1}{2})$ 仍 然 $\in\overline{\boldsymbol{O}}(0，1)$ ，但 範 數 $\varphi(z)=(|\frac{1}{2}|^p+|\frac{1}{2}|^p)^{\frac{1}{p}}=(2\cdot$

$|\frac{1}{2}|^p)^{\frac{1}{p}}=(2^{1-p})^{\frac{1}{p}}=(2)^{\frac{1-p}{p}}=(2)^{\frac{1}{p}-1}>1$ (當$p<1$時) 得 $z\notin \overline{\boldsymbol{O}(0，1)}$，即$\overline{\boldsymbol{O}(0，1)}$不

是凸集，與假設產生矛盾，故$\varphi(x)$不是$\mathbb{R}^2$中的範數。參照例 1.1.1 可知$\varphi(x)$也不

能當距離函數，因為$\varphi(x)$不符合閔可夫斯基不等式。

(注意，當$p=2$時，即是歐式距離的範數)

定義 2.2.2 子空間(Subspace)

設$(X,\|\cdot\|)$為賦範線性空間，若 $V\subset X$ 是 X 的線性子空間，則稱$(V,\|\cdot\|)$是 $(X,\|\cdot\|)$的子空間，此時 V 中元素x的範數等於x在 X 中範數$\|x\|$。若 V 還是$(X,\|\cdot\|)$的閉子集，則稱$(V,\|\cdot\|)$是$(X,\|\cdot\|)$的閉子空間。

例 2.2.2 設 S=$\{x=(x_1,x_2,\cdots,x_n,0,\cdots)\in l^\infty\mid x_i\neq 0,1\leq i\leq n,n\in\mathbb{N}\}$，證明 S 是 l^∞的非閉子空間。

證明 l_∞是有界無窮數列空間，如例 1.1.4，先舉例說明 S 空間元素，若$x_i\in\mathbb{R}$，即$(1,0,\cdots)$ 、$(1,1,0,\cdots)$ 、$(1,1,1,0,\cdots)$皆是空間的元素，即前段數列 5 值不為 0，後段數列值皆為 0。此空間元素經過有限加法運算及乘數運算還在原空間內，且 S 中元素的範數值等於在 X 中計算範數值，故可以形成子空間。

設$x=(1,\frac{1}{2},\frac{1}{3},\cdots,\frac{1}{n},\frac{1}{n+1},\frac{1}{n+2},\cdots)$，則$x\in l_\infty\backslash S$ （即$x\in l_\infty$，$x\notin S$），x每個維度皆有值，

設 $x_n=(1,\frac{1}{2},\frac{1}{3},\cdots,\frac{1}{n},0,\cdots,0,\cdots)$ ，則$x_n\in S$，$\{x_n\}\subset S$，

$d(x,x_n)=\|x-x_n\|=\|(0,0,\cdots,\frac{1}{n+1},\frac{1}{n+2},\cdots)\|=\frac{1}{n+1}$，

$n\to\infty$，$x_n\to x$。因此此點列$\{x_n\}$之收斂點 $x\in S$ 的閉包(或表示為：$x\in\bar{S}$)，但 $x\notin S$，所以 S 不是l_∞的閉子空間，即子空間的點列經過極限操作後會到子空間的外空間。

性質 2.2.2 設 X 為賦範線性空間，則子空間 V 的閉包$\overline{V}$是線性子空間。

證明 設$x_n,y_n\in V$，$x,y\in\overline{V}$，$\alpha\in\mathbb{F}$($\mathbb{F}$為某數域)，$\lim\limits_{n\to\infty}x_n=x$，$\lim\limits_{n\to\infty}y_n=y$，

因子空間 V 為線性空間，$\alpha x_n + y_n \in V$

$\alpha x + y = \alpha \lim\limits_{n\to\infty} x_n + \lim\limits_{n\to\infty} y_n = \lim\limits_{n\to\infty} (\alpha x_n + y_n) \in \overline{V}$(因$\alpha x_n + y_n \in V$，故$\alpha x_n + y_n$之收斂點$\in \overline{V}$)，

所以閉包$\overline{V}$亦是線性空間。

定理 2.2.1 設 X 是巴拿赫空間，M 是 X 的線性子空間，則 M 是巴拿赫空間的子空間當且僅當 M 是閉集。

證明 依據定理 1.5.3 完整集等價於閉集，完整空間等價於閉空間，得證。

定理 2.2.2 設$(X, \|\cdot\|)$為賦範線性空間， $X' \subset X$ 是一個子空間，如果X'是開集，則$X' = X$。(開集有無窮擴張的性質)

證明 對任意 $x \in X$，只需證明$x \in X'$即可。

X'是一個子空間，故$\theta \in X'$ (θ是指零)。**設**$x \neq \theta$，因為X'是開集，故存在$\delta > 0$，滿足$O(\theta, \delta) \subset X'$，**並**對任意$x \in X$，

$\frac{\delta x}{2\|x\|} \in X'$(因為$\left\|\frac{\delta x}{2\|x\|}\right\| = \frac{\delta}{2} < \delta$：表與原點距離)。

因X'是線性子空間，對$\frac{\delta x}{2\|x\|}$作乘數運算仍然屬於原空間，即$\frac{2\|x\|}{\delta}\left(\frac{\delta x}{2\|x\|}\right) = x \in X'$，因此，$X \subset X'$，則$X' = X$。

註 1：母空間與開子空間的特性可如圖 2.1 得知。賦範線性空間的眞子空間一定不是開集，這裡所說的開集是指完全開集，如$(-1,1)$是完全開集，$(-1,1]$是不完全開集。

如圖 2.2，在XY平面，X軸是眞子空間 。子空間X軸是不完全開集，因為X軸不能擴張到含有Y軸分量。對子空間X軸來說，不能形成單位開球。

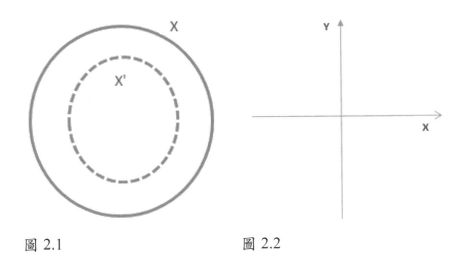

圖 2.1   圖 2.2

由圖 2.1 知若X有開的子空間X′， X′經無窮擴張後等於X。

　　閉集可以定義成：所有聚點仍在原集合內，所以$(-\infty,\infty)$是閉集也是開集(因為開邊界)。

最簡單的子空間就是取部分維度形成子空間。對於子空間元素的鄰域，可以對此元素取到母空間鄰域，之後再對此鄰域去除屬於母空間的鄰域，就可得到子空間元素鄰域。

　　性質 2.2.3 設 X 為線性空間，X 的子集 L 張(span)成子空間，此子空間是對所有包含 L 線性子空間取交集。

　　證明　L 為線性空間 X 的子集，子集 L 張成的子空間記為：

span(L)=$\{\sum_{k=1}^{n} c_k x_k : x_k \in L, c_k \in \mathbb{F}, k = 1,2,\cdots,n\}$，或稱線性張(Linear Span)，或記為 spanL。

設 M=span(L)，設 A 是包含 L 的任一某一子空間，

任意選擇$x_k \in L(k = 1,2,\cdots,n)$，則$x_k \in A$，進而$\sum_{k=1}^{n} c_k x_k \in A$（又稱數域$\mathbb{F}$上的線性空間）。

又 M 的元素形式如$\sum_{k=1}^{n} c_k x_k$ 的集合，故 M⊂A，

因為 A 是包含 L 的任一某一子空間，所以 M 是所有子空間 A(A 為變元)的交

集，即包含 L 的最小子空間。

定義 2.2.3 閉線性張(Closed Linear Span)

設 X 為賦範線性線性空間，L 是 X 的非空子集，則對所有包含 L 的閉線性子空間取交集稱作 L 的閉線性張，記為 $\overline{\text{span}}L$，即先對各自包含 L 子空間作閉包再取交集(先取閉再取交)。

(1) $\overline{\text{span}}L$ 是 X 的閉線性子空間。

(2) $\overline{\text{span}}L = \overline{\text{span}L}$(先對所有包含 L 子空間取交集再取閉包)。

證明 (1)由於任意多個閉集的交集還是閉集，所以任意多個閉線性子空間取交集還是閉線性子空間(先取閉後取交)。

(2)一方面，由性質 2.2.2 知 $\overline{\text{span}L}$ 知對包含 L 的(最小)線性子空間取閉包，即包含 L 的閉線性

間。又 $\overline{\text{span}}L$ 是對所有包含 L 的閉線性子空間取交集，所以 $\overline{\text{span}}L \subset \overline{\text{span}L}$。
(暫時不看"最小"二字)

另一方面，

由定義 2.2.3 知 $\overline{\text{span}}L$ 是包含 L 的閉線性子空間，所以 $\text{span}L \subset \overline{\text{span}}L$，進而 $\overline{\text{span}L} \subset \overline{\text{span}}L$(因為先取交再取閉 $\subset$ 先取閉再取交)，因此 $\overline{\text{span}}L = \overline{\text{span}L}$。與 span 可視為運算子，$\overline{}$ 在上位，有執行優先權。

註：取交集是點集合縮減，取閉包是點集合擴張，故先取交再取閉 $\subset$ 先取閉再取交。如圖 2.2.1 所示，對開點集 A 與開點集 B，先取交集再取閉包得"**空集**"，先取閉包再取交集得一線段。

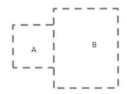

圖 2.2.1

定義 2.2.4　商空間(Quotient Space)

設 X 為數域$\mathbb{F}$上的賦範線性線性空間，V 是 X 的閉子空間，若$x-y\in V$，則x和y屬於同一等價類，記為$[x]$或$\bar{x}$，又記為 X/V=$\{[x]|[x]=x+V\}$，稱為 X 關於 V 的商空間，為何用商這個字，因為類似用除法作分類，舉個例子，在數論中，對整個整數關於 3 取同餘可得$\bar{0}$、$\bar{1}$、$\bar{2}$，即$\bar{0}=\{0+3n, n\in\mathbb{Z}\}$；$\bar{1}=\{1+3n, n\in\mathbb{Z}\}$；$\bar{2}=\{2+3n, n\in\mathbb{Z}\}$，感覺整個整數$\mathbb{Z}$被除以$3\mathbb{Z}$而得到 3 個群體(或稱 3 個同餘類)。故 X/V 可以看成空間 X 被除以子空間 V 之後形成的類別。那麼商空間的"大小"可以看成空間 X 的"大小"除以子空間 V 的"大小"。

商空間的加法、乘數、範數的定義如下：

$\forall\,[x], [y]\in$ X/V，$\alpha\in\mathbb{F}$，有如下運算：

$[x]+[y]=[x+y]$; $\alpha[x]=[\alpha x]$;

$\|[x]\|=\|x+V\|\triangleq\inf\{\,d(x, v)\,|\,v\in V\,\}$：代表$x$到子空間 V 的最短距離，此最短距離即$[x]$的範數。

$[x]+[y]=x+V+y+V=x+y+V=[x+y]$，注意，$x+V$表示對集合 V 每個元素都加$x$，所以$x+V+y+V=(x+V+y)+V=(x+y+V)+V$，又 V+V 為集合 V 每個元素互相再加一次仍等於 V，因為 V 為線性子空間，元素加法有封閉性，故 V+V = V。又$\alpha[x]=\alpha(x+V)=\alpha x+\alpha V=\alpha x+V=[\alpha x]$，因為 V 線性子空間，故$\alpha V=V$，類似$\alpha\cdot(-\infty,\infty)=(-\infty,\infty)$，即 $\forall v\in V\Rightarrow\forall\alpha v\in V\Rightarrow\forall\frac{1}{\alpha}\cdot\alpha v\in V$（乘數

運算性質)。

又 $[x] = [y]$，即 $x + V = y + V$，可知" $x - y \in V$ "，記為 $x \sim y$，表示 x 等價於 y(類似同餘類)。

$$\|[x]\| = \inf\{ d(x, v) | v \in V \} = \inf\{ d(x, x - y + v) | v \in V \}$$
$$= \inf\{ d(x, x - y + v) | x - y + v \in V \}$$
$$= \inf\{ d(y, v) | v \in V \} = \|[y]\|。 即當 [x] = [y] 時，則 \|[x]\| = \|[y]\|。$$

又 $\|[x]\| = \inf\{ d(x, v) | v \in V \} = \inf\{ d(0, x - v) | v \in V \} = \inf\{\|x - v\| \, | \, \forall v \in V \}$

註 1：集合加減的定義：若 A=$\{a_1, a_2, a_3\}$, B=$\{b_1, b_2, b_3\}$，則 A+B=$(A+b_1)+ (A+b_2)+ (A+b_3)$；
A+B=$(a_1+B) +(a_2+B) +(a_3+B))$，故空間 V 加減為:V+V=V, V-V=V。

註 2：如圖 2.2.2，XY 平面的子空間 X 軸加了向量 $\vec{a}$ 等於 X $+ \vec{a}$，等效 X 軸加一個最短距離，所以 $\|\vec{a} + X\|$ 為空間向量 $\vec{a}$ 到 X 軸的最短距離，也可等價地看成 $\vec{a}$ 相對於 X 軸，$\vec{a}$ 變成了 $\vec{a}_\perp$。就空間 XY 來說，X 軸可以看成一個平面。

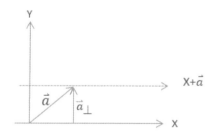

圖 2.2.2

性質 2.2.4 設 X 為賦範線性空間，V 是 X 的閉子空間，

(1) 我們稱 X→X/V 為自然映射(Natural Mapping)，設 Q:X→X/V 為自然映射，即 Q(x)= $[x]= x + V$，則 $\forall x \in X$，$\|Q(x)\| \leq \|x\|$（即 $\|[x]\| \leq \|x\|$），Q 為連續映射。

(2) 若 X 是巴拿赫空間，則商空間 X/V 也是巴拿赫空間(Banach Space)。

(3) W 是 X/V 的開集當且僅當 $(Q^{-1}(W)=\{x|Q(x)=[x]\in W\ \}$ 是 X 的開集。

(4) 若 U 是 X 的開集，則 Q(U) 是商空間 X/V 的開集。

證明(1)因零元素 $\theta\in$ 子空間 V，故 $\|Q(x)\|=\|[x]\|=\inf\{\,d(x,v)\,|\,v\in V\,\}\leq d(x,\theta)=\|x\|$(用圖解法可知)，又 $d(x,v)$ 為連續映射，則 $\|Q(x)\|=\inf\{d(x,v)\}$ 為連續映射 $(\inf\{d(x,v)\}$ 有兩個變元 $x,v)$。

(2) 設 $\{[x_n]\}=\{\,x_n+V\}$ 是商空間 X/V 中的柯西列(參見定義 1.5.1)，則存在子列 $\{x_{n_k}+V\}$ 滿足

$\|(x_{n_{k+1}}+V)-(x_{n_k}+V)\|=\|x_{n_k}-x_{n_{k+1}}+V)\|\leq\|x_{n_k}-x_{n_{k+1}}\|\leq 2^{-k}$，即 k 很大時，$x_{n_k}+V$ 會接近 x_0+V 超平面(所以柯西列 $x_{n_k}+V$ 實際上是超平面序列；2^{-k} 可看作收斂速度)。

令 $v_1=\theta$，$v_2,\dots,v_k,v_{k+1},\dots\in V$，在 V 中適當選擇 v_2 滿足

$\|(x_{n_1}+v_1)-(x_{n_2}+v_2)\|=\|(x_{n_1}-x_{n_2}-v_2)\|\leq\|(x_{n_1}-x_{n_2}+V)\|$ $+$ 2^{-1} $\leq 2^{-1}+2^{-1}=2\cdot 2^{-1}$

又 $\|x_{n_1}-x_{n_2}+V)\|\leq\|(x_{n_1}-x_{n_2}\|\leq 2^{-1}$，因為 $\|(x_{n_1}-x_{n_2}+V)\|\leq\|(x_{n_1}-x_{n_2}-v_2)\|$，所以可以適當選擇 v_2。($\|(x_{n_1}-x_{n_2}+V)\|$ 是 $(x_{n_1}-x_{n_2})$ 到超平面 V 的最短距離)

在 V 中適當選擇 v_3 滿足

$\|(x_{n_2}+v_2)-(x_{n_3}+v_3)\|=\|(x_{n_2}-x_{n_3}-v_3)\|\leq\|(x_{n_2}-x_{n_3}+V)\|+2^{-2}=2\cdot 2^{-2}$

依此類推，在 V 中可找到點列 $\{v_k\}$ 滿足

$\|(x_{n_k}+v_k)-(x_{n_{k+1}}+v_{k+1})\|\leq 2\cdot 2^{-k}$，

可得 $\{x_{n_k}+v_k\}$ 是柯西列，又 X 是巴拿赫空間(完整空間)，於是存在 $x_0\in$ X，使得

$\lim\limits_{k\to\infty}x_{n_k}+v_k=x_0$。由 Q 連續知，

$x_{n_k}+V=Q(x_{n_k})=Q(x_{n_k}+v_k)=x_{n_k}+v_k+V=Q(x_{n_k}+v_k)\to Q(x_0)=x_0+$

V。

可見，柯西列(Cauchy 列) $\{[x_n]\}=\{x_n+V\}$ 存在收斂子列 $\{x_{n_k}+V\}$，所以 $\{x_n+V\}$ 收斂於 x_0+V(參見**定理 1.5.1**)。

收斂點還在原本商空間 X/V 內，故商空間 X/V 是 Banach 空間(又稱完整線性賦範空間)。

(3) $\Rightarrow$(必要性)　敘述(1)表示Q是連續映射，所以開集 W 的像源$Q^{-1}(W)$ 亦是開集(因為開集連續映射開集)，即 W 是開集，像源$Q^{-1}(W)$必是開集。

$\Leftarrow$(充分性) 令 $O(\theta,r)=\{x|\ \|x\|<r\}$，其中$r>0$，

由敘述(1)知$\|x+V\|=\|Q(x)\|\leq\|x\|<r$，

若$\|x+V\|<r$，則存在$v\in V$ 滿足 $\|x+v\|<r$，

於是$x+V=x+v+V=Q(x+v)\in Q(O(\theta,r))$(因為$\|x+v\|<r$，即$(x+v)\in O(\theta,r)$，兩邊取Q。

設 $x_0+V\in W$，兩邊取Q^{-1}，則$x_0\in Q^{-1}(W)$，因為像源$Q^{-1}(W)$是開集(即每一點都是內點)，故存在$r>0$，滿足$O(x_0,r)\subset Q^{-1}(W)$，

兩邊取Q，得$Q(O(x_0,r))\subset QQ^{-1}(W)=W$，

$O(x_0,r)=\{x|\ \|x-x_0\|<r\}=x_0+O(\theta,r)$，

兩邊取Q，得$Q\big(O(x_0,r)\big)=\{x+V|\ \|x-x_0+V\|<r\}$(因為$\|Q(x)\|\leq\|x\|<r$)，

又$\|x-x_0+V\|=\|x+V-x_0+V\|=\|x+V-x_0-V\|=\|x+V-(x_0+V)\|<r$(因為$-V=V$；可看成兩個超平面的距離)，

因而，x_0+V有鄰域，從而，x_0+V是 W 的內點，因此當像源$Q^{-1}(W)$是開集時，W 必是開集。

(4) 設$u \in U$, $v \in V$，Q是連續映射函數，但逆映射Q^{-1}不一定是函數，可能是1對多逆映射。

因$Q(u) = u + V$，得$Q(u+v) = u + v + V = u + V$，故 $Q(U) = U + V$。

若U是 X 中的開集，則

，$Q^{-1}[Q(U)] = U + V = \{u + v \mid u \in U, v \in V\} = \cup \{U + v \mid v \in V\}$，（因為 $Q(U) = Q(U+V)$）

U是開集，從而$U + v$是開集(U 平移v)，$\cup \{U + v \mid v \in V$ (多開集聯集後仍為開集)，推得$Q^{-1}[Q(U)$ 為開集。由敘述(3)知Q(U)是商空間 X/V 的開集。。

註：提到收斂速度，定義有很多方式，簡單來說，就是一個收斂序列向極限逼近的速度。

若有兩個數列，$f_n = \frac{1}{n}$, $g_n = \frac{1}{n^2}$，兩者一階導數分別為: $f_n' = -\frac{1}{n^2}$, $f_n' = -2 \cdot \frac{1}{n^3}$。兩個數列皆收斂至 0。

在此可以說，f_n的收斂階數為 1，g_n的收斂階數為 2。收斂階數越高，收斂速度越快。若$c_n = a\frac{1}{n}$, $d_n = b\frac{1}{n^2}$, a, b為常數，f_n與c_n的收斂階數皆為 1；g_n與d_n的收斂階數皆為 2。那麼數列$\frac{1}{n^2}$與數列$\frac{1}{n^2+n}$的收斂階數又如何比較呢?這兩者的收斂階數皆是 2，因為是比較最大的次冪數。

2.3 賦範線性空間的同構與範數等價

定義 2.3.1 等距線性同構

設$(X, \|\cdot\|_x)$，$(Y, \|\cdot\|_y)$是兩個賦範線性空間，但範數定義不一樣，若可找到一一對應映射 $T:X\to Y$，滿足 (1) 線性操作:$\forall x_1, x_2\in X$，$\forall\alpha\in\mathbb{F}$，$T(\alpha x_1 + x_2)=\alpha T(x_1)+T(x_2)$；

(2) 等距轉換:$\forall\, x\in X$，$\|T(x)\|_y = \|x\|_x$，

則稱空間 X 和空間 Y 為等距線性同構，T 稱為等距線性同構映射，同構為相同運算架構之意，兩個有限維線性空間上保持加法和乘數的一一映射。等距為經過映射轉換後，距離保持不變。同構字面上是相同結構，但要看在哪方面是相同結構，此處同構是指在運算方面是相同結構。

定理 2.3.1 設 X 是實數$\mathbb{R}$上($\forall$乘數$\in\mathbb{R}$)的 n 維賦範線性空間，則 X 與 $\mathbb{R}^n$ 等距線性同構。

證明 設 T 是從 X 到 $\mathbb{R}^n$ 的線性一一對應映射(又稱一一映射)，即 $T: X\to\mathbb{R}^n$。$\forall x\in X$，$\forall k_i\in\mathbb{R}$ ，$x=\sum_{i=1}^{n}k_ie_i$，$e_i\in X$，e_i是空間X的單位向量，傅立葉級數指數可如此表式。用e_i當作單位向量(抽象表達)，可以適用更多的情況。

並令 $T(x)=T(\sum_{i=1}^{n}k_ie_i)=(k_1, k_2, \cdots, k_n)\in\mathbb{R}^n$，即 $T: e_i\to(0, 0, \cdots, 0, 1, 0, \cdots)= b_i$ （$\mathbb{R}^n$ 第i維)，

T 為線性同構映射(在數學中，同構是一一映射的意思)，讓$\|e_i\|_x = \|b_i\|_y$，即 $\|x\|_x = \|T(x)\|_y$，

下驗證$\|\cdot\|_y$符合範數公理。

(1) 非負性: $\|T(x)\|_y=\|x\|_x\geq 0$，且$\|T(x)\|_y = 0$等價於$\|x\|_x = 0$。

(2) 齊次性: $\forall\alpha\in\mathbb{R}$，$\|\alpha T(x)\|_y=\|T(\alpha x)\|_y=\|\alpha x\|_x=|\alpha|\cdot\|x\|_x=|\alpha|\cdot\|T(x)\|_y$ 。

三角形不等式:$\forall\, x_1,x_2\in X$ ，$\|T(x_1)+T(x_2)\|_y=\|T(x_1+x_2)\|_y=\|(x_1+x_2)\|_x$ $\leq\|x_1\|_x+\|x_2\|_x=\|T(x_1)\|_y+\|T(x_2)\|_y$(像域與像源域範數的元素都符合三角形不等式)。

因為空間 X 與空間 Y 的乘數都屬於$\mathbb{R}$，可導出上述結果。因找到一個線性一一映射並映射前後仍等距，故 X 與 $\mathbb{R}^n$ 等距線性同構。

由前面章節所述，在空間 $\mathbb{R}^n$ 中，可定義不同的範數，$\forall\, x=(x_1,x_2,\cdots,x_n)\in\mathbb{R}^n$，如下:

$\|x\|_1=\sum_{i=1}^n|x_i|$ ；$\|x\|_2=[\sum_{i=1}^n|x_i|^2]^{\frac{1}{2}}$ ；$\|x\|_p=[\sum_{i=1}^n|x_i|^p]^{\frac{1}{p}}$，$(p\geq1)$ ；$\|x\|_\infty=\max_{1\leq i\leq n}|x_i|$。在空間 $\mathbb{R}^n$ 中的同一點列，因不同的範數定義，會導致不同的收斂性，為何?因為範數導出的距離函數是不同的，從而距離函數不同，故收斂性不同。

定義 2.3.2 等價的範數(Equivlalent Norm)

同一個線性空間可定義多個範數，設空間 X 有兩個範數$\|\cdot\|_1$與$\|\cdot\|_2$，點列$\{x_n\}\subset X$。

若$\|x_n\|_1\to0$可導出$\|x_n\|_2\to0$，則稱$\|\cdot\|_1$比$\|\cdot\|_2$強(充分條件強於必要條件)。

若$\|\cdot\|_1$比$\|\cdot\|_2$強，且$\|\cdot\|_2$比$\|\cdot\|_1$強，則稱範數$\|\cdot\|_1$等價於$\|\cdot\|_2$。

另一個等價說法是:若存在常數$c_1>0$，滿足對任意$x\in X$，$\|\cdot\|_2\leq c_1\|\cdot\|_1$，則稱範數$\|\cdot\|_1$強於範數$\|\cdot\|_2$。當點列依範數$\|\cdot\|_1$收斂時$\Rightarrow$點列依範數$\|\cdot\|_2$收斂。"依$\|\cdot\|_1$收斂"等價於"依 $c\|\cdot\|_1$收斂"，就推理來說，$\|\cdot\|_1$與 $c\|\cdot\|_1$只是比例問題，就像地圖採用不同的比例尺，會有不同大小，但不同比例尺不會改變地圖等高線的特性。再由$\|\cdot\|_2\leq c\|\cdot\|_1$此式，可推理得出:依$\|\cdot\|_1$收斂必然導出依$\|\cdot\|_2$收斂，$c\|\cdot\|_1$控制$\|\cdot\|_2$（或說$\|\cdot\|_1$控制$\|\cdot\|_2$），故可稱範數$\|\cdot\|_1$強於範數$\|\cdot\|_2$。若$\forall x,$存在$c_1,c_2>0$，滿足$c_2\|\cdot\|_1\leq\|\cdot\|_2\leq c_1\|\cdot\|_1$則稱$\|\cdot\|_1$等價於$\|\cdot\|_2$。

若$\|x_n\|_1\to0$可導出$\|x_n\|_2\to0$，等價敘述: 若點列依$\|x_n\|_1\to0$(收斂)，則

點列

依$\|x_n\|_2 \to 0$(收斂)，這兩個敘述像一個主從關係。舉例來說，若點列依歐式距離計算為收斂，但點列依平凡距離計算就不一定收斂,這兩個前後敘述(前敘述：依歐式距離收斂；後敘述: 依平凡距離收斂)就沒有主從關係。

例 2.3.1 證明$\mathbb{R}^3$上的下面兩個範數等價的。

定義兩個範數如右：$\|x\|_2 = (\sum_{i=1}^{3}|x_i|^2)^{\frac{1}{2}}$，$\|x\|_\infty = \max_{1\le i\le 3}\{|x_i|\}$，其中$x = \{x_1, x_2, x_3\}\in \mathbb{R}^3$。

證明 顯然，$\|x\|_\infty \le \|x\|_2$，得$\|\cdot\|_2$ 強於 $\|\cdot\|_\infty$。

$|x_i|^2 \le \max_{1\le i\le 3}\{|x_i|^2\} = \max\{|x_1|^2, |x_2|^2, |x_3|^2\} = \|x\|_\infty^2$，

$|x_1|^2 + |x_2|^2 + |x_3|^2 = \|x\|_2^2 \le 3\|x\|_\infty^2$，

即$\|x\|_2 \le \sqrt{3}\|x\|_\infty$，得$\|\cdot\|_\infty$強於$\|\cdot\|_2$。

故$\|x\|_2$與 $\|x\|_\infty$等價。

直觀來說，點列若依$\|x\|_\infty$收斂，則點列依$\|\cdot\|_2$收斂。為何?點列若看最大分量是收斂的，則點列依$\|\cdot\|_2$收斂。

定理 2.3.2(範數等價的充要條件) 賦範線性空間 X 中的兩個範數$\|\cdot\|_1$和$\|\cdot\|_2$等價當且僅當存在正實數a,b，對$\forall x \in$X 滿足 $a\|x\|_2 \le \|x\|_1 \le b\|x\|_2$。(即:找到$a,b$，對$\forall x$都成立)

證明 $\Leftarrow$(充分性) 由$a\|x\|_2 \le \|x\|_1 \le b\|x\|_2$可知將$x$代入點列$x_n$，可得$\|\cdot\|_1$和$\|\cdot\|_2$等價。

$\Rightarrow$(必要性) 採反證法(P$\Rightarrow$Q 等價於非 P$\Leftarrow$非 Q)

設不存在正實數a,b，對所有 $x \in$X 滿足 $a\|x\|_2 \le \|x\|_1 \le b\|x\|_2$，

即找不到a,b，對所有x，滿足 $a\|x\|_2 \le \|x\|_1 \le b\|x\|_2$，

簡化成找不到b，對所有x，滿足 $\|x\|_1 \le b\|x\|_2$，

即存在x，滿足$\|x\|_1 > b\|x\|_2$，

即對任意正整數n，存在$x_n \in X$，滿足$\|x_n\|_1 > n\|x_n\|_2$，(與$\|x\|_1 > b\|x\|_2$形式一樣，將x乘以不同的常數，即可滿足$\|x_n\|_1 > n\|x_n\|_2$)

即 $\dfrac{\|x_n\|_2}{\|x_n\|_1} < \dfrac{1}{n}$ ，

令$x'_n = \dfrac{x_n}{\|x_n\|_1}$，則 $\|x'_n\|_2 = \|\dfrac{x_n}{\|x_n\|_1}\|_2 = \dfrac{\|x_n\|_2}{\|x_n\|_1} < \dfrac{1}{n} \to 0, n \to \infty$，

但是$\|x'_n\|_1 = \|\dfrac{x_n}{\|x_n\|_1}\|_1 = \dfrac{\|x_n\|_1}{\|x_n\|_1} = 1$，得$\|x'_n\|_2 \to 0$不能導出$\|x'_n\|_1 \to 0$，故$\|\cdot\|_2$和$\|\cdot\|_1$不等價。

因此必要性成立。

說明：

$\|x'_n\|_2 \to 0, n \to \infty;\ \|x'_n\|_1 = 1, n \to \infty$。 直觀來說，同一點列，兩種範數，一個

範數序列恆等於1，另一個範數序列卻趨近0。這兩種範數"應該"是不等價的。

例 2.3.2 $\mathbb{R}^2$中單位圓盤$O(0，1) = \{x|\ \|x\|_p \leq 1\}$，$p = 1,2,\infty$的示意圖，如圖所示 2.3.1。注意用圓盤這個用語，表示此圓盤為廣義圓盤，不同範數定義，圓盤形狀會有變化。$x = (x_1, x_2)$

$p = 1,\ |x_1| + |x_2| \leq 1$，

$p = 2,\ |x_1|^2 + |x_2|^2 \leq 1$，

$p = \infty,\ \max\{x_1, x_2\} \leq 1$，

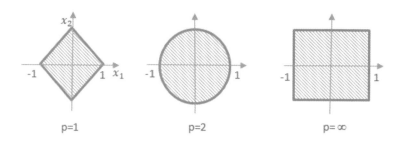

圖 2.3.1 不同範數導出的單位圓盤形狀不同

定理 2.3.3 設 X 為有限維度賦範線性空間，X 上的任何範數皆等價。

證明 在 X 上先定義一個範數$\| \cdot \|_0$，再證明其他範數$\| \cdot \|$均與它等價。再根據等價關係的傳遞性，任兩個範數皆等價。。

(1) 定義 X 上的範數$\| \cdot \|_0$

設 X 上的一組基為：$e_1, e_2, \ldots, e_n$，$\forall\, x \in X$，x可唯一表達為：

$x = k_1 e_1 + k_2 e_2 + \cdots + k_n e_n$，令$\|x\|_0 \triangleq \sum_{i=1}^{n} |k_i|$，即所有分量大小總和。此範數定義符合範數 3 公理，故$\| \cdot \|_0$可作為範數。

舉例來說，若$b_1, b_2, \ldots, b_n$為$\mathbb{R}^n$的一組基，$\forall\, r \in \mathbb{R}^n$，$r = c_1 b_1 + c_2 b_2 + \cdots + c_n b_n$，則$\|r\|_0 = \sum_{i=1}^{n} |c_i|$。

(2) 設$\| \cdot \|$是 X 上的另一範數，下證$\| \cdot \|$與$\| \cdot \|_0$等價。

首先證明$\|x\|_0$強於$\|x\|$。因為$\| \cdot \|$是 X 上的範數，所以符合範數 3 公理。

$\|x\| = \left\| \sum_{i=1}^{n} k_i e_i \right\| \leq \sum_{i=1}^{n} \| k_i e_i \| \leq \sum_{i=1}^{n} |k_i|\, \|e_i\| \leq \max_{1 \leq i \leq n}\{\|e_i\|\} \sum_{i=1}^{n} |k_i| = b\, \|x\|_0$，其中$b = \max_{1 \leq i \leq n}\{\|e_i\|\}$，$\|x\|$受$\|x\|_0$〝控制〞，故$\|x\|_0$強於$\|x\|$。整理後寫出：$\|x\| \leq b\, \|x\|_0$。

其次證明$\|x\|$強於$\|x\|_0$。注意：範數 3 公理之(2)齊次性已經用到了絕對值，絕對值和的形式則與$\| \cdot \|_0$的形式最接近。

設點集合 $S = \{\, (c_1, c_2, \ldots, c_n) \in \mathbb{R}^n \mid \sum_{i=1}^{n} |c_i| = 1 \,\}$，顯然是$\mathbb{R}^n$上有界閉集，為一

單位超球面(super ball's surface)，或簡稱單位球面。對於$x \in X$，定義範數 $\|x\| = \|\sum_{i=1}^{n} k_i e_i\| = f(k_1, k_2, ..., k_n)$，將$\|x\|$當作函數$f$，但$(k_1, k_2, ..., k_n)$屬於$\mathbb{R}^n$。在範數$\|\cdot\|_0$定義下，$f(c_1, c_2, ..., c_n)$是$\mathbb{R}^n$上非負連續泛函(表示對函數$\|x\|$，不會有非連續的狀況發生。)

當點列$\{y^m\} \subset \mathbb{R}^n$ (y^m在歐式空間) 而且$y^m \to y(m \to \infty)$時，則 $f(y^m) \to f(y)$會成立，以下說明此結論成立。

$$f(y^m) - f(y) = \|x^m\| - \|x\| \leq \|x^m - x\| \leq b\|x^m - x\|_0 = b\|y^m - y\|_0$$

又 $y^m \to y$ ，則 $\|y^m - y\|_0 \to 0$

(我們說靠近，若用精確數學用語，其實應該說依範數 1 靠近x或依範數 2 靠近x。)

(注意，$y^m \in \mathbb{R}^n$；$x^m \in X$ 。)

在上式中，$y^m = (y_1^m, y_2^m, \cdots, y_n^m)$ ，$x^m = \sum_{i=1}^{n} y_i^m e_i$ ，$y = (y_1, y_2, \cdots, y_n)$，$x = \sum_{i=1}^{n} y_i e_i$。

在$\mathbb{R}^n$的有界閉集 S 上(單位球面上)，f存在最小值a，因$\theta \notin$ S，故$a > 0$。$\forall x \in X$，$x = k_1 e_1 + k_2 e_2 + \cdots + k_n e_n$，令$x' = \frac{x}{\|x\|_0}$，可得$\|x'\| = \frac{\|x\|}{\|x\|_0}$。 $(k_1, k_2, ..., k_n)$ 對$\frac{x}{\|x\|_0}$取$\|\cdot\|_0$，得$\frac{|k_1| + |k_2| + \cdots + |k_n|}{|k_1| + |k_2| + \cdots + |k_n|} = 1$，故$\frac{x}{\|x\|_0} \in$ S (單位球面上的一點)。

又 $\frac{1}{\|x\|_0}(k_1, k_2, ..., k_n) \in \mathbb{R}^n$ 亦是單位球面上的一點(代入 S={ $(c_1, c_2, ..., c_n) \in \mathbb{R}^n \mid \sum_{i=1}^{n} |c_i| = 1$ })。

從而，$\|x'\| = \frac{\|x\|}{\|x\|_0} = \frac{1}{\|x\|_0} \cdot \|\sum_{i=1}^{n} k_i e_i\| = \frac{1}{\|x\|_0} \cdot$

$f(k_1, k_2, ..., k_n) = f(\frac{1}{\|x\|_0} k_1, \frac{1}{\|x\|_0} k_2, ..., \frac{1}{\|x\|_0} k_n) \geq a$(齊次性)，

可得$\|x\| \geq a \cdot \|x\|_0$。因而$\|\cdot\|$ 控制 $\|\cdot\|_0$，而且$\|\cdot\|_0$又控制$\|\cdot\|$，故$\|\cdot\|_0$等價於$\|\cdot\|$。

由上述定理 2.3.3 得知，在有限維賦範線性空間中，在不同範數定義下，點列的

收斂效果是一樣的。

定義 2.3.3 線性同構映射(Linear Isomorphic Mapping)

設$(X_1, \|\cdot\|_1), (X_2, \|\cdot\|_2)$是同一數域$\mathbb{F}$上的賦範線性空間,有映射 $T: X_1 \to X_2$,若滿足

(1)$T(x + y) = Tx + Ty,\ x, y \in X_1$;

(2)$T(\alpha x) = \alpha Tx, \alpha \in \mathbb{F}$,

則稱 T 是從X_1到X_2的**線性同構映射**,並稱X_1與X_2是**線性同構的**。

同構映射是保持運算結構的一一映射;線性映射可視為矩陣線性轉換的推廣,線性映射不一定一一映射,但同胚映射是連續的一一映射(又稱連續雙射)。同胚應該是同一個胚生成不同形狀,雖然形狀不同,但空間與空間之間會形成一一映射,如甜甜圈與咖啡杯,兩者形狀不同,但是兩者卻是一一映射。

定義 2.3.4 設 X,Y 是兩個賦範線性空間,T:X→Y 是線性映射,若 T 既是同構映射又是同胚映射,則稱 T 為 X 到 Y 的拓撲同構映射,並稱空間 X,Y 拓撲同構。事實上,說到拓撲,就是指空間元素之間(可能是距離)的架構。拓撲同構也可以是說,這個同構不只是代數運算方面同構,在空間方面也是同構。拓撲(topology) 的 英 文 解 釋 為 :the way the parts of something are organized or connected,即空間結構。所以拓撲同構就是空間同構。

換句話說,設 X,Y 是兩個代數集合,T:X→Y 是線性一一映射,並設 T 為代數同構。若 X,Y 這兩個代數集合有空間的結構,則代數同構就變成了拓撲同構,也就是空間同構。

引理 2.3.1 設$(X, \|\cdot\|)$是 n 維賦範線性空間,$e_1, e_2, \ldots, e_n$是 X 的一組基(不一定是正交基),則對任意的$x = \sum_{i=1}^{n} \alpha_i e_i$,存在$C_1$,$C_2 > 0$,滿足不等式

$C_1(\sum_{i=1}^{n}|\alpha_i|^2)^{\frac{1}{2}} \leq \|x\| \leq C_2(\sum_{i=1}^{n}|\alpha_i|^2)^{\frac{1}{2}}$　　　(計算範數大小區間估計)

成立。

　　證明　對任意$\alpha=(\alpha_1,\alpha_2,...,\alpha_n)\in\mathbb{R}^n$，定義函數

$f(\alpha)=\|\sum_{i=1}^{n}\alpha_i e_i\|$，則$f$是$\mathbb{R}^n$到$\mathbb{R}$上的連續函數 (範數函數之連續性質，參看 **性質 2.1.1)**。

　　對任意$\alpha=(\alpha_1,\alpha_2,...,\alpha_n)\in\mathbb{R}^n$，$\beta=(\beta_1,\beta_2,...,\beta_n)\in\mathbb{R}^n$，有

$|f(\alpha)-f(\beta)|=|\|\sum_{i=1}^{n}\alpha_i e_i\|-\|\sum_{i=1}^{n}\beta_i e_i\||$

$\leq\|\sum_{i=1}^{n}\alpha_i e_i-\sum_{i=1}^{n}\beta_i e_i\|\leq\|\sum_{i=1}^{n}\alpha_i-\beta_i\|\cdot\|e_i\|$

$\leq(\sum_{i=1}^{n}|\alpha_i-\beta_i|^2)^{\frac{1}{2}}\cdot(\sum_{i=1}^{n}|e_i|^2)^{\frac{1}{2}}$

$\leq M(\sum_{i=1}^{n}|\alpha_i-\beta_i|^2)^{\frac{1}{2}}$，

其中 $M=(\sum_{i=1}^{n}|e_i|^2)^{\frac{1}{2}}$。

令單位球面 $S=\{(\alpha_1,\alpha_2,...,\alpha_n)\in\mathbb{R}^n:(\sum_{i=1}^{n}|\alpha_i|^2)^{\frac{1}{2}}=1\}$，

S 是 $\mathbb{R}^n$的有界閉集，故f在 S 上有上限及下限。

令$C_1=\inf\{f(\alpha):\alpha\in\mathbb{R}^n\}$ ，$C_2=\sup\{f(\alpha):\alpha\in\mathbb{R}^n\}$ ，

則$C_1,C_2>0$，任意選擇$\alpha\in\mathbb{R}^n$，因$\frac{\alpha}{\|\alpha\|}\in S$，故

$C_1\leq f(\frac{\alpha}{\|\alpha\|})\leq C_2$，即$C_1\|\alpha\|\leq f(\alpha)\leq C_2\|\alpha\|$，

又$f(\alpha)=\|\sum_{i=1}^{n}\alpha_i e_i\|=\|x\|$，(注意：$\alpha=(\alpha_1,\alpha_2,...,\alpha_n)\in\mathbb{R}^n$ ，當計算$\|x\|$時，則計算α的函數)

所以 $C_1\|\alpha\|\leq\|x\|\leq C_2\|\alpha\|$，即 $C_1(\sum_{i=1}^{n}|\alpha_i|^2)^{\frac{1}{2}}\leq\|x\|\leq C_2(\sum_{i=1}^{n}|\alpha_i|^2)^{\frac{1}{2}}$ 。

註：正交基(orthogonal basis)及是基裡面的元素(element)是正交的；e 是 element 之意。

　　定理 2.3.4 設 X 為n維度賦範線性空間，則 X 與 $\mathbb{R}^n$是拓撲同構的。

　　證明　設$\{e_1,e_2,...,e_n\}$是 X 的一組基，任意選擇$x=\sum_{i=1}^{n}k_i e_i$，定義 T:X$\rightarrow\mathbb{R}^n$ 如下

$Tx=(k_1, k_2, \cdots, k_n) \in \mathbb{R}^n$，即 $T:x \to (k_1, k_2, \cdots, k_n)$，

顯然，T 是一一映射，且為線性，故為線性同構。證明如下：

任意選擇 $x = \sum_{i=1}^{n} k_i e_i$，$y = \sum_{i=1}^{n} c_i e_i$，

對任意 $\alpha, \beta \in \mathbb{F}$，

$T(\alpha x + \beta y) = T(\sum_{i=1}^{n} (\alpha k_i + \beta c_i) e_i)$

$= \alpha(k_1, k_2, \cdots, k_n) + \beta(c_1, c_2, \cdots, c_n)$

$= \alpha Tx + \beta Ty$ 。

下證 T 及 T^{-1} 的連續性(探討對於空間 X 的收斂點列，在空間 TX 的對應的點列是否收斂，是否互相控制?)。利用引理 2.3.1，再由 T 的映射定義，

得 $C_1 \|Tx\| \leq \|x\| \leq C_2 \|Tx\|$，

當 $x_n \to \theta$ 時，$\|Tx_n\| \leq \frac{\|x_n\|}{C_1} \to 0$，

又當 $Tx_n \to \theta$ 時，$\|x_n\| \leq C_2 \|Tx_n\| \to 0$，這是連續函數的性質，故 T 與 T^{-1} 是連續的。因為是線性空間，原點的連續性質可平移到空間其他點，將 $\|x_n\|$ 代入 $\|x_n - x_0\|$，x_0 是收斂點，可得到連續函數的性質。

註：由拓撲同構定義知其為線性映射，即兩個線性空間形成一個一一對應的線性映射，因為同構一般來說是指代數結構相同，拓撲同構是指空間結構的同構。

2.4 有限維與無限維賦範線性空間的緊性(非膨脹性)

下面定理證明有限維距離空間等價於准緊空間。准緊性代表在有限維距離空間中，當點列在一個限制在一個界限中時，任何點列呈現出一個特性，即每一點列都有收斂子列，但收斂點未必在原集合中。也可以說准緊性是有限維距離空間的呈現出的現象。

定理 2.4.1 賦範線性空間 X 是有限維的當且僅當 X 中的每一有界集必是准緊集。

證明 (1) $\Rightarrow$ (必要性) 設 $\{e_1, e_2, \ldots, e_n\}$ 是 X 的一組基，則對任意的 $x = \sum_{i=1}^{n} \alpha_i e_i$，定義 $\mathbb{R}^n$ 到 X 的映射 $T: \alpha \to T\alpha = \sum_{i=1}^{n} \alpha_i e_i$，其中 $\alpha = (\alpha_1, \alpha_2, \ldots, \alpha_n) \in \mathbb{R}^n$，

T 是線性同構的，由引理 2.3.1 ，存在常數 C_1，$C_2 > 0$，滿足不等式

$C_1 (\sum_{i=1}^{n} |\alpha_i|^2)^{\frac{1}{2}} \leq \|x\| \leq C_2 (\sum_{i=1}^{n} |\alpha_i|^2)^{\frac{1}{2}}$ ，$(\alpha \in \mathbb{R}^n ; x \in X)$

即 $C_1 (\sum_{i=1}^{n} |\alpha_i|^2)^{\frac{1}{2}} \leq \|T\alpha\| \leq C_2 (\sum_{i=1}^{n} |\alpha_i|^2)^{\frac{1}{2}}$，

由定理 2.3.4 知 $\mathbb{R}^n$ 到 X 的映射與 X 到 $\mathbb{R}^n$ 的逆映射都是連續的，於是 $\mathbb{R}^n$ 到 X 的映射是拓撲同構映射。由於 $\mathbb{R}^n$ 中的有界集是准緊集，故 X 中的有界集也是准緊集。

(2) $\Leftarrow$ (充分性) 設 S 是 X 的單位球面，即 $S = \{x \mid \|x\| = 1, x \in X\}$，根據已知條件知，有界集 S 是准緊集，由 Hausdorff 定理(**定理** 1.7.3)知准緊集必是完全有界集(S 是完全有界集)。故對於 $\varepsilon = \frac{1}{2}$，存在 S 的 ε-網 $A_\varepsilon = \{x_1, x_2, \cdots, x_N\} \subset X$，令 $X_1 = \text{span}\{x_1, x_2, \cdots, x_N\} = \{\sum_{i=1}^{N} \alpha_i x_i \mid \alpha_i \in \mathbb{F}, \ x_i \in A_\varepsilon\}$，$X_1$ 是 X 的有限維閉子空間(若是

開子空間會延伸到其他維度，可參考定理 2.2.2)，且 $\dim X_1 \leq N$。

假設 $X_1 \neq X$ (或表示成$X_1 \subsetneq X$)，由於X_1是 X 的有限維閉(真)子空間，因具有封閉性，所以X_1是完整的子空間。

於是存在$x_0 \in X \backslash X_1$(或寫成 $X - X_1$)，有 $\quad d(x_0, X_1) = \inf_{y \in X_1} \{\|x_0 - y\|\} = a > 0$，

由下限定義知存在$y_0 \in X_1$，滿足$a \leq \|x_0 - y_0\| \leq a + \frac{a}{2} = \frac{3}{2}a$。

又$\frac{x_0 - y_0}{\|x_0 - y_0\|} \in S$，於是存在$x_{i_0} \in A_\varepsilon$ 滿足$\frac{x_0 - y_0}{\|x_0 - y_0\|} \in O(x_{i_0}, \varepsilon)$，即

$\|\frac{x_0 - y_0}{\|x_0 - y_0\|} - x_{i_0}\| < \varepsilon = \frac{1}{2}$，

由於$y_0 \in X_1$及$x_{i_0} \in X_1$，所以向量$z = y_0 - \|y_0 - x_0\| \cdot x_{i_0} \in X_1$ ($\|y_0 - x_0\|$是 scalar)，

又$x_0 \notin X_1$，故

$a \leq \|x_0 - z\| = \|z - x_0\| = \|y_0 - \|y_0 - x_0\| \cdot x_{i_0} - x_0\|$

$= \|y_0 - x_0\| \cdot \|\frac{y_0 - x_0}{\|y_0 - x_0\|} - x_{i_0}\|$

$\leq \frac{3}{2}a \cdot \frac{1}{2} = \frac{3}{4}a$。($a \leq \frac{3}{4}a$ ？)

此式矛盾，即假設錯誤，亦即$X_1 = X$，得 X是有限維空間。

註：$\mathbb{R}^n$的子空間都是閉集。連續函數空間 $C[a,b]$是$L^1[a,b]$的子空間，其中 $L^1[a,b] = \{f(t) \mid \int_{[a,b]} |f(t)|^1 dt < +\infty\}$。如**例 1.5.3** 可知 $C[a,b]$是部分開空間，故賦範線性空間的真子空間一定不是開集，也不一定是閉集，這裡所指的開集是完全開的(totally open)，閉集是完全閉的(totally Closed)，所以賦範線性空間的真子空間可能是閉集或是部分開的(或稱部分閉的)，如區間(0,1]是部分開的或稱部分閉的的。子空間 X 只能說是部分開的，不是完全開的，因為只有在 X-維度是開的，但對 Y-維度來說是閉的。可以想像若有兩個樓層，每一個樓層都沒有牆壁，但一樓與二樓間沒有通道，對一樓的人來說，一樓是個部分開的空間，因為他不能上二樓，可是他在一樓可以暢行無阻，在一樓沒有封閉的情況；對二樓的人來說，一樓是封閉的空間，不認為一樓是開放空間。

引理 2.4.1 Riesz 引理 (Riesz' Lemma) 設X_0是賦範線性空間 X 的閉真子空間，

則對於任意ε:0<ε<1，都存在$x_\varepsilon \in X\backslash X_0$，使得$\|x_\varepsilon\|=1$，對任意的$x\in X_0$，都滿足$\|x_\varepsilon - x\|>\varepsilon$（或寫成$\|x_\varepsilon - X_0\|>\varepsilon$，或寫成$d(x_\varepsilon, X_0) > \varepsilon$）。

證明 由於X_0是X的真子空間，故可找到$x_1\in X\backslash X_0$，

令 $\rho = d(x_1, X_0) = \inf_{x\in X_0} \|x_1 - x\|$，

因為X_0在X中是閉的，x_1一定$\neq x$，故$d > 0$。

因ρ是下限，故對任意 0<ε<1，可找到$x_0 \in X_0$，滿足$\rho \le \|x_1 - x_0\| < \frac{\rho}{\varepsilon}$，

令 $x_\varepsilon = \frac{x_1 - x_0}{\|x_1 - x_0\|}$，可得$\|x_\varepsilon\|=1$。

對任意$x\in X_0$，由於X_0是線性子空間(元素可線性運算)，$x_0 + \|x - x_0\|x\in X_0$，

於是 $\|x_\varepsilon - x\| = \|\frac{x_1}{\|x_1-x_0\|} - (\frac{x_0}{\|x_1-x_0\|} + x)\|$

$= \frac{1}{\|x_1-x_0\|}\|x_1 - (x_0 + \|x_1 - x_0\|x)\|$

$\ge \frac{\rho}{\|x_1-x_0\|} > \varepsilon$。

註：真子集表示此子集不等於原集合，記號為 $\subsetneq$，即 $A\subset B$，但 $A\neq B$。

定理 2.4.2 賦範線性空間X是有限維的當且僅當X中任意有界閉集都是緊的(是緊集)。

證明 $\Rightarrow$（必要性）設$e_1, e_2, \cdots, e_n$是X的一組基，則對任意 $x\in X$， $x = \sum_{k=1}^n \alpha_k e_k$。

定義從K^n到X的映射 $T: T\alpha = \sum_{k=1}^n \alpha_k e_k$，其中$\alpha = (\alpha_1, \alpha_2, \cdots, \alpha_n) \in \mathbb{K}^n$。顯然 T 是線性同構(同構又可稱雙射同態)的，由引理 2.3.1，存在常數C_1，C_2>0，滿足不等式

$C_1(\sum_{k=1}^n |\alpha_k|^2)^{\frac{1}{2}} \le \|T\alpha\| \le C_2(\sum_{k=1}^n |\alpha_k|^2)^{\frac{1}{2}}$。再由定理 2.3.4 證明過程中:下證 T 及$T^{-1}$的連續性，知映射 T 為一一對應連續映射，故 T 為線性一一對應連續映射。又同構是保算，同胚是保持點一一對應（連續映射就是保持點一一對應）。故T為拓撲同構映射，T^{-1}亦為拓撲同構映射。由於K^n中的有界閉集一定

是緊集，故 X 中的有界閉集也是緊集。

$\Leftarrow$ (充分性)　採用反證法。　設 X 是無限維空間。令 S 是 X 中單位球面 S=$\{x: \|x\| = 1\}$，顯然 S 是有界閉集。任取$x_1 \in S$，並令X_1表示由x_1張開的閉子空間；由於 X 是無限維的，故X_1是 X 的真閉子空間。於是由 Riesz 引理 2.4.1，存在$x_2 \in S$，使得$\|x_2 - x_1\| \geq \frac{1}{2}$；再令$X_2$表示由$x_1$與$x_2$張開的閉子空間，$X_2$也是 X 的真閉子空間。從而存在$x_3 \in S$，使得$\|x_3 - x_i\| \geq \frac{1}{2}(i = 1,2)$。依此類推，由於 X 是無限維的，故在 S 中可取一點列$\{x_k\}$(k = 1,2,$\cdots$)　，使得$\|x_k - x_i\| \geq \frac{1}{2}(i \neq k)$。$\{x_k\}$有界但不存在收斂子列，這與 X 中任一有界閉集 S 是緊的(緊集的)相矛盾，故 X 是有限維的。

如果賦範線性空間 X 的任一有界閉集是緊的，則稱 X 是局部緊的。如在此空間$(-\infty, \infty)$，任一閉區間都是緊的，所以空間$(-\infty, \infty)$是局部緊的。

定理 2.4.3 設 X 是無限維(無窮維)賦範線性空間，則 X 中的閉單位球不是緊集。

證明　由於 X 是無限維賦範線性空間，所以存在線性獨立(又稱線性無關)的無限序列$\{x_n\}$，

令$X_n = \mathrm{span}\{x_1, x_2, \cdots, x_n\}$，則$X_n$是 X 的$n$維子空間，且$X_n \subset X_{n+1}$，$X_n \neq X_{n+1}(n = 1,2,\cdots)$。

由上述 **Riesz** 引理 2.4.1 存在$y_n \in X_{n+1} \backslash X_n$，使得 $d(y_n, X_n) \geq \frac{1}{2}(n = 1,2,\cdots)$，

當$m \neq n$時(等價於$m > n$)，有$\|y_m - y_n\| \geq \frac{1}{2}$，即點列$\{y_n\} \subset \overline{B}(0,1)$ 沒有收斂子列，因此 X 中閉單位球$\overline{B}(0,1)$，雖然是閉集卻不是緊集。

例 2.4.1 設 A 是賦範線性空間 X 的有限維真子空間，證明存在$x_0 \in X$，使得$\|x_0\| = 1$且$d(x_0, A) = 1$。

證明　由定理 2.2.2 知，A 為閉子空間。可知，對於$x' \in X \backslash A$，$\rho =$

$d(x', A)= \inf\{\|x' - z\| \mid z\in A\}>0$。

對於 $\forall n\in \mathbb{N}^+$ ，存在 $y_n\in A$，使得 $\rho\leq\|x' - y_n\|\leq\rho + \frac{1}{n}$，

$\|y_n\|\leq\|x' - y_n\|+\|x'\| < \|x'\| + \rho + 1$。

因有限維真子空間 A 中的有界點列必有收斂子列，故點列 $\{y_n\}$ 存在收斂子列 $\{y_{n_k}\}$。可設 $y_{n_k} \to y_0$ 且 $y_0\in A$。因 $\rho\leq\|x' - y_n\|\leq\rho + \frac{1}{n}$，可得 $\|x' - y_0\| = \rho$。

令 $x_0 = \frac{x'-y_0}{\rho}$，則 $\|x_0\| = 1$。

$d(x_0, A) = \inf_{z\in A}\{\|\frac{x'-y_0}{\rho} - z\|\} = \frac{1}{\rho}\inf_{z\in A}\{\|x' - (y_0 + \rho z)\|\} = \frac{1}{\rho}\inf_{w\in A}\{\|x' - w\|\} = \frac{1}{\rho}d(x', A)=1$。

註：$y_0\in A$，$\forall z\in A$ 則 $\{(y_0 + \rho z)\mid \forall z\in A\}=A$。(如實數空間 $\mathbb{R} = \{r_0 + c\cdot r \mid$ 某一個 $r_0 \in \mathbb{R}, c\in \mathbb{R}, \forall r \in \mathbb{R}\}$)

例 2.4.2 設 V 是賦範線性空間 X 的子空間，並存在常數 $0<\varepsilon<1$，使得 $\forall x\in X\backslash V$，$d(x, V) = \inf\{\|x - z\| \mid z\in V\}\leq\varepsilon\|x\|$，證明 V 在 X 中稠密。

證明 先假設 $\overline{V} \neq X$，由性質 2.2.2 知，V 的閉包 $\overline{V}$ 是線性子空間(且為 X 的真子空間)。由 **Riesz 引理** 2.4.1 知，給一個常數 $0<\varepsilon < 1$，可找到 $x_\varepsilon\in X\backslash\overline{V}$，使得 $\|x_\varepsilon\|=1$，且 $d(x_\varepsilon, \overline{V}) > \varepsilon$。

根據已知條件知，將 x 用 x_ε 帶入，$d(x_\varepsilon, V) = \inf\{\|x_\varepsilon - z\|\mid z\in V\} \leq\varepsilon\cdot\|x_\varepsilon\| = \varepsilon$，

由於 $V\subset\overline{V}$，故 $d(x_\varepsilon, \overline{V})=\inf\{\|x_\varepsilon - z\|\mid z\in\overline{V}\} \leq \inf\{\|x_\varepsilon - z\|\mid z\in V\}\leq\varepsilon$，

這與前面所述的 $d(x_\varepsilon, \overline{V}) > \varepsilon$ 互相矛盾，即假設 $\overline{V} \neq X$ 是錯誤的(假設條件 $\overline{V} \neq X$ 衝突到 $d(x_\varepsilon, \overline{V}) > \varepsilon$)，故 $\overline{V} = X$，則 V 在 X 中稠密(因為 $\forall x\in X$ 可由 V 中元素無窮逼近)。

注意：$\forall x \in X\backslash V$，$d(x, V) = \inf\{\|x - z\| \mid z\in V\}\leq\varepsilon\|x\|$ 等價於 $d\left(\frac{x}{\|x\|}, V\right) = \inf\{\left\|\frac{x}{\|x\|} - \frac{z}{\|x\|}\right\| \mid z\in V\}\leq\varepsilon$

2.5 內積空間的定義

內積空間可以看成廣義的歐幾里得空間，在歐式空間裡的向量，彼此之間有夾角，向量彼此可以作內積運算。在 n 維賦範線性函數空間，其中元素具有向量性質，元素彼此也可以作內積運算。

定義 2.5.1 內積空間(Inner Product Space)

設 X 是 $\mathbb{F}$ 上($\mathbb{F}$ 是一個數域)的線性空間(乘數 $\in \mathbb{F}$)，若存在映射 $(\cdot,\cdot)$: X×X $\to \mathbb{F}$，使得 $\forall\, x, y, z \in X$，$\alpha,\beta \in \mathbb{F}$，滿足

(1)非負性: $(x,x) \geq 0$，$(x,x) = 0$ 當且僅當 $x = \theta$；

(2)共軛對稱性: $(x,y) = \overline{(y,x)}$；

(3)第一變元的線性性質: $(\alpha x + \beta y, z) = \alpha(x,z) + \beta(y,z)$，

則稱 X 為內積空間，(x,y) 稱為元素 x 與 y 的內積。當 $x = (x_1, x_2, \cdots, x_n)$，$y = (y_1, y_2, \cdots, y_n) \in \mathbb{R}^n$，稱 X 為實數內積空間；當 $x = (x_1, x_2, \cdots, x_n)$，$y = (y_1, y_2, \cdots, y_n) \in \mathbb{C}^n$，稱 X 為複數內積空間。又 $(x, \alpha y) = \overline{(\alpha y, x)} = \overline{\alpha(y,x)} = \overline{\alpha} \cdot \overline{(y,x)} = \overline{\alpha}(x,y)$，所以在複數內積空間，第一變元 x 是線性的，第一變元 y 是共軛線性的，即 $(\alpha x, y) = \alpha(x,y)$；$(x, \alpha y) = \overline{\alpha}(x,y)$。

若在內積空間上定義 $\|x\| = (x,x)^{\frac{1}{2}}$，$x \in X$，則可通過 **Cauchy-Schwarz** 不等式證明 X 為賦範線性空間。由剛剛文字敘述，可知內積空間中的元素不一定有大小，即元素不一定定義範數。

定理 2.5.1 柯西-施瓦次不等式(Cauchy-Schwarz Inequality)

設 X 是內積空間，若令 $\|x\| = \sqrt{(x,x)}$，$x \in X$，則對任意 $x, y \in X$，有 $|(x,y)| \leq \|x\| \cdot \|y\|$。

證明　當$y = \theta$(零向量用θ表示)或$x = \theta$時，顯然成立。

假設$x \neq \theta$及$y \neq \theta$，對任意複數λ，有

$$0 \leq (x + \lambda y, x + \lambda y) = (x,x) + \bar{\lambda}(x,y) + \lambda(y,x) + \lambda\bar{\lambda}(y,y)$$
$$= (x,x) + \bar{\lambda}(x,y) + \lambda(y,x) + |\lambda|^2(y,y) \,,$$

令$\lambda = -\frac{(x,y)}{(y,y)}$，代入則得

$$(x,x) - \frac{\overline{(x,y)}(x,y)}{(y,y)} - \frac{(x,y)(y,x)}{(y,y)} + \frac{|(x,y)|^2}{(y,y)}$$
$$= (x,x) - \frac{\overline{(x,y)}(x,y)}{(y,y)} - \frac{(x,y)\overline{(x,y)}}{(y,y)} + \frac{|(x,y)|^2}{(y,y)} \geq 0$$

從而 $(x,x) \cdot (y,y) \geq |(x,y)|^2$，

於是 $|(x,y)| \leq \|x\| \cdot \|y\|$。　　（又$\frac{(x,y)\overline{(x,y)}}{(y,y)} = \frac{|(x,y)|^2}{(y,y)}$）

例　**2.5.1** 內積導出的範數$\|x\| = (x,x)^{\frac{1}{2}}$滿足範數 3 公理。

證明

(1)　$\|x\| \geq 0$，若$\|x\| = 0$，則$(x,x) = 0$，當且僅當$x = \theta$；

(2)　$\|\alpha x\| = \sqrt{(\alpha x, \alpha x)} = \sqrt{\alpha\bar{\alpha}(x,x)} = \sqrt{|\alpha|^2(x,x)} = |\alpha| \cdot \|x\|$；

(3)　利用 Schwartz 不等式，

$$\|x + y\|^2 = (x + y, x + y) = |(x + y, x + y)| = |(x + y, x) + (x + y, y)|$$
$$\leq |(x + y, x)| + |(x + y, y)|$$
$$\leq \|x + y\| \cdot \|x\| + \|x + y\| \cdot \|y\|$$

故$\|x + y\| \leq \|x\| + \|y\|$。

因此內積空間可導出範數$\|x\| = (x,x)^{\frac{1}{2}}$，範數可導出距離$d(x,y) = \|x - y\|$，所以內積空間存在$\Rightarrow$賦範線性空間存在$\Rightarrow$距離空間存在。導出也可以說成:產生出。

定義 2.5.2 希爾伯特空間(Hilbert Space)

如果內積空間 X(此空間範數$\|x\| = (x,x)^{\frac{1}{2}}$)是完整的賦範線性空間(Banach 空間)，則稱 X 為**希爾伯特空間**。簡言之，完整的傳統範數內積空間(或稱完備的傳統範數內積空間)是**希爾伯特空間**。賦範線性空間的元素不一定有內積性質。在此傳統範數即是:$\|x\| = (x,x)^{\frac{1}{2}}$。

定理 2.5.2 設 H 是 Hilbert 空間，M 是 H 的線性子空間，則 M 是 Hilbert 空間當且僅當 M 是閉集。

證明 依定理 1.5.3 完整集之子集為完整集當且僅當此子集為閉集，因 Hilbert 空間是完整集，故定理 2.5.2 成立。

例 2.5.2 n維歐式空間 $\mathbb{R}^n$ 是 Hilbert 空間。

證明 對任意 $x = (x_1, x_2, ..., x_n)$，$y = (y_1, y_2, ..., y_n) \in \mathbb{R}^n$，
定義運算$(x,y) = \sum_{i=1}^{n} x_i y_i$，容易驗證此運算是內積運算，

此內積導出的範數為$\|x\| = (\sum_{i=1}^{n} |x_i|^2)^{\frac{1}{2}}$，距離為$d(x,y) = (\sum_{i=1}^{n} |x_i - y_i|^2)^{\frac{1}{2}}$。
依此範數，$\mathbb{R}^n$ 是完整的賦範線性空間，故 $\mathbb{R}^n$ 是 Hilbert 空間。

類似在 $\mathbb{R}^n$ 推導，在 n 維複數歐式空間 $\mathbb{C}^n$ 中，定義運算$(x,y) = \sum_{i=1}^{n} x_i \bar{y}_i$，其中$x = (x_1, x_2, ..., x_n)$，$y = (y_1, y_2, ..., y_n) \in \mathbb{C}^n$，

可以驗證此運算$(\cdot, \cdot)$為內積，此內積導出的範數為$\|x\| = (\sum_{i=1}^{n} |x_i|^2)^{\frac{1}{2}}$，距離為$d(x,y) = (\sum_{i=1}^{n} |x_i - y_i|^2)^{\frac{1}{2}}$，因此，$\mathbb{C}^n$ 是 Hilbert 空間。。

例 2.5.3 數列空間l^2 $x = (x_1, x_2, ..., x_n, x_{n+1}, ...)$是 Hilbert 空間。

證明 對任意 $x = (x_1, x_2, ..., x_n, ...)$，$y = (y_1, y_2, ..., y_n, ...) \in l^2$，由離散 Schwartz 不等式

$$|\sum_{i=1}^{\infty} x_i \bar{y}_i| \leq (\sum_{i=1}^{\infty} |x_i|^2)^{\frac{1}{2}} \cdot (\sum_{i=1}^{\infty} |y_i|^2)^{\frac{1}{2}} \quad (\sum_{i=1}^{\infty} |x_i|^2 < \infty ; \sum_{i=1}^{\infty} |y_i|^2 < \infty)$$

可知級數$\sum_{i=1}^{\infty} x_i \bar{y}_i$絕對收斂，定義運算$(x,y) = \sum_{i=1}^{\infty} x_i \bar{y}_i$。

下證此運算是$(\cdot,\cdot)$是空間l^2的內積，

(1) $(x,x) = \sum_{i=1}^{\infty} x_i \bar{x}_i = \sum_{i=1}^{\infty} |x_i|^2 \geq 0$，$(x,x) = 0$當且僅當$x = \theta$；

(2) $(x,y)=\sum_{i=1}^{\infty} x_i \bar{y}_i = \overline{\sum_{i=1}^{\infty} y_i \bar{x}_i}=\overline{(y,x)}$；

(3)設$z = (z_1, z_2, ..., z_n, ...)\in l^2$

$(\alpha x + \beta y, z) = \sum_{i=1}^{\infty}(\alpha x_i + \beta y_i)\bar{z}_i=\sum_{i=1}^{\infty} \alpha x_i \bar{z}_i + \sum_{i=1}^{\infty} \beta y_i \bar{z}_i=\alpha(x,z)+\beta(y,z)$

由上述內積導出的範數為 $\|x\| = (\sum_{i=1}^{\infty} |x_i|^2)^{\frac{1}{2}}$，距離為$d(x,y) = (\sum_{i=1}^{\infty} |x_i - y_i|^2)^{\frac{1}{2}}$。

依此範數，空間l^2是完整的賦範線性空間(每一維空間是完整空間，向量空間也是完整空間，不會有點列發展到外空間)，又可定義內積，故l^2是一個 Hilbert 空間。

例 2.5.4 空間$L^2[a,b]$是 Hilbert 空間。

證明 對任意 $x,y\in L^2[a,b]$，由積分形式的 Schwartz 不等式可得

$|\int_{[a,b]}x(t)\overline{y(t)}dt| \leq \int_{[a,b]}|x(t)\overline{y(t)}|dt \leq (\int_{[a,b]}|x(t)|^2 dt)^{\frac{1}{2}} (\int_{[a,b]}|y(t)|^2 dt)^{\frac{1}{2}}< \infty$。

可在$L^2[a,b]$上定義運算$(x,y)=\int_{[a,b]}x(t)\overline{y(t)}dt$，

容易驗證此運算$(\cdot,\cdot)$滿足內積 3 個條件，因此$L^2[a,b]$是一個內積空間，其內積導出的範數為

$\|x\| = \sqrt{(x,x)} = (\int_{[a,b]}|x(t)|^2 dt)^{\frac{1}{2}}$，

依此範數，$L^2[a,b]$是完整的賦範線性空間，因此此空間是 Hilbert 空間。

例 2.5.5 在點列依範數收斂時，內積(x,y)是x,y的連續映射，即內積空間 X 中的點列$\{x_n\}$，$\{y_n\}$依範數收斂$x_n \to x_0$，$y_n \to y_0$。即$(x_n, y_n) \to (x_0, y_0)$。證明二元函數$F(x,y) = (x,y)$是連續函數。

證明 因為當$n \to \infty$時，$y_n \to y_0$，所以$\{y_n\}$有界，即存在正實數$M \geq 0$，使得$\| y_n \|\leq M$。那麼有

$|(x_n, y_n) \to (x_0, y_0)| = |(x_n, y_n) - (x_0, y_n) + (x_0, y_n) - (x_0, y_0)|$

$$\leq |(x_n, y_n) - (x_0, y_n)| + |(x_0, y_n) - (x_0, y_0)|$$

$$= |(x_n - x_0, y_n)| + |(x_0, y_n - y_0)| \leq \| x_n - x_0 \| \cdot \| y_n \|$$

$+ \| x_0 \| \cdot \| y_n - y_0 \|$

$$\leq \| x_n - x_0 \| \cdot M + \| x_0 \| \cdot \| y_n - y_0 \| \to 0 \quad , n \to \infty。$$

因此，二元函數$F(x, y) = (x, y)$是連續函數。

2.6 內積空間的基本空間性質

定理 2.6.1 設 X 是內積空間，則內積(x,y)是關於x,y的二元連續映射(又稱二元連續泛函)，或寫成F$(x,y) = (x,y)$，即依範數收斂(依"大小"收斂)，當$x_n \to x_0$，$y_n \to y_0$時，$(x_n,y_n) \to (x_0,y_0)(n \to \infty)$。

證明 當$n \to \infty$時，$y_n \to y_0$表示$\{y_n\}$有界，即存在正實數 M≥0，使得$\|y_n\|$≤M。由 Schwartz 不等式可得

$|(x_n,y_n)-(x_0,y_0)| \leq |(x_n,y_n)-(x_0,y_n)| + |(x_0,y_n)-(x_0,y_0)|$

$= |(x_n-x_0,y_n)| + |(x_0,y_n - y_0)|$

$\leq \|x_n-x_0\| \cdot \|y_n\| + \|x_0\| \cdot \|y_n - y_0\|$

$\leq \|x_n-x_0\| \cdot M + \|x_0\| \cdot \|y_n - y_0\| \to 0$　$(x_n \to x_0，y_n \to y_0，n \to \infty)$。

序列(x_n,y_n)可無窮小逼近(x_0,y_0)，故二元函數(x,y)是連續函數。

下面講到極化恆等式，所謂極化在電磁波表示在某一個方向的偏振性質，所以一個運算量可以用某個方向(向量)的量來表示稱作極化量表示。identiy 是同一性，在此可稱為恆等性或恆等式。

定理 2.6.2 設 X 是內積空間，則對任意$x,y \in$X，有以下極化恆等式(Polarization Identity)：

當 X 是實數內積空間時，內積 $(x,y) = \frac{1}{4}(\|x + y\|^2 - \|x - y\|^2)$；

當 X 是複數內積空間時，內積 $(x,y) = \frac{1}{4}(\|x + y\|^2 - \|x - y\|^2 + i\|x + iy\|^2 - i\|x - iy\|^2)$。

證明 由$\|x\| = \sqrt{(x,x)}$ 可得

$\|x + y\|^2 = (x + y, x + y) = (x,x) + (x,y) + (y,x) + (y,y)$，

$\|x - y\|^2 = (x - y, x - y) = (x,x) - (x,y) - (y,x) + (y,y)$。

上式減下式得

$$\|x + y\|^2 - \|x - y\|^2 = 2(x, y) + 2(y, x) = 4\,\mathrm{Re}(x, y)。$$

若 X 是實數內積空間時，$(x, y) = (y, x)$，得$\|x + y\|^2 - \|x - y\|^2 = 4(x, y)$。

若 X 是複數內積空間時，將最上面兩式中 y 換成 iy 並相減可得(此處i當作 scalar)

$$\|x + iy\|^2 - \|x - iy\|^2 = 2(x, iy) + 2(iy, x)。$$

將此式乘以i再加上$\|x + y\|^2 - \|x - y\|^2 = 2(x, y) + 2(y, x)$可得

$$i(\|x + iy\|^2 - \|x - iy\|^2) + \|x + y\|^2 - \|x - y\|^2$$
$$= 2i(x, iy) + 2i(iy, x) + 2(x, y) + 2(y, x)$$
$$= 2(x, y) + 2(y, x) + 2(x, y) - 2(y, x) = 4(x, y)，$$
$$\|x + y\|^2 - \|x - y\|^2 + i\|x + iy\|^2 - i\|x - iy\|^2 = 4(x, y)$$

得證。

引理 2.6.1 設$f(\cdot)$是定義在$\mathbb{R}$上的連續實數函數，且對任意$\alpha_1, \alpha_2 \in \mathbb{R}$，滿足 $f(\alpha_1 + \alpha_2) = f(\alpha_1) + f(\alpha_2)$，

則對任何α，$f(\alpha) = \alpha f(1)$ 成立。

證明 由已知條件，對任何自然數n及任何實數α，可得 $f(n\alpha) = nf(\alpha)$，

取$\alpha = \frac{1}{m}$，得 $f(1) = mf(\frac{1}{m})$或 $f\left(\frac{1}{m}\right) = \frac{1}{m}f(1)$，

於是對任何正有理數，有 $f\left(\frac{n}{m}\right) = \frac{n}{m}f(1)$。

又$f(0) = f(2 \cdot 0) = 2f(0)$，故$f(0) = 0$。

由$f(\alpha) + f(-\alpha) = f(0) = 0$，得$f(\alpha) = -f(-\alpha)$，

於是對任何有理數，有 $f\left(\frac{n}{m}\right) = \frac{n}{m}f(1)$。

對任一實數α，皆存在有理數點列$\{r_n\}$，使得$r_n \to \alpha$ (實數是由有理數無窮小逼近的)。因為f在$\mathbb{R}$上是連續函數，所以$f(r_n) \to f(\alpha)$，又$f(r_n) = r_n f(1)$，r_n代入α，得$f(\alpha) = \alpha f(1)$。

在此先說明一下平行四邊形公式公式，如圖 2.6.1，

$$長對角線^2 = (a+c)^2 + d^2$$

$$短對角線^2 = (a-c)^2 + d^2$$

兩 式 相 加 得　長對角線^2 + 短對角線^2 = $(a+c)^2 + d^2 + (a-c)^2 + d^2 =$ $2a^2 + 2c^2 + 2d^2 = 2a^2 + 2b^2$。

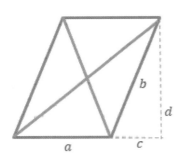

圖 2.6.1 平行四邊形

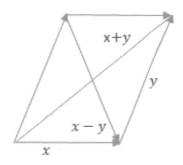

圖 2.6.2 向量平行四邊形

定理 2.6.3 賦範線性空間 X 是內積空間當且僅當 $\forall x, y \in X$，範數滿足向量平行四邊形公式，如圖 2.6.2 ，即 $\|x+y\|^2 + \|x-y\|^2 = 2\|x\|^2 + 2\|y\|^2$。

證明 $\Rightarrow$(必要性) 內積空間的元素宛如向量，故滿足向量平行四邊形公式。或證明如下：

設 X 是內積空間，

$$\|x+y\|^2 + \|x-y\|^2$$
$$= (x+y, x+y) + (x-y, x-y)$$
$$= (x, x+y) + (y, x+y) + (x, x-y) + (-y, x-y)$$
$$= [(x, x+y) + (x, x-y)] + [(y, x+y) - (y, x-y)]$$
$$= (x, 2x) + (y, 2y) = 2(x, x) + 2(y, y)$$
$$= 2\|x\|^2 + 2\|y\|^2。$$

$\Leftarrow$ (充分性) 證明充分性即是：在賦範線性空間 X 中，可以定義內積空間

由定理 2.6.2 知兩向量的內積與兩向量加的範數與減的範數的關係

下面驗證滿足實數內積空間非負性、對稱性、第一變元線性性質。

當 X 是實數賦範線性空間時，因存在兩向量元素相加與相減之範數，可定義此運算

$(x,y) \triangleq \frac{1}{4}(\|x+y\|^2 - \|x-y\|^2)$，當 $y=x$ 時，代入可得 $(x,x)=\|x\|^2$，此運算滿足非負性。

$(x,y) \triangleq \frac{1}{4}(\|x+y\|^2 - \|x-y\|^2) = (y,x)$，此運算滿足對稱性。

設 $\forall x,y,z \in X$ 及 $\alpha \in \mathbb{R}$，若 $\|x+y\|^2 + \|x-y\|^2 = 2\|x\|^2 + 2\|y\|^2$ 成立，

由平行四邊形公式: $\|x+y\|^2 + \|x-y\|^2 = 2\|x\|^2 + 2\|y\|^2$，知:對任意 $x,y,z \in X$ 可得

$$\left\|(x+\tfrac{z}{2})+(y+\tfrac{z}{2})\right\|^2 + \left\|(x+\tfrac{z}{2})-(y+\tfrac{z}{2})\right\|^2 = 2\left\|x+\tfrac{z}{2}\right\|^2 + 2\left\|y+\tfrac{z}{2}\right\|^2$$

$$\left\|(x-\tfrac{z}{2})+(y-\tfrac{z}{2})\right\|^2 + \left\|(x-\tfrac{z}{2})-(y-\tfrac{z}{2})\right\|^2 = 2\left\|x-\tfrac{z}{2}\right\|^2 + 2\left\|y-\tfrac{z}{2}\right\|^2$$

上兩式相減並除以 4 可得，

$\frac{1}{4}(\|x+y+z\|^2 - \|x+y-z\|^2) = 2\times\frac{1}{4}(\|x+\tfrac{z}{2}\|^2 - \|x-\tfrac{z}{2}\|^2) + 2\times\frac{1}{4}(\|y+\tfrac{z}{2}\|^2 - \|y-\tfrac{z}{2}\|^2)$，

利用極化恆等式: $(x,y) = \frac{1}{4}(\|x+y\|^2 - \|x-y\|^2)$ 得 $\frac{1}{4}(\|x+y+z\|^2 - \|x+y-z\|^2) = (x+y,z)$，對上上式最後兩項同樣操作，

故上上式可變為 $(x+y,z) = 2\left(x,\tfrac{z}{2}\right) + 2(y,\tfrac{z}{2})$，讓 $y=0$ 或 $x=0$，

得 $(x,z) = 2\left(x,\tfrac{z}{2}\right)$，$(y,z) = 2\left(y,\tfrac{z}{2}\right)$，

則 $(x+y,z) = (x,z) + (y,z)$，故運算 (x,y) 加了平行四邊形公式性質，滿足第一變元之線性性質部分性質。

讓$f(\alpha) = (\alpha x, y)$，$\alpha \in \mathbb{R}$，由$(x + y, z) = (x, z) + (y, z)$可知，對任意兩實數$\alpha_1, \alpha_2$，有$f(\alpha_1 + \alpha_2) = f(\alpha_1) + f(\alpha_2)$，由定理 2.6.1 可知，$(x, y)$關於$x, y$連續，也關於$x$連續，故$f(\alpha)$連續。由引理 2.6.1 知，對任何實數$\alpha$，$f(\alpha) = \alpha f(1)$，因此$(\alpha x, y) = \alpha(x, y)$。

到此已證得滿足在實數內積空間中第一變元線性性質。

下面僅部分驗證滿足複數內積空間中內積運算:非負性、共軛對稱性、第一變元線性性質。

在複數內積空間定義:(x, y)

$$\triangleq \frac{1}{4}(\|x + y\|^2 - \|x - y\|^2 + \mathrm{i}\|x + \mathrm{i}y\|^2 - \mathrm{i}\|x - \mathrm{i}y\|^2) \text{ 得}$$

$$(\mathrm{i}x, y) = \frac{1}{4}(\|\mathrm{i}x + y\|^2 - \|\mathrm{i}x - y\|^2 + \mathrm{i}\|\mathrm{i}x + \mathrm{i}y\|^2 - \mathrm{i}\|\mathrm{i}x - \mathrm{i}y\|^2)$$

$$= \frac{1}{4}(\|x - \mathrm{i}y\|^2 - \|x + \mathrm{i}y\|^2 + \mathrm{i}\|x + y\|^2 - \mathrm{i}\|x - y\|^2)$$

$$= \frac{\mathrm{i}}{4}(-\mathrm{i}\|x - \mathrm{i}y\|^2 + \mathrm{i}\|x + \mathrm{i}y\|^2 + \|x + y\|^2 - \|x - y\|^2)$$

$$= \frac{\mathrm{i}}{4}(\|x + y\|^2 - \|x - y\|^2 + \mathrm{i}\|x + \mathrm{i}y\|^2 - \mathrm{i}\|x - \mathrm{i}y\|^2)$$

$$= \mathrm{i}(x, y)$$

於是當α是複數時，$(\alpha x, y) = \alpha(x, y)$仍然成立（第一變元線性性質）。

直接代入(利用$\|\mathrm{i}x\| = \|x\|$)可得$(y, x) = \overline{(x, y)}$（共軛對稱性）。

又 $(x, x) = \frac{1}{4}(\|x + x\|^2 - \|x - x\|^2 + \mathrm{i}\|x + \mathrm{i}x\|^2 - \mathrm{i}\|x - \mathrm{i}x\|^2 = \|x\|^2$ （ $\|x - \mathrm{i}x\| = \|\mathrm{i}(x - \mathrm{i}x)\| = \|\mathrm{i}x + x)\|$ ），可知$\|\cdot\|$是內積導出的範數，滿足非負性。

定理 2.6.3 表明平行四邊形公式是賦範線性空間成為內積空間的充要條件，所以不是所有賦範線性空間都是內積空間。

例 2.6.1 定義 $l^p = \{x \mid x = (x_1, x_2, \cdots), \sum_{i=1}^{\infty} |x_i|^p < +\infty, x_i \in \mathbb{R}\}$ 上的範數為

$\|x\| = (\sum_{i=1}^{\infty} |x_i|^p)^{\frac{1}{p}}$，其中 p≥1，導出的距離為 $d(x, y) = (\sum_{i=1}^{\infty} |x_i - y_i|^p)^{\frac{1}{p}}$，證

明當 p≠2 時，l^p 不是內積空間。

證明 取 $x = (1, 1, 0, 0, \cdots), y = (1, -1, 0, 0, \cdots) \in l^p$，

$\|x\| = \|y\| = 2^{\frac{1}{p}}$，$\|x + y\| = \|x - y\| = 2$。

由於 p≠2，$\|x + y\|^2 + \|x - y\|^2 \neq 2\|x\|^2 + 2\|y\|^2$。(p = 2 時，$2^2 + 2^2 = 2 \cdot 2 + 2 \cdot 2$)

當 p≠2 時，l^p 之範數不能滿足平行四邊形公式，故在此範數定義下，不能定義內

積。

例 2.6.2 對於連續函數 C[a, b]，依照範數 $\|x\| = \max_{t \in [a,b]} |x(t)|$ 導出的距離，

不能形成內積空間。

證明 在 C[a, b] 中，取 $x(t) = 1, y(t) = \frac{t-a}{b-a}$，則 $\|x\| = \|y\| = 1$。

又 $x(t) + y(t) = 1 + \frac{t-a}{b-a}$，

$x(t) - y(t) = 1 - \frac{t-a}{b-a} = \frac{b-t}{b-a}$，

故 $\|x(t) + y(t)\| = 2$，$\|x(t) - y(t)\| = 1$，從而

$\|x + y\|^2 + \|x - y\|^2 = 5$，$2\|x\|^2 + 2\|y\|^2 = 4$，

於是不能滿足平行四邊形公式，故在此範數定義下，不能定義內積運算，即不

能形成內積空間。

然而，若在 C[a, b] 中定義範數

$$\|x(t)\| = (\int_{[a,b]} |x(t)|^2)^{\frac{1}{2}},$$

則 C[a, b] 成為內積空間，其內積為 $(x, y) = (\int_{[a,b]} x(t)\overline{y(t)}dt$ 。

此時範數 $\|\cdot\|$ 可由內積 (x, y) 導出，但 C[a, b] 按照此範數不完整(不完備)，故不是

Hilbert 空間 (前面例子可知 C[a, b] 存在點列的極限點為非連續函數)。

例 2.6.3 對於 p 次冪可積分的函數空間) $L^p[a,b] = \{f(t) \mid \int_{[a,b]} |f(t)|^p dt < +\infty\}$，其中 $1 \le p < \infty$，定義範數 $\|x(t)\| = (\int_{[a,b]} |x(t)|^p)^{\frac{1}{p}}$，依此範數導出的距離，不能形成內積空間($p \ne 2$)。

取 $x(t) = 1$，$y(t) = \begin{cases} -1 & t \in [a,c] \\ 1 & t \in [c,b] \end{cases}$，其中 $c = \frac{a+b}{2}$ 。於是有

$$x(t) + y(t) = \begin{cases} 0 & t \in [a,c] \\ 2 & t \in [c,b] \end{cases}, \quad x(t) - y(t) = \begin{cases} 2 & t \in [a,c] \\ 0 & t \in [c,b] \end{cases},$$

則 $\|x\| = \|y\| = (b-a)^{\frac{1}{p}}$，$\|x+y\| = \|x-y\| = (2^p \times \frac{b-a}{2})^{\frac{1}{p}} = 2^{1-\frac{1}{p}}(b-a)^{\frac{1}{p}}$，

$2\|x\|^2 + 2\|y\|^2 = 4(b-a)^{\frac{2}{p}}$，$\|x+y\|^2 + \|x-y\|^2 = 2 \cdot 2^{\frac{2(p-1)}{p}}(b-a)^{\frac{2}{p}}$。

當 $p \ne 2$ 時，l^p 之範數不能滿足平行四邊形公式，故在此範數定義下，不能定義內積。

2.7 內積空間的正交分解

在內積空間中，我們可以定義類似歐式空間的正交概念，即空間元素之間有夾角，此夾角是 90 度。

定義 **2.7.1** 設 X 為內積空間，$x, y \in X$，若 $(x, y) = 0$，則稱x與y正交或垂直，記為$x \perp y$。若 $A \subset X$，$B \subset X$ ，A 中的每一向量垂直 B 中的每一向量，則稱 A 垂直 B，記為$A \perp B$。若 $\forall x, y \in E \subset X$，皆$x \perp y$，則稱 E 是 X 的正交集或正交系。

定理 **2.7.1** **勾股定理(Pythagoras Theorem)(畢達哥拉斯定理)**

設 X 為內積空間，$x, y, z \in X$，若$x \perp y$，$z = x + y$，則 $\|z\|^2 = \|x\|^2 + \|y\|^2$。

證明 由$z = x + y$可知

$$\|z\|^2 = (x + y, x + y) = (x, x + y) + (y, x + y)$$
$$= (x, x) + (x, y) + (y, x) + (y, y)$$

因為$x \perp y$，所以$\|z\|^2 = \|x\|^2 + \|y\|^2$。$((x, y) = 0 = (y, x))$

註：定理 **2.7.1** 可以推廣到有限維的勾股定理，即 **X** 中元素$x_1, x_2, \cdots, x_n$兩兩正交，若 $x = x_1 + x_2 + \cdots + x_n$ ，則 $\|x\|^2 = \|x_1\|^2 + \|x_2\|^2 + \cdots + \|x_n\|^2$。

定義 **2.7.2** **正交補(Orthogonal Complement)**

設 X 為內積空間，$M \subset X$，X 中所有與 M 正交的元素構成的集合稱為 M 的正交補，記為$M^\perp$。

性質 **2.7.1** 設 X 為內積空間，$M, N \subset X$，則

(1)若 $M \perp N$，則 $M \subset N^\perp$；

(2)若 $M \subset N$，則$N^\perp \subset M^\perp$；

(3)$M \subset (M^\perp)^\perp$。(若 $M \perp N$，則 $M \subset N^\perp$。$N = M^\perp$ 時，$M \subset (M^\perp)^\perp$)

性質 2.7.2 設 X 為內積空間，$M \subset X$，則$M^\perp$是 X 的閉線性子空間。

證明 (1) $M^\perp$是 X 的線性子空間。

$\forall x, y \in M^\perp$及$\alpha, \beta \in \mathbb{F}$，$z \in M$，有

$(\alpha x + \beta y, z) = (\alpha x, z) + (\beta y, z) = \alpha(x, z) + \beta(y, z) = 0$，

於是$\alpha x + \beta y \in M^\perp$，因此$M^\perp$是 X 的線性子空間。

(2) $M^\perp$是 X 的閉子空間。

設$\{x_n\} \subset M^\perp$，且依範數收斂(依大小收斂)：$x_n \to x_0$，$n \to \infty$。於是對於$\forall z \in M$，滿足

$\lim_{n \to \infty} (x_n, z) = \left(\lim_{n \to \infty} x_n, z \right) = (x_0, z) = 0$，

故$x_0 \in M^\perp$，即$M^\perp$是 X 的閉子空間(極限點還在原內積空間)。

此性質代表極限點的正交性是保持的。因內積導出範數，所以範數連續時，內積一定連續。

定理 2.7.2 設 X 為內積空間，$M, N \subset X$，則

(1) $M \cap M^\perp = \{\theta\}$；

(2)若 $M \subset N$，則$N^\perp \subset M^\perp$；

(3)正交補$M^\perp$是 X 的閉子空間；

(4)設 M 是 X 的線性子空間，則$x \in M^\perp$當且僅當對任意 $y \in M$，滿足 $\|x - y\|^2 \geq \|x\|^2$。

證明 (1)與(2)顯然成立。

(3)先證$M^\perp$是線性子空間，對任意$x, y \in X$，$\alpha, \beta \in \mathbb{R}$，$z \in M$，

$(\alpha x + \beta y, z) = \alpha(x, z) + \beta(y, z) = 0$，符合線性子空間封閉性，所以$M^\perp$是線性子空間。

再證$M^\perp$是閉集。任意$x\in\overline{M^\perp}$，則存在點列$\{x_n\}\subset M^\perp$，使得依範數收斂: $x_n\to x_0(n\to\infty)$。

對任意 $z\in M$，得 $(x_n,z)=0$。因內積導出範數，所以範數連續時，內積一定連續。

(內積的連續性) $(x_0,z)=(\lim\limits_{n\to\infty}x_n,z)=\lim\limits_{n\to\infty}(x_n,z)=0$，故極限點$x_0\in M^\perp$，即$\overline{M^\perp}\subset M^\perp$，表示$M^\perp$是閉集。

註1：內積導出範數意謂先有內積定義再有範數定義，這是一種看法，但是若是先定義範數，如果範數符合平行四邊形公式，則此範數定義可形成內積空間，這又是另一種看法。

註2：此定理表示 X 的任意子集 M 的正交補$M^\perp$是閉子空間，即完整子空間(包含極限點)。

(4) $\Rightarrow$ (必要性) $x\in M^\perp$，$y\in M$，由勾股定理知$\|x-y\|^2=\|x\|^2+\|y\|^2\geq\|x\|^2$。

$\Leftarrow$ (充分性) 設 M 是 X 的線性子空間，某一x對任一 $y\in M$(即 $ty\in M$, $t\in\mathbb{R}$)滿足$\|x-ty\|^2\geq\|x\|^2$。

根據內積定義， $\|x-ty\|^2=(x-ty,x-ty)=\|x\|^2-t(x,y)-t(y,x)+t^2\|y\|^2\geq\|x\|^2$。

於是 $-2t\mathrm{Re}(x,y)+t^2\|y\|^2\geq0$， （$t(x,y)+t(y,x)=t\mathrm{Re}(x,y)$）

故 $2t\mathrm{Re}(x,y)\leq t^2\|y\|^2$，從而對於任意$t>0$，得$\mathrm{Re}(x,y)\leq\frac{1}{2}t\|y\|^2$，

$t>0$可任意大小，得 $\mathrm{Re}(x,y)\leq0$；對於任意$t<0$(可任意大小)，可得$\mathrm{Re}(x,y)\geq0$，故$\mathrm{Re}(x,y)=0$。

同樣地，將 it 代入 t 得$(x-ity,x-ity)=\|x\|^2-t(x,y)+it(y,x)+t^2\|y\|^2$，得$\mathrm{Im}(x,y)=0$。所以$(x,y)=0$，即$x\perp y$。即可得$x\perp M$。

在此說明一下泛函的變分(variation)，設 J 是泛函，即由函數空間 X 映射到實數軸得函數 $J:X\to\mathbb{R}$，$f(t)\in X$，那麼泛函的變分(variation，即變化的意思)，或說成泛函的變化(variation)可表示為:$\Delta J(\delta f)$。為何？$f(t)$宛如空間的點，點的

位置發生變化，泛函 J 也會發生變化(variation)。δf 也可以稱為變分，故變分即泛函或函數的微小變化 (small changes in funtions or functionals)。從字面上，微分是微小劃分之意，變分是變化劃分之意。微分的產生與變數變化有關，變分的產生與函數映射變化有關。

變分英文原意為 variational calculus，即變動的微積分，亦即因微分作微小變動而積分就作微小變動。基本變分問題如下，找出一曲線 $f(x)$ 使得 $\int_a^b \sqrt{1+[f'(x)]^2}dx$ 為最小。由此例可知，$f(x)$ 是定義在區間 $[a,b]$ 的函數，我們對 $f(x)$ 作變動(亦可解釋為將 $\sqrt{1+[f'(x)]^2}dx$ 此項作"微小"變動)，以求得此積分最小值。所以變分亦可看成:因函數發生變化，而泛函就發生變化之意。

定義 2.7.3 設 M 是內積空間X的一個子集，$x \in X$，若 M 中存在某元素 y_0 滿足

$\|x-y_0\| = \inf_{y \in M}\|x-y\|$，則稱 y_0 是 x 在 M 中最佳逼近元。

定理 2.7.2 設 M 是 Hilbert 空間 H 中的閉凸集(既閉又凸的集合)，則 H 中任一元素 x 在 M 中存在唯一的最佳逼近元。

證明 先證存在性，令 $\alpha = \inf_{z \in M}\|x-z\|$，

由下限定義知，存在點列 $\{y_n\} \subset M$，使得 $\|x-y_n\| \to \alpha(n \to \infty)$。由於 M 是凸集，故 $\frac{y_n+y_m}{2} \in M$，

於是 $\|x-\frac{y_n+y_m}{2}\| \geq \alpha$。

利用平行四邊形公式，並將 x 換成 y_m-x，y 換成 $x-y_n$，得到

$$\|y_m-y_n\|^2 = \|y_m-x+x-y_n\|^2$$
$$= 2\|y_m-x\|^2 + 2\|x-y_n\|^2 - \|y_m-2x+y_n\|^2$$
$$= 2\|y_m-x\|^2 + 2\|y_n-x\|^2 - 4\left\|x-\frac{y_n+y_m}{2}\right\|^2$$

$$\leq 2\|y_m - x\|^2 + 2\|y_n - x\|^2 - 4\alpha^2 \quad 。$$

當 $m, n \to \infty$ 時，$\|y_m - x\| \to \alpha$，$\|y_n - x\| \to \alpha$，所以 $\|y_m - y_n\|^2 \to 0$，因此 $\{y_n\}$ 是柯西列。由 M 完整性(因為是閉集)可知，存在 $y \in M$，使得 $y_n \to y$ $(n \to \infty)$。因為範數(函數)是連續的，所以

$$\|x - y\| = \lim_{n \to \infty} \|x - y_n\| = \alpha，$$

即 y 是 x 在 M 中的最佳逼近元。

再證唯一性，設 y' 也是 x 在 M 中的最佳逼近元，由平行四邊形公式，有

$$0 \leq \|y - y'\|^2 = \|y - x + x - y'\|^2$$

$$= 2\|y - x\|^2 + 2\|x - y'\|^2 - 4\left\|x - \frac{y+y'}{2}\right\|^2$$

$$\leq 2\alpha^2 + 2\alpha^2 - 4\alpha^2 = 0，$$

故 $y = y'$，即最佳逼近元是唯一的。

定義 2.7.4 正交分解(Orthogonal Decomposition)

設 M 是內積空間 X 的子空間，$x \in X$，若存在 $x_0 \in M$，$z \in M^\perp$，滿足 $x = x_0 + z$，則稱 x_0 為 x 在 M 上的正交投影或正交分解。

定理 2.7.3 正交投影定理 設 M 是 Hilbert 空間 H 的閉子空間，則對任意 $x \in H$，M 中存在唯一的正交投影 $x = y + z$，$y \in M$，$z \in M^\perp$。

證明 先證存在性。由於 M 是 H 的閉子空間，由定理 2.7.2 知，對任意 $x \in H$，M 中存在唯一的最佳逼近元 y，使得 $\|x - y\| = \inf_{u \in M} \|x - u\|$ (y 最靠近 x)($y \in M$)

令 $z = x - y$，下證 $z \in M^\perp$，對任意 $u \in M$，有 $\|z - u\| = \|x - (y + u)\| \geq \|x - y)\| = \|z\|$(因為 y 是 M 中最佳逼近元)，即 $\|z - u\| \geq \|z\|$。($u \in M$)

由定理 2.7.2 (4)可知，$z \in M^\perp$，即存在 $y \in M$ 及 $z \in M^\perp$，使得 $y + z = x$。

再證唯一性， 假設還存在 $x = y' + z'$，其中 $y' \in M$，$z' \in M^\perp$。

$x = y' + z' = y + z，$

則 $y-y'=z'-z$。由於 $y-y'\in M$，$z'-z\in M^\perp$，故 $y-y'=z'-z\in M\cap M^\perp=\{\theta\}$，因此 $y=y'$，$z=z'$。

定義 2.7.5 線性子空間的直和(Direct Sum of Linear Spaces)

設 M 和 N 是線性空間 X 的兩個子空間，$M+N\triangleq\{m+n|m\in M,n\in N\}$，稱為 M 與 N 的和(Sum)。若 $M\cap N=\{\theta\}$，則稱 $\{m+n|m\in M,n\in N\}$ 為 M 與 N 的直和(Direct Sum)，此時記為

$M\oplus N\triangleq\{m+n|m\in M,n\in N,M\cap N=\{\theta\}\}$。

根據定理 2.7.3 知，若 M 是 Hilbert 空間 H 上的閉線性子空間，則 $H=M\oplus M^\perp$。

性質 2.7.3 設 H 是 Hilbert 空間，$M\subset H$，則 M 是閉子空間當且僅當 $M=(M^\perp)^\perp$。

證明 $\Rightarrow$ (必要性) 由性質 2.7.1 的(3)知 $M\subset(M^\perp)^\perp$，當 M 是閉子空間，由投影定理得

$H=M\oplus M^\perp$。

當 $x\in(M^\perp)^\perp$ 時，存在 $x_0\in M$ 及 $z\in M^\perp$，使得 $x=x_0+z$。

計算 $(z,z)=(x-x_0,z)=(x,z)-(x_0,z)=0-0=0$，

即 $x=x_0\in M$，因此 $M=(M^\perp)^\perp$。

$\Leftarrow$ (充分性)由性質 2.7.2 知: $M^\perp\subset H$，則 $(M^\perp)^\perp$ 是 H 的閉線性子空間。

性質 2.7.4 設 H 是 Hilbert 空間，$M\subset H$，M 是 H 的稠密子集當且僅當 $M^\perp=\{\theta\}$。(稠密子集有擴張、延伸、無窮小逼近的觀念)

$\Rightarrow$ (必要性)若 M 是 H 的稠密子集(稠密子集可對任一元素作無窮小逼近)，即 $\overline{M}=H$，則 $\forall x\in M^\perp\subset H=\overline{M}$，存在 $\{x_n\}\subset M$(稠密子集)且 $x_n\to x$。由於 $x\in M^\perp$，$x_n\in M$，及內積的連續性，於是 $(x,x)=\left(\lim_{n\to\infty}x_n,x\right)=\lim_{n\to\infty}(x_n,x)=0$，所以 $x=\theta$。(x 與 x_n 垂直) (寫這些如在中學三角幾何作補助線)

$\Leftarrow$(充分性) 若 $M^\perp = \{\theta\}$，則 $\overline{M}^\perp \subset M^\perp = \{\theta\}$，即 $\overline{M}^\perp = \{\theta\}$。由投影定理知，$H = \overline{M} \oplus \overline{M}^\perp$，所以 $\overline{M} = H$， 即 M 是 H 的稠密子集。($M \subset \overline{M} \Rightarrow M^\perp \supset (\overline{M})^\perp$)

註：內積連續性的說明：由定理 2.6.3 可知，可先定義此運算 $(x,y) = \frac{1}{4}(\|x+y\|^2 - \|x-y\|^2)$，若 $\forall x, y \in X$，範數滿足向量平行四邊形公式則此運算 (x,y) 是內積運算。因為範數是連續的，則 (x,y) 是連續的。

例 2.7.1 證明在內積空間上，$x \perp y$ 的充要條件是 $\forall \alpha \in \mathbb{C}$ 有 $\|x + \alpha y\| \geq \|x\|$。

證明 $\Rightarrow$(必要性) 若 $x \perp y$，則 $(x,y) = 0$。$\forall \alpha \in \mathbb{C}$，有 $(x, \alpha y) = \overline{\alpha}(x,y) = 0$。由勾股定理得

$$\|x + \alpha y\|^2 = \|x\|^2 + \|\alpha y\|^2 \geq \|x\|^2 \text{。}$$

$\Leftarrow$(充分性) 若 $\forall \alpha \in \mathbb{C}$，則有 $\|x + \alpha y\| \geq \|x\|$。當 $y \neq 0$ 時，

$$0 \leq \|x + \alpha y\|^2 - \|x\|^2 = (x + \alpha y, x + \alpha y) - (x, x)$$
$$= (x,x) + \alpha(y,x) + \overline{\alpha}(x,y) + \overline{\alpha}\alpha(y,y) - (x,x)$$
$$= \alpha(y,x) + \overline{\alpha}[(x,y) + \alpha(y,y)]$$

特別取 $\alpha = -\frac{(x,y)}{(y,y)}$ 代入，得

$$0 \leq \|x + \alpha y\|^2 - \|x\|^2 = -\frac{(x,y)}{(y,y)}(y,x) = -\frac{(x,y)}{(y,y)}\overline{(x,y)} = -\frac{|(x,y)|^2}{\|y\|^2} \leq 0$$

故 $(x,y) = 0$，即 $x \perp y$。

2.8 內積空間的正交系

在三維空間$\mathbb{R}^3$，給定基$e_1 = (1,0,0), e_2 = (0,1,0), e_3 = (0,0,1)$，任一向量 x均可表示為：$x = a_1e_1 + a_2e_2 + a_3e_3$，其中$a_1 = (x, e_1), a_2 = (x, e_2), a_3 = (x, e_3)$。 當$i \neq j$時，$e_i \perp e_j$，而$(e_i, e_i) = 1$。可得$x = (x, e_1)e_1 + (x, e_2)e_2 + (x, e_3)e_3$， 上述$e_1, e_2, e_3$是$\mathbb{R}^3$中的一組正交系。與$\mathbb{R}^n$類似，在內積空間也可引入正交系的 概念。

定義 2.8.1 **標準正交基(Orthonormal Basis)**

設 X 是內積空間，$\mathrm{E} = \{e_\lambda | \lambda \in \Lambda\}$是 X 的正交集(或稱正交系)，其中$\Lambda$為指標 集。若

$\forall e_i, e_j \in \mathrm{E}$

滿足 $\left(e_i, e_j\right) = \begin{cases} 1 , & i = j , \\ 0 , & i \neq j , \end{cases}$

則稱 E 為標準正交基或標準正交系。

舉例來說，歐幾里得空間 XYZ 是 3 維空間，$(1,0,0)$與$(0,1,0)$是正交集並且 又是標準正交基，但空間 XYZ 的任何元素不一定是$(1,0,0)$與$(0,1,0)$的線性組 合。

性質 2.8.1 內積空間的標準正交基的任何兩元素的距離為$\sqrt{2}$。

證明 設$\{e_\lambda | \lambda \in \Lambda\}$ 是內積空間 X 的標準正交基，由勾股定理 2.7.1 知， $\forall e, e' \in \{e_\lambda | \lambda \in \Lambda\}$，有$\|e + e'\|^2 = \|e\|^2 + \|e'\|^2 = 2$，再根據平行四邊形公式得 $\|e - e'\|^2 = 2\|e\|^2 + 2\|e'\|^2 - \|e + e'\|^2 = 2$， 所以$d(e, e') = \sqrt{2}$。

等下會提到可列稠密子集，在此我們先舉例一維的稠密子集，即在實數中，可列稠密子集的典型代表是有理數，高維空間則是由一維空間推理上去的。

性質 2.8.2 設 H 是可分離的 Hilbert 空間，證明 H 中任何標準正交基最多是可列集。

證明 可先設 $\{x_1, x_2, \cdots\}$ 是 H 是可列的稠密子集，$\{e_\lambda | \lambda \in \Lambda\}$ 是的標準正交基。由性質 2.8.1 知 $\forall~e_i, e_j \in \{e_\lambda | \lambda \in \Lambda\}$，有 $d(e_i, e_j) = \sqrt{2}$。假設存在某標準正交基 E 是不可列的（不可列集比可列集更密），並設 $\{e_\lambda | \lambda \in \Lambda\} \subset E$。我們以E的元素為中心，作 $\delta = \frac{1}{\sqrt{2}}$ 為半徑的一個開球族，此開球族為 $\{O(e_\lambda, \delta) | \lambda \in \Lambda\}$，此開球族 E 是不可列的。經由巧妙選擇，可找到某一個 x_n 被兩個開球所包含（或者說不可列集比可列集更密）。為何？若找不到某一個 x_n 被兩個開球所包含，則每一個 x_n 各屬於一個不同的開球，則變成一個分類動作，這是可數或可列的動作。因 $\{x_n\}$ 是可列稠密的，則此開球族也是可列稠密的，與假設不可列開球族E產生矛盾，故可找到一個 x_n 被兩個開球所包含(include)。即存在 $e_\lambda, e_{\lambda'} \in \{e_\lambda | \lambda \in \Lambda\}$，使得 $x_n \in O(e_\lambda, \delta)$ 及 $x_n \in O(e_{\lambda'}, \delta)$，所以 $\|e_\lambda - e_{\lambda'}\| \le \|e_\lambda - x_n\| + \|x_n - e_{\lambda'}\| < \delta + \delta = \sqrt{2}$ $(d(e, e') = \sqrt{2})$。

這與性質 2.8.1 的結論相矛盾，所以每一個 x_n 各自屬於一個開球，即這些開球族是可列的，即假設錯誤。即任何標準正交基僅存在可列集 $\{e_\lambda | \lambda \in \Lambda\}$，或表達成：最多是可列集。

我們以 $\{e_n\}$ 表示為可列的標準正交基 $\{e_1, e_2, e_3, \cdots, e_n, \cdots\}$。

我們可驗證在 n 維內積空間 $\mathbb{R}^n$ 中，向量組

$e_1 = (1, 0, \cdots, 0)$，$e_2 = (0, 1, 0, \cdots, 0)$，... ，$e_n = (0, \cdots, 0, 1)$

是一個標準正交基。

亦可驗證在 l^2 中，

$$e_n = \left(\underbrace{0, 0, \cdots, 1}_{n}, 0, \cdots, 0, \cdots \right), \quad n = 1, 2, \cdots$$

是一個標準正交基。

定理 2.8.1 內積空間中的標準正交基$\{e_n\}$都是線性無關的(又稱線性獨立的)。

證明 任取$\{e_n\}$中有限個向量$e_1, e_2, \cdots, e_m$,令
$$c_1 e_1 + c_2 e_2 + c_m e_m = 0,$$
分別用e_i對等式兩邊作內積,得$c_i = 0$,故$e_1, e_2, \cdots, e_m$線性無關,從而標準正交基$\{e_n\}$是線性無關的。

例 2.8.1 空間$L^2[0, 2\pi]$中的函數族$\{\frac{1}{\sqrt{2\pi}}e^{int}\}$$(n = 0, \pm 1, \pm 2, \cdots)$是一個標準正交基。

令$e_n = \frac{1}{\sqrt{2\pi}}e^{int}$,則
$$(e_n, e_m) = \frac{1}{2\pi}\int_{[0,2\pi]}e^{int}\overline{e^{imt}}\mathrm{dt} = \frac{1}{2\pi}\int_{[0,2\pi]}e^{i(n-m)t}\mathrm{dt}$$
$$= \begin{cases} 1, & m = n, \\ 0, & m \neq n. \end{cases}$$

定理 2.8.2 設 E 是內積空間 X 的一個標準正交基,$\{e_{n_1}, e_{n_2}, \cdots, e_{n_k}\} \subset E \subset X$(這樣寫表示:$\{e_{n_1}, e_{n_2}, \cdots, e_{n_k}\}$從$\{e_1, e_2, \cdots\}$中部分選取),M $=$ span$\{e_{n_1}, e_{n_2}, \cdots, e_{n_k}\}$。$\forall x \in X$,$x_0 = \sum_{i=1}^{k}(x, e_{n_i})e_{n_i}$ 是x在M上的正交投影,即$x_0 \in$ M, $x = x_0 + z$,$(x - x_0) \perp$M。

證明 $x_0 \in$ M,對於 $\forall y \in$ M,皆存在 $\alpha_1, \alpha_2, \cdots, \alpha_k \in \mathbb{F}$,使得 $y = \sum_{i=1}^{k}\alpha_i e_{n_i}$。作下面內積
$$(x - x_0, y) = \left(x - \sum_{i=1}^{k}(x, e_{n_i})e_{n_i}, \sum_{i=1}^{k}\alpha_i e_{n_i}\right)$$
$$= \left(x, \sum_{i=1}^{k}\alpha_i e_{n_i}\right) - \left(\sum_{i=1}^{k}(x, e_{n_i})e_{n_i}, \sum_{i=1}^{k}\alpha_i e_{n_i}\right)$$
$$= \sum_{i=1}^{k}\overline{\alpha_i}(x, e_{n_i}) - \sum_{i=1}^{k}\overline{\alpha_i}(x, e_{n_i})(e_{n_i}, e_{n_i}) = 0$$

定理 2.8.3 若$\{x_n\}$為內積空間 X 中的任意一組線性獨立系，則可用 Gram-Schmidt 方法將$\{x_n\}$化為標準正交基$\{e_n\}$，且對任何自然數n，皆存在$\alpha_k^{(n)}$，$\beta_k^{(n)} \in \mathbb{F}$，使得

$$x_n = \sum_{k=1}^{n} \alpha_k^{(n)} e_k，e_n = \sum_{k=1}^{n} \beta_k^{(n)} x_k，$$

同時 $\text{span}\{e_1, e_2, \cdots, e_n\} = \text{span}\{x_1, x_2, \cdots, x_n\}$。

證明 令$e_1 = \frac{x_1}{\|x_1\|}$，則可得$\|e_1\| = 1$。記$\text{M}_1 = \{e_1\}$，根據定理 2.8.2 可將$x_2$在$\text{M}_1$上作正交分解：$x_2 = (x_2, e_1)e_1 + v_2$，則$v_2 \perp e_1$，$v_2 \in \text{M}_1^{\perp}$從而可得$v_2 = x_2 - (x_2, e_1)e_1$。

再令$e_2 = \frac{v_2}{\|v_2\|}$，可得$\|e_2\| = 1$，經過代數運算可得

$$e_2 = \frac{1}{\|v_2\|}x_2 - \frac{(x_2, e_1)}{\|v_2\|\|x_1\|}x_1，x_2 = (x_2, e_1)e_1 + \|v_2\|e_2。$$

記$\text{M}_2 = \{e_1, e_2\}$，將$x_3$在$\text{M}_2$上作正交分解：$x_3 = (x_3, e_1)e_1 + (x_3, e_2)e_2 + v_3$，則$v_3 \neq 0$及$v_3 \in \text{M}_2^{\perp}$，可得$v_3 = x_3 - (x_3, e_1)e_1 - (x_3, e_2)e_2$，再令$e_3 = \frac{v_3}{\|v_3\|}$，從而得$x_3$是$e_1, e_2, e_3$的線性組合，$e_3$是$x_1, x_2, x_3$的線性組合。

依此類推，可令$v_n = x_n - \sum_{i=1}^{n-1}(x_n, e_i)e_i$，且$e_1, e_2, \cdots, e_{n-1}$正交，再令$e_n = \frac{v_n}{\|v_n\|}$，顯然$\|e_n\| = 1$。於是可得$x_n = v_n + \sum_{i=1}^{n-1}(x_n, e_i)e_i = \|v_n\|e_n + \sum_{i=1}^{n-1}(x_n, e_i)e_i = \sum_{i=1}^{n} \alpha_i^{(n)} e_i$。

同時可得e_n是$x_1, x_2, \cdots, x_n$的線性組合。（$\{x_n\}$產生$\{e_n\}$）

利用上述 Gram-Schmidt 方法，將線性獨立系$\{x_1, x_2, \cdots, x_n, \cdots\}$正交化為標準正交基$\{e_1, e_2, \cdots, e_n, \cdots\}$的過程總結如下：

$$e_1 = \frac{x_1}{\|x_1\|}, e_2 = \frac{x_2 - (x_2, e_1)e_1}{\|x_2 - (x_2, e_1)e_1\|}, \cdots, e_n = \frac{x_n - (x_n, e_1)e_1 - (x_n, e_2)e_2 - \cdots - (x_n, e_{n-1})e_{n-1}}{\|x_n - (x_n, e_1)e_1 - (x_n, e_2)e_2 - \cdots - (x_n, e_{n-1})e_{n-1}\|},$$

$\cdots$。

定義 2.8.2 設$\{e_n\}(n \in \mathbb{N})$是內積空間 X 的一個標準正交基，$x \in \text{X}$，數集$\{(x, e_n)\}$被稱為$x$關於$\{e_n\}$的 **Fourier 係數集**，而$(x, e_n) = c_n$被稱為$x$關於$e_n$的

Fourier 系數。

定理 2.8.4 (Bessel 不等式) 設$\{e_n\}$是內積空間 X 的一個標準正交基，則對任何$x \in X$，有不等式$\sum_{n=1}^{\infty} \left| (x, e_n) \right|^2 \leq \|x\|^2$成立。

證明 令 $c_k = (x, e_k), k = 1, 2, \cdots$，並記$x_n = \sum_{k=1}^{n} c_k e_k$ (n為n維之意)，又設 M=span$\{e_1, e_2, \cdots, e_n\}$，

可得$x_n \in M$，$(x - x_n) \perp M$，$(x - x_n) \perp x_n$。故$\|x\|^2 = \|x - x_n + x_n\|^2 = \|x - x_n\|^2 + \|x_n\|^2 \geq \|x_n\|^2$。

即$\|x - x_n\|^2 \geq 0$。

那麼，對任意自然數n，有

$$0 \leq \|x - \sum_{k=1}^{n} c_k e_k\|^2 = (x - \sum_{k=1}^{n} c_k e_k, x - \sum_{k=1}^{n} c_k e_k)$$

$$= \|x\|^2 - \sum_{k=1}^{n} \overline{c_k}(x, e_k) - \sum_{k=1}^{n} c_k(e_k, x) + \left| c_k \right|^2$$

$$= \|x\|^2 - \sum_{k=1}^{n} \overline{c_k} c_k - \sum_{k=1}^{n} c_k \overline{c_k} + \left| c_k \right|^2$$

$$= \|x\|^2 - \left| c_k \right|^2,$$

從而 $\|x\|^2 \geq \sum_{k=1}^{n} \left| c_k \right|^2$。

由於n可任意大小，讓$n \to \infty$，得$\|x\|^2 \geq \sum_{k=1}^{\infty} \left| c_k \right|^2$，得證。

註：由 **Bessel 不等式**，知級數$\sum_{n=1}^{\infty} \left| (x, e_n) \right|^2$收斂，從而 **Fourier** 系數集$\{(x, e_n)\} \in l^2$。如果 **Bessel 不等式**等號成立，則稱此等式為 Parseval 公式。Bessel 不等式的幾何意義為:向量x投影在某平面(或說超平面)"長度"的平方(各分量的平方和)不超過x本身"長度"的平方。

定義 2.8.3 完整標準正交基 (Complete Orthomormal Basis)

設$\{e_n\}$是內積空間 X 的一個標準正交基，如果對任何$x \in X$，Parseval 公式 $\|x\|^2 = \sum_{n=1}^{\infty} \left| (x, e_n) \right|^2$恆成立，則稱$\{e_n\}$是完整的(英文稱: **Complete**)，或稱完整標準正交基 (如 **Fourier 級數中的基**)。完整空間:點列無窮發展的極限點仍在原空間。**完整標準正交基:** e_n序列無窮發展後，以至於極限點e_∞仍在原空間。

如 $a_1 = \frac{1}{2}$，$a_2 = \frac{1}{2} + \frac{1}{2^2}$，$a_3 = \frac{1}{2} + \frac{1}{2^2} + \frac{1}{2^3}$，$\cdots$，$a_\infty = 1$，所以$[0,1]$是完整集合，$[0,1)$ 不是完整集合。**完整標準正交基**對應到完整空間，類似$e_1, e_2, \cdots, e_\infty$對應到 $a_1, a_2, \cdots, a_\infty$。可以發現當使用到"**完整**"這兩個字，就有包括"∞"這個點。

$a_1, a_2, \cdots, a_\infty$ 表達 $a_n \to a_\infty$(點序列a_n收斂到a_∞)，$e_1, e_2, \cdots, e_\infty$ 表達如下： $\{e_1, e_2, \cdots, e_n, e_{n+1}, \cdots\} \to \{e_1, e_2, \cdots, e_n, e_{n+1}, \cdots, e_\infty\}$(集合序列$\{e_1, e_2, \cdots, e_n, e_{n+1}, \cdots\}$ 收斂到$\{e_1, e_2, \cdots, e_n, e_{n+1}, \cdots, e_\infty\}$)。

故 點 序 列 $a_n \to a_\infty$ 也 可 以 多 此 一 舉 表 示 成： $\{a_n\} \to \{a_1, a_2, \cdots, a_n, a_{n+1}, \cdots, a_\infty\}$。

例 2.8.2 $e_n = \left(\underbrace{0, 0, \cdots, 1}_{n}, 0, \cdots, 0, \cdots \right)$，$n = 1, 2, \cdots$

是空間l^2中的一個完整標準正交基。因為對每個$x = (c_1, c_2, \cdots) \in l^2$，皆可得 $(x, e_n) = c_n$，且$\|x\|^2 = \sum_{n=1}^{\infty} |c_n|^2$ (每一個完整標準正交基之係數向量對應到 每一個點$x \in l^2$)。

定理 2.8.5 設$\{e_n\}$是內積空間 X 的一個標準正交基，則下列性質等價：

(1) $\{e_n\}$是完整的(complete)；

(2) 對於$x \in X$，x關於$\{e_n\}$的 Fourier 級數$\sum_{n=1}^{\infty}(x, e_n)e_n$ 收斂於x，即$x = \sum_{n=1}^{\infty}(x, e_n)e_n$；

(3) 對於X中任意兩元素x, y，有$(x, y) = \sum_{n=1}^{\infty}(x, e_n)\overline{(y, e_n)}$。

證明 (1) $\Rightarrow$ (2) $\forall$ $x \in X$，由 Bessel 不等式證明過程可知

$0 \le \|x - \sum_{k=1}^{n}(x, e_k)e_k\|^2 = \|x\|^2 - \sum_{k=1}^{n}|(x, e_k)|^2$，

取極限可得 $\lim_{m \to \infty}\|x - \sum_{k=1}^{n}(x, e_k)e_k\|^2 = \|x\|^2 - \sum_{k=1}^{\infty}|(x, e_k)|^2$，

由於$\{e_n\}$是完全的，則 $\lim_{n \to \infty}\|x - \sum_{k=1}^{n}(x, e_k)e_k\| = 0$

即x關於$\{e_n\}$的 Fourier 級數$\sum_{n=1}^{\infty}(x, e_n)e_n$ 收斂於x，即$x = \sum_{n=1}^{\infty}(x, e_n)e_n$。

(2) $\Rightarrow$ (3) $\forall$ $x, y \in X$，由(2)知

$$x = \sum_{n=1}^{\infty}(x,e_n)e_n = \lim_{m\to\infty}\sum_{n=1}^{m}(x,e_n)e_n,$$

利用內積的連續性(可極限逼近)，可得

$$(x,y) = \lim_{m\to\infty}(\sum_{n=1}^{m}(x,e_n)e_n,y) = \lim_{m\to\infty}\sum_{n=1}^{m}(x,e_n)(e_n,y) =$$

$$\lim_{m\to\infty}\sum_{n=1}^{m}(x,e_n)\overline{(y,e_n)}.$$

$(3)\Rightarrow(1)$ 由 (3)知$\|x\|^2 = (x,x) = \sum_{n=1}^{\infty}(x,e_n)\overline{(x,e_n)} = \sum_{n=1}^{\infty}\left|(x,e_n)\right|^2$，則$\{e_n\}$是完整的。

定理 2.8.6 (Riesz-Fischer) 設$\{e_n\}$是 Hilbert 空間 H 的一個標準正交基，數列$\{c_n\}\in l^2$，則在 H 中存在唯一x，使得$\{c_n\}$是x關於 $\{e_n\}$ 的 Fourier 系數集，且 Parseval 公式成立。

證明 令 $x_n = \sum_{k=1}^{n}c_k e_k$(形成一個級數列)，設自然數 m,n 且$m > n$。 因$\{e_n\}$是標準正交基，所以

$$\|x_m - x_n\|^2 = \|\sum_{k=n+1}^{m}c_k e_k\|^2 = \sum_{k=n+1}^{m}\left|c_k\right|^2$$

由於$\{c_n\}\in l^2$，所以當 $m,n\to\infty$時，$\sum_{k=n+1}^{m}\left|c_k\right|^2 \to 0$(否則$\sum_{k=1}^{\infty}\left|c_k\right|^2 \to \infty$)，即 $\|x_m - x_n\| \to 0$。

因此$\{x_n\}$是 H 中的 Cauchy 列。由於 H 的"完整性"，故存在 $x\in$H，使得 $x_n \to x(n\to\infty)$。

對任意k，由於內積的連續性及線性，得

$$(x_n,e_k) \to (x,e_k)，n\to\infty。$$

另一方面，當$n\geq k$時，

$$(x_n,e_k) = (\sum_{k=1}^{n}c_k e_k,e_k) = c_k \ (n < k, c_k = 0)$$

故$(x,e_k) = c_k(k = 1,2,\cdots)$。即$\{c_1,c_2,\cdots,c_n\}$是關於$\{e_k\}$的 Fourier 級數。

由$\|x_n\|^2 = (\sum_{k=1}^{n}c_k e_k, \sum_{k=1}^{n}c_k e_k) = \sum_{k=1}^{n}\left|c_k\right|^2$，

及$\|x_n\| \to x(n \to \infty)$，

可得 $\|x\|^2 = \sum_{k=1}^{\infty} |c_k|^2$(讓上上式 $n \to \infty$)。

最後證明唯一性。假設在 H 中可找到另一元素x'，使得$\{c_1, c_2, \cdots, c_n\}$是$x$關於$\{e_k\}$的 Fourier 系數集，且 Parseval 公式$\|x'\|^2 = \sum_{n=1}^{\infty} |c_n|^2$成立，即$\|x'\|^2 = \|x\|^2$(可想成軌道收斂，一個圓心為原點的圓圈形成一個軌道)。根據**定理 2.8.5** (2) x關於$\{e_n\}$的 Fourier 級數列收斂於同一個x，故$x = x'$。

定義 2.8.4 完全標準正交基 (Total Orthonormal Basis)

設$\{e_n\}$是內積空間X(不一定是完整內積空間)的一個標準正交基，若對任何$x \in$X，由 $(x, e_n) = 0 (n = 1, 2, \cdots)$可以導出$x = \theta$(任何$x$投影在"完整標準正交基"為 0 則$x = \theta$)，則稱$\{e_n\}$是完全的(**Total**)。也可以說:任何$x$投影在"完全標準正交基"為 0 則$x = \theta$。又$(x, e_n) = 0$即$x \perp e_n$。

或說:對於**完全標準正交基**，找不到$x \neq 0$使得$(x, e_n) = 0 (n = 1, 2, \cdots)$。由定義 2.8.4 知$\{e_n\}$的正交補為$\{\theta\}$，即$\{e_n\}$是內積空間的極大(maximal)線性無關組。

在"內積空間"中，complete 標準正交基一定是 total 標準正交基。因為依 complete 標準正交基的定義，可以符合 total 標準正交基，表示 complete 標準正交基更嚴格(邏輯上的推敲推理)。但 total 標準正交基不一定是 complete 標準正交基，所以 complete 標準正交基是更嚴格的。在 Hilbert 空間(完整內積空間)中二者是等價的。complete 標準正交基的判斷過程:運算過程中是有是對$\{e_n\}$取封閉(closure)。類比地，可以這樣說:實數是完整的(或稱完備的)，有理數是完全的。

空間$L^2[0, 2\pi]$中的函數族$\{\frac{1}{\sqrt{2\pi}} e^{int}\}$是一個**完整標準正交基**，也是一個**完全標準正交基**。

$L^2[0, 2\pi] \triangleq \{x(t) \mid \int_{[0, 2\pi]} |x(t)|^2 dx < +\infty\}$。任何$x(t) \in L^2[0, 2\pi]$對任一$\frac{1}{\sqrt{2\pi}} e^{int}$的內積都是 0。$\{\frac{1}{\sqrt{2\pi}} e^{int}\}$亦符合完整標準正交基的定義，即對任意

$x \in L^2[0, 2\pi]$，Parseval 公式$\|x\|^2 = \sum_{n=1}^{\infty} |(x, e_n)|^2 = \lim_{n \to \infty} \sum_{k=1}^{n} |(x, e_k)|^2$恆成立。

談到 complete 與 total 的差別，網路上查到的一個說明如下：**As adjectives the difference between <u>total</u> and <u>complete</u> is that <u>total</u> is entire, while <u>complete</u> is with all parts included; with nothing missing.**。即 complete 是完整不缺的意思；total 是全包的意思。在語義上，complete 的級數是更勝於 total (complete 定義更嚴格)。

對於完全標準正交基，以下有 一位印度數學系教授在 youtube 上的講解。

以下是 Prof. P.D. Srivastava 在 youtube 上講解 Functional Analysis 的一段話：

P.D. Srivastava 服務於 Department of Mathematics, Indian Institute of Technology, Kharagpur(印度理工學院克勒格布爾校區)

Orthonormal set $M \subset X$, any $x, y \in M \Rightarrow <x, y> = 0.$ (兩兩正交)

orthonormal set(orthonormal basis) : any element in an orthogonal set has norm 1.

Total orthonormal set: a total set(fundamental set) in a normed space(賦範空間) X is a subset $M \subset X$, where span is Dense (稠密) in X.

M is total in X$\Leftrightarrow \overline{\text{span} M} = X.$ (M is total in X 等價於 $\overline{\text{span} M} = X.$；$\Leftrightarrow$有時候可解釋成"等義")

Note: a total orthonormal family in X is called an orthonormal basis for X.

此處 orthonormal set 是指 orthonormal basis。

大意是說完全標準正交基(Complete Orthonormal Basis)經過線性組合後可無窮小逼近空間X的任一元素x。因為完全標準正交基在X中是**稠密的**(無窮小逼近之觀念)。由完整標準正交基之定義:對任意$x \in X$，$\|x\|^2 = \sum_{n=1}^{\infty} |(x, e_n)|^2$恆成立，看到符號$\infty$，可知完全標準正交基可無窮小逼近任一元素$x \in X$ (由**稠密**觀點，此稠密是在"**基底數目**"這個方面是稠密的)。

$\{e_1, e_2, \cdots, e_n, e_{n+1}, \cdots\}$可能表達:每一$e_n$是屬於完全標準正交基，但$e_\infty$不一定屬於完全標準正交基。

以下是 Dr. Veena Singh 在 youtube 上講解的一段話：

Dr. Veena Singh 服務於 Mathematics Department, Maharani Lal Kunwari Post Graduate College (Balrāmpur, India)

Complete ortomormal set : A maximal orthonormal set in an inner product space is said to be a complete ortomormal set. i.e If $\{e_\lambda\}_{\lambda \in \Lambda}$ is not properly contained in any other ortomormal set of X, then $\{e_\lambda\}_{\lambda \in \Lambda}$ is called a complete ortomormal set.

e.g. The $\{(1,0,0), (0,1,0), (0,0,1)\}$ is a complete ortomormal set in $\mathbb{R}^3$, but the set $\{(1,0,0), (0,1,0)\}$ is an orthonormal set, but not a complete ortomormal set.

此處 orthonormal set 是指 orthonormal basis。Proper Subset 是真子集的意思，即小於某集合的子集。所以 contained properly in 是指真的包含於。

大意是說完整標準正交基(complete Orthonormal Basis)是最大標準正交基，或說成不小於其他標準正交基。

這舉例來說，$\{\frac{1}{\sqrt{2\pi}}e^{i(\pm nt)}\}$，$n = 0,1,2,\cdots$)，可無窮小逼近距離空間的任一元素，則稱為 total orthomormal basis。為何這麼說？任一元素可表示為：$x = \sum_{n=1}^{k}(x,e_n)e_n + \varepsilon$，若 $k \to \infty \Rightarrow$ 當 $\|\varepsilon\| \to 0$ 時，即 $x = \sum_{n=1}^{\infty}(x,e_n)e_n$。但不能進一步推得：對任何元素 x $\|x\|^2 = \sum_{n=1}^{\infty}|(x,e_n)|^2$ 成立。因為對於函數 x 之間斷點，**傅立葉系數**收斂到函數左右極限的**算數平均值**。

Total orthonormal set 與 complete orthonormal set 的差別是：complete orthonormal set 有一個無窮級數運算過程，但對 total orthonormal set 就是一直測試 對任意 $x \in$ H，$(x,e_n) = 0$ 的情況。

註：proper subset 英文原意是恰當子集，中文一般翻譯為真子集(真的小於原本集合的子集)。可能是英美人士覺得原本集合也是自己本身的子集合，只是不恰當而已。真子集翻譯成英文為 true subset，那麼對英美人士來說，原本集合就是 untrue subset(假子集) ，注意，集合本身就是自己的子集。我想只是中文與英文的邏輯思考不太一樣，所以表達方式有些差異。

定理 2.8.7 設$\{e_n\}$是 Hilbert 空間H的一個標準正交基，則$\{e_n\}$是 complete 當且僅當$\{e_n\}$是 total。

證明 $\Rightarrow$(必要性) 設$\{e_n\}$是 complete，即$\forall x \in X$，滿足 Parseval 公式 $\|x\|^2 = \sum_{n=1}^{\infty} |(x, e_n)|^2$。若對任意$x \in H$，當$(x, e_n) = 0$，則$\|x\|^2 = 0$。即皆可導出$x = \theta$。故$\{e_n\}$是 total。

$\Leftarrow$(充分性)設$\{e_n\}$是 total$((x, e_n) = 0(n = 1, 2, \cdots)$可以導出$x = \theta)$，那麼對任意$x \in H$，由 **Bessel 不等式** （**定理 2.8.4:** $\forall x, \sum_{n=1}^{\infty} |(x, e_n)|^2 \leq \|x\|^2$成立） 知$\{(x, e_n)\} \in l^2$。再由定理 2.8.6 知， 存在$y \in H$，使得$\{(x, e_n)\}$ 為 y 關於 $\{e_n\}$ 的 Fourier 系數集，且$\|y\|^2 = \sum_{n=1}^{\infty} |(x, e_n)|^2$ 。

注意(x, e_n)也是 x關於$\{e_n\}$ 的系數，故計算$(x - y)$關於$\{e_n\}$ 的系數，可得
$$(x - y, e_n) = (x, e_n) - (y, e_n) = 0$$
由於$\{e_n\}$是 total，可知此必然性$x - y = \theta$(零向量) ，即$x = y$。故$\|x\|^2 = \sum_{n=1}^{\infty} |(x, e_n)|^2 = \|y\|^2$ 。即對任意x 滿足 Parseval 公式，所以$\{e_n\}$是 complete。

故由定理 2.8.7 必要性知: 設$\{e_n\}$是內積空間的一個標準正交基(不一定是 Hilbert 空間)，

當$\{e_n\}$是 complete 時，則$\{e_n\}$是 total。

再由定理 2.8.7 充分性知: 若$(x - y, e_n) \to 0$，則$(x, e_n) \to (y, e_n)$。x可無窮小逼近y。這也是 total orthonormal set $M \subset X$，M is total in X 等價於$\overline{\text{span}M} = X$。此處X為 Hilbert 空間。$e_\infty$一定屬於X，$e_n$屬於M，但$e_\infty$不一定屬於M。

2.9 傅立葉級數及其收斂性

以 2π 為週期得函數，可以展開為傅立葉級數，如下：

$f(x) = \frac{a_0}{2} + \sum_{n=1}^{\infty}(a_n cosnx + b_n sinnx)$，其中傅立葉系數為：

$a_0 = \frac{1}{\pi}\int_{-\pi}^{\pi}f(x)\mathrm{d}x$，$a_n = \frac{1}{\pi}\int_{-\pi}^{\pi}f(x)cosnx\mathrm{d}x$，$b_n = \frac{1}{\pi}\int_{-\pi}^{\pi}f(x)\sin(x)\mathrm{d}x$。

這是我們熟知的傅立葉系數。

定義 2.9.1 傅立葉系數(Fourier Series)

設 $\{e_n\}$ 是內積空間X的一個標準正交基，$x \in X$，則稱此級數

$$\sum_{k=1}^{\infty}(x, e_k)e_k = \sum_{k=1}^{\infty}c_k e_k$$

為 x 關於 $\{e_n\}$ 的傅立葉級數，$c_k = (x, e_k)$ 為 x 關於 $\{e_n\}$ 的傅立葉系數。

對於函數 x 之間斷點，**傅立葉系數**收斂到函數左右極限的**算數平均值**。

定理 2.9.1 最佳逼近定理(Best Approximation Theorem)

設 $\{e_n\}$ 是內積空間X的一個標準正交基，$x \in X$，$c_k = (x, e_k), \mathrm{k} = 1,2,\cdots$，則對任意數組 $\{\alpha_1, \alpha_2,, \alpha_n\} \subset \mathbb{F}$ 有

$\|x - \sum_{k=1}^{n}c_k e_k\| \leq \|x - \sum_{k=1}^{n}\alpha_k e_k\|$。

證明 設 $x_n = \sum_{k=1}^{n}c_k e_k$，及 $x_n' = \sum_{k=1}^{n}\alpha_k e_k$。由定理 2.8.2 知 x_n 是 x 在 $\mathrm{M} = $ span$\{e_1, e_2, \cdots, e_n\}$ 上的正交投影，即 $x_n \in \mathrm{M}$，$x - x_n \perp \mathrm{M}$。

因為 $x_n' \in \mathrm{M}$，所以 $x_n - x_n' \in \mathrm{M}$，於是可得 $x - x_n \perp x_n - x_n'$。

根據勾股定理(或稱畢氏定理)可得

$$\|x - \sum_{k=1}^{n}\alpha_k e_k\|^2 = \|x - x_n'\|^2 = \|x - x_n + x_n - x_n'\|^2$$

$$= \|x - x_n\|^2 + \|x - x_n'\|^2$$

$$\geq \|x - x_n\|^2 = \|x - \sum_{k=1}^{n}c_k e_k\|^2。$$

定理 2.9.2 (傅立葉級數收斂的充要條件) 設$\{e_n\}$是内積空間X的一個標準正交基，$x\in X$，則x關於$\{e_n\}$的傅立葉級數$\sum_{k=1}^{\infty}(x,e_k)e_k$收斂於$x$的充要條件為 $\|x\|^2 = \sum_{k=1}^{n}\left|c_k\right|^2$，其中$c_k=(x_n,e_k)$，稱$\|x\|^2 = \sum_{k=1}^{\infty}\left|c_k\right|^2$為 Parseval 公式。

證明 設$x_n = \sum_{k=1}^{n}c_k e_k$ ，則$(x-x_n)\perp x_n$， 由勾股定理及 Bessel 不等式證明過程知，

$\|x-\sum_{k=1}^{n}c_k e_k\|^2 = \|x-x_n\|^2 = \|x\|^2 - \|x_n\|^2 = \|x\|^2 - \sum_{k=1}^{n}\left|c_k\right|^2$ ，
因此級數$\sum_{k=1}^{\infty}(x,e_k)e_k$收斂可等價表示為 $x_n \to x, n \to \infty$，即 $\|x_n - x\| \to 0$ ，即 $\|x-\sum_{k=1}^{\infty}c_k e_k\|^2 \to 0$ ，亦即$\|x\|^2 - \lim_{n\to\infty}\sum_{k=1}^{n}\left|c_k\right|^2 = 0$，得$\lim_{n\to\infty}\sum_{k=1}^{n}\left|c_k\right|^2 = \|x\|^2$。

引理 2.9.1 設$E = \{e_\lambda|\lambda\in\Lambda\}$是 Hilber 完整空間 H 的一個 total 標準正交基，$M = spanE$，則$H = \overline{M}$。

證明 設存在向量$x\in H - \overline{M}$，根據(正交)投影定理 2.7.3 可得 $x = x_0 + z$，$x_0\in\overline{M}$，$z\in\overline{M}^{\perp}$。

假設$z \neq 0$，則$\forall\lambda\in\Lambda$，$z\perp e_\lambda$，這與 E 是 H 的一個 total 標準正交基相矛盾，故$z = 0$，從而$H = \overline{M}$。

定理 2.9.3 設 H 是 Hilbert(完整)空間，記$c_k = (x,e_k)$，則下列命題等價：

(1) $\{e_k\}_{k=1}^{\infty}$是 H 的 total 標準正交基。

(2) $\forall x\in H$，x關於$\{e_n\}$的傅立葉系數$\sum_{k=1}^{\infty}(x,e_k)e_k$收斂。

(3) $\forall x\in H$，$\|x\|^2 = \sum_{k=1}^{\infty}\left|c_k\right|^2$。

證明 $(1)\Rightarrow(2)$ 根據引理 2.9.1 知 $H = \overline{M}$(即 M 在 H 中稠密)，其中 $M = span\{e_1,e_2,\cdots,e_n,\cdots\}$。

於是 $\forall x\in H$，$\forall\varepsilon>0$，存在 $x_n = \sum_{k=1}^{n}\alpha_k e_k\in M$，使得 $\|x-x_n\| = \|x-\sum_{k=1}^{n}\alpha_k e_k\| < \varepsilon$。

由最佳逼近定理知(即估測誤差是最小)

$$\left\|x - \sum_{k=1}^{n} c_k e_k\right\| \leq \left\|x - \sum_{k=1}^{n} \alpha_k e_k\right\| < \varepsilon \quad 。(\alpha_k 不一定等於 c_k)$$

當 $m > n$ 時，由勾股定理(畢氏定理)知

$$\left\|x - \sum_{k=1}^{m} c_k e_k\right\|^2 = \|x\|^2 - \sum_{k=1}^{m} \left|c_k\right|^2 \leq \|x\|^2 - \sum_{k=1}^{n} \left|c_k\right|^2 < \varepsilon^2 \ (m > n)。$$

讓 $m \to \infty$， $\left\|x - \sum_{k=1}^{n} c_k e_k\right\|^2 \leq \varepsilon^2$ 仍恆成立，根據 ε 的任意性(ε 可任意大小)，可得 $x = \sum_{k=1}^{\infty} c_k e_k$。

$(2) \Rightarrow (3)$ 由傅立葉系數收斂的充要條件可推得。

$(3) \Rightarrow (1)$ 設 $x \in H$， $x \perp e_n$，$n = 1,2,\cdots$。由 $\|x\|^2 = \sum_{k=1}^{\infty} \left|c_k\right|^2$ 可得

$\|x\|^2 = \sum_{k=1}^{\infty} \left|(x, e_n)\right|^2$，若 $\forall n$， $(x, e_n) = 0$，則 $x = 0$，即 $\{e_n\}$ 是 H 的 complete 標準正交基。

上述定理 2.9.3 把 Fourier 展開式(expansion)推廣到抽象的 Hilbert 空間。

性質 2.9.1 $E = \{e_1, e_2, \cdots, e_n, \cdots\}$ 是 Hilbert 空間 H 的標準正交基，則 E 是 H 的 total 標準正交基當且僅當 $E^{\perp} = \{\theta\}$。

證明 由定理 2.9.3(3)及 total 標準正交基定義知，找不到其他垂直分量可以垂直 $E = \{e_1, e_2, \cdots, e_n, \cdots\}$，故 $E^{\perp} = \{\theta\}$。

註：設 $\{e_n\}$ 爲 total 標準正交基，$M_n = \{e_1, e_2, \cdots, e_n\}$。對 $M_2 = \{e_1, e_2,\}$ 來說，只有部分非零元素垂直 M_2(譬如，e_3)，讓 $M_n = \{e_1, e_2, \cdots, e_n\}$ 的 n 推衍到最大(集合擴張到最大)，那麼只有零元素垂直最大(maximal)的 M_n。

在此先介紹 Zorn 公理與 Zorn 引理(Zorn's lemma)。

Zorn 公理:每個部分序集合(partially ordered set)皆有最大全序子集(全序就是完全有序)。(這是一個集合極大序擴張)所謂序就是在集合內將元素比大小並排列成序。舉例來說，有部分序集如左:$\{\{1\}, \{1,2\}, \{1,3\}, \{1,2,3\}, \{1,2,4\}, \{1,2,3,5\}\}$。我們可以說 $\{1,2\}$ 包含 $\{1\}$，或簡稱 $\{1,2\}$"大於" $\{1\}$，但 $\{1,2\}$ 與 $\{1,3\}$ 就不能比大小。所謂最大全序子集即是將元素形成一個序鏈(ordered chain)，這個鏈可以形成最長鏈。這就是 Zorn 公理。最大全序子集可以不只一個。

{1}⊂{1,2}⊂{1,2,3}⊂{1,2,3,5}是最大全序子集；{1}⊂{1,3}⊂{1,2,3}⊂{1,2,3,5}是最大全序子集；{1}⊂{1,2}⊂{1,2,4}也是最大全序子集。部分序集表示所有元素不能皆可比大小，只有部分元素可以比大小。全序集表示所有元素皆可比大小。

又全序子集只此子集的元素皆可以互相比大小，但全集合的元素不一定可以互相比大小。

Zorn 引理：設X為非空序集，若X的每個全序子集有上界，則此全序子集中有極大元。

證明 由 Zorn 公理知，X中可找到最大全序子集 C。由定理已知條件得，此最大全序子集 C 有上界$a \in X$。現在證明此上界a是 C 的一個極大元(對函數來說，稱作區域極大值)。用反證法。如果X沒有全序子集 C 的極大元(maximal element)，則又存在一個$b \in X$，使得$a < b$(這裡記號" < "是指廣義的"小於")。於是 C∪{b}是X的全序子集，這與 C 是X的最大全序子集矛盾。故a是 C 的極大元，即在X中存在 C 之極大元。(此時全序子集又成長了一個元素)

註： {1,2}<{1,2,3}即是**廣義**的"小於"，這裡" < "即是指"⊂"。

定理 2.9.4 任何非零內積空間都有 total 標準正交基。(利用 Zorn 引理證明)

證明 設X是非零內積空間，任取非零元素$\alpha \in X$，令$e_1 = \frac{\alpha}{\|\alpha\|}$，則$\{e_1\}$為X的標準正交基，設 F 為所有標準正交基的集合($\{e_1\} \in F$)。下面證明 F 是X的 total 標準正交基。

在 F 內，根據集合的包含關係定義序關係為:若 A⊂B，則定義成:A<B。如上一段話所述，(F,<)是一個部分序集。若$T = \{T_i | i \in I\}$是 F 的一個全序子集(T ⊂ F)，則 $\overline{T} = \bigcup_{i \in I} T_i$是集合 T 的上界(或說將T排序，找出最大元素)。$\overline{T}$也是 X 的一個標準正交基。

若$x, y \in \overline{T}$，則存在 $i, j \in I$，使得$x \in T_i$，$y \in T_j$。由於$T = \{T_i | i \in I\}$是一個全序子集，所以有$T_i \subset T_j$，或者$T_j \supset T_i$。可設$T_i \subset T_j$，即$x, y \in T_j$。這裡T_j是 X 的一個標準

正交基，因此$x \perp y$。

根據 Zorn 引理，F 有極大元 E。下面說明 E 是 X 的 total 標準正交基。假設存在非零元素$z \in X$且$z \perp E$，則 $E \cup \{\frac{z}{\|z\|}\}$ 是 X 的一個標準正交基，這與 E 是 F 的極大元相矛盾。故任何非零內積空間都有 total 標準正交基。(非零$z \perp E$，對E來說，因E形成的平面看不到z，故可以看成"假"零向量)。

2.10 Hilbert 空間的同構

定義 **2.10.1 線性等距同構(Linear Isometry)**

設X_1, X_2為同一數域$\mathbb{F}$上的內積空間，若從X_1到X_2的一一映射 $T: X_1 \to X_2$保持了線性運算和內積，即$\forall x, y \in X_1$，$\alpha, \beta \in \mathbb{F}$ 有

$T(\alpha x + \beta y) = \alpha T(x) + \beta T(y)$，

$(T(x), T(y)) = (x, y)$，

則稱X_1與X_2線性等距同構。即將拓撲同構限制成等距同構。

事實上，可將線性等距同構的內積空間看作"同一"空間。

定理 **2.10.1** 設 H 是 n 維內積空間，則 H 與複數內積空間$\mathbb{C}^n$線性等距同構。

證明 在 H 上取一組基$\{g_1, g_2, \cdots, g_3\}$，利用 Gram-Schmidt 正交化過程，可將他們化為標準正交基$\{e_1, e_2, \cdots, e_n\}$。對任意$x \in H$作 H 到 $\mathbb{C}^n$的映射。$T: x \longmapsto ((x, e_1), (x, e_2), \cdots, (x, e_n))$，易見 T 是單射。對任意$\alpha = (\alpha_1, \alpha_2, \cdots, \alpha_n) \in \mathbb{C}^n$，令$x = \sum_{k=1}^{n} \alpha_k e_k$，則$x \in H$且$Tx = \alpha$，從而 T 是滿射。

對任意$x, y \in H$，有

$x = \sum_{k=1}^{n}(x, e_k)e_k$，$\quad y = \sum_{k=1}^{n}(y, e_k)e_k$，

從而

$(Tx, Ty) = \sum_{k=1}^{n}(x, e_k)\overline{(y, e_k)} = (\sum_{k=1}^{n}(x, e_k)e_k, \sum_{k=1}^{n}(y, e_k)e_k) = (x, y)$，

所以 H 與 $\mathbb{C}^n$同構。

在此再簡略說明稠密子集的觀念，所謂集合內的稠密子集，即是在集合內，在任何地方的元素稍微"伸"手都可碰到的子集合，這個子集合叫稠密子集。稠

密子集有類似"基"的觀念，是一種無窮小逼近且類基的觀念。可列的稠密子集比不可列稠密子集更稀疏。為何要特別提到可列的稠密子集，因為可列的稠密子集所需要的元素數量是更精簡的。所以有理數可看成無理數的基。

以下會講到稠密子集$\text{span}\{e_n\}$，若$\text{span}\{e_n\}$是內積空間(元素帶角度的)X的稠密子集，則$X = \text{span}\{e_1, e_2, \cdots, e_\infty\}$。注意，$\{e_1, e_2, \cdots, e_n\}$，與$\{e_1, e_2, \cdots, e_\infty\}$是不一樣的觀念，$\{e_1, e_2, \cdots, e_\infty\}$這樣寫法是一種方便寫法，代表$e_\infty$包含進來。但$e_\infty$不是極限點，$\{e_1, e_2, \cdots, e_\infty\}$是極限集合。

定理 2.10.2 內積空間 X 可分離(有可列無窮小逼近子集被分離出來)的充要條件是 X 存在 total 標準正交基。

證明 $\Rightarrow$(必要性) 若內積空間X可分離，則在X中存在可列的稠密子集$\{x_n\}$。由定理 2.8.3 可將$\{x_n\}$正交化得到標準正交基$\{e_n\}$，且$\text{span}\{x_n\} = \text{span}\{e_n\}$。由於$\{x_n\}$在X中稠密，從而$\text{span}\{x_n\}$在X中稠密，故$\text{span}\{e_n\} = M$在X中稠密($\text{span}\{e_n\}$可無窮小逼近任一元素)。所以對任意$x \in X$，存在$\{x_k\} \subset M$，使得$x_k \to x(k \to \infty)$。因$x_k \in M$，$\{e_n\}$為標準正交基，則有 $x_k = \sum_{n=1}^{m}(x_k, e_n)e_n$，$x = \sum_{n=1}^{\infty}(x_k, e_n)e_n$。(有些係數項可能為 0)

於是

$$\left\|x - \sum_{n=1}^{\infty}(x_k, e_n)e_n\right\| \leq \|x - x_k\| + \left\|x_k - \sum_{n=1}^{\infty}(x, e_n)e_n\right\| ,$$
$$= \|x - x_k\| + \left\|\sum_{n=1}^{\infty}(x_k - x, e_n)e_n\right\| 。$$

根據 **定理 2.8.4** Bessel 不等式，上式後面那一項

$$\left\|\sum_{n=1}^{\infty}(x_k - x, e_n)e_n\right\| = \lim_{m \to \infty}\left\|\sum_{n=1}^{m}(x_k - x, e_n)e_n\right\| = \sqrt{\sum_{n=1}^{\infty}\left|(x_k - x, e_n)\right|^2} \leq \|x_k - x\| ,$$

上兩式可得 $\left\|x - \sum_{n=1}^{\infty}(x, e_n)e_n\right\| \leq 2\|x - x_k\| \to 0$ ，$k \to \infty$

因此$x = \sum_{n=1}^{\infty}(x_k, e_n)e_n$ ，從而$\{e_n\}$是 total (對任一x，若任一$e_n \perp x$，則$x = 0$)。

$\Leftarrow$(充分性) 設$\{e_n\}$是X中的 total 標準正交基及由**定理 2.8.5**，則對於任意$x \in X$，

級數列 $\sum_{k=1}^{m}(x,e_k)e_k$ 在 X 中收斂於 x，即 $x = \sum_{k=1}^{\infty}(x,e_k)e_k = \sum_{k=1}^{\infty}c_ke_k$ $(c_k = (x,e_k))$。

下面在 X 中尋找一個可列集，使得 x 是它們加總的極限，即對 x 可作任意小的逼近。即 $\forall \varepsilon > 0$，存在 $N \in \mathbb{N}$，使得 $\|x - \sum_{k=1}^{N}c_ke_k\| < \frac{\varepsilon}{2}$。

根據有理數的稠密性知，存在實部、虛部皆為有理數的複數 $r_1, r_2, \cdots, r_N$ 滿足

$$\|\sum_{k=1}^{N}c_ke_k - \sum_{k=1}^{N}r_ke_k\| = \|\sum_{k=1}^{N}(c_k - r_k)e_k\| = (\sum_{n=1}^{N}|(c_k - r_k)|^2)^{\frac{1}{2}} < \frac{\varepsilon}{2}。$$

於是可得

$$\|x - \sum_{k=1}^{N}r_ke_k\| \leq \|x - \sum_{k=1}^{N}c_ke_k\| + \|\sum_{k=1}^{N}c_ke_k - \sum_{k=1}^{N}r_ke_k\| \leq \frac{\varepsilon}{2} + \frac{\varepsilon}{2} = \varepsilon。$$

因為可列集

$$\{\sum_{k=1}^{m}r_ke_k \mid m = 1,2,\cdots, r_k 為實部與虛部皆為有理數的複數\}$$

在 X 中稠密，故 X 為可分離的。

註：實部與虛部皆為可列集，它們形成的複數亦為可列集。可列集(listable set)又稱可數集 (countable set)。

定理 2.10.3 若無限維 Hilbert 空間 H 可分離，則 H 與 l^2 線性等距同構。

證明 由定理 2.10.2 知，可分離的無限維 Hilbert 空間 H 存在 total 標準正交基 $\{e_k\}$。及由**定理 2.8.5**，則對於任意 $x \in$ H，級數列 $\sum_{k=1}^{m}(x,e_k)e_k$ 在 H 中收斂於 x，即 $x = \sum_{k=1}^{\infty}(x,e_k)e_k = \sum_{k=1}^{\infty}c_ke_k$ 及 $\|x\|^2 = \sum_{n=1}^{\infty}|c_k|^2 < \infty$。可見 $\{c_k\} \in l^2$，這裡 $\{c_k\}$ 是 x 關於 $\{e_k\}$ 的 Fourier 系數集。

令 T:H$\to l^2$，即

$$T(x) = \Big((x,e_1)，(x,e_2)，\cdots，(x,e_k)，\cdots\Big) = (c_1，c_2，\cdots，c_k，\cdots) \in l^2。$$

或寫成：T: $x \longmapsto \{(x,e_k)\} = \{c_k\}$

下面證明 T 的保線性及保內積。

設 $x = \sum_{k=1}^{\infty}c_ke_k$，$y = \sum_{k=1}^{\infty}d_ke_k$，及 $\alpha, \beta \in \mathbb{C}$，則有

(1)保線性:

$$T(\alpha x + \beta y) = T(\sum_{k=1}^{\infty}(\alpha c_k + \beta d_k)e_k) = \{\alpha c_k + \beta d_k\}_{k=1}^{\infty}$$
$$= \alpha\{c_k\}_{k=1}^{\infty} + \beta\{d_k\}_{k=1}^{\infty} = \alpha T(x) + \beta T(y)，$$

(2)保內積: 由定理 2.8.5(3)知，對於任意x, y，

$$(x, y) = \left(\sum_{k=1}^{\infty} c_k e_k ， \sum_{k=1}^{\infty} d_k e_k\right) = \sum_{k=1}^{\infty} c_k \overline{d_k} = (T(x), T(y))，$$

下面證明 T 是一一映射。

(3)T 是單射(又稱嵌射)。若$Tx = Ty$，則對任意$k \in \mathbb{N}$，$(x, e_k) = (y, e_k) = c_k$，於是

$$\sum_{k=1}^{\infty}(x, e_k)e_k = \sum_{k=1}^{\infty}(y, e_k)e_k = \sum_{k=1}^{\infty} c_k e_k 。$$

由於$\{e_k\}$是 total，則$\sum_{k=1}^{\infty}(x, e_k)e_k$收斂於$x$，$\sum_{k=1}^{\infty}(y, e_k)e_k$收斂於$y$，從而$x = y$。

(4) T 是滿射(又稱蓋射)。設$\{c_k\} \in l^2$，Riesz-Fisher 由定理可知，在 H 中存在唯一元素x，使得$\{c_k\}$是x關於$\{e_k\}$的 Fourier 系數集。因此$Tx = \{(x, e_k)\} = \{c_k\}$，值域每一元素在定義域都有元素對應，故 T 是滿射。

綜合上述 T 是 H 與l^2的線性等距同構映射。

由定理 2.10.3 可知，複數內積空間$\mathbb{C}^n$是"有限維"可分離 Hilbert 空間 H 的模型；複數內積空間l^2是"無限維"可分離 Hilbert 空間 H 的模型。故可分離 Hilbert 空間與複數內積空間，兩者可以看作是一樣的空間，只要兩者空間維數一樣即可。

第三章 線性算子

　　一個賦範線性空間 X 到另一個賦範線性空間 Y 的映射稱為算子(operator)，函數為某一種算子。算子即運算子。例如，微分算子就是從連續可微函數空間到連續可微函數空間的算子。當探討映射時，可想到映射的有界特性或無界特性，及映射的平順程度(Smoothness)，也可以說光滑程度，舉例來說，最光滑的函數是e^x，因為無限次的微分都是連續函數e^x。就如同一輛車子在某一個路徑開的平順程度，轉彎處是否平順，是否是大轉彎。

3.1 線性算子的定義及基本性質

定義 3.1.1 算子

　　設 X 和 Y 是兩個賦範線性空間， X 的子集 D 到 Y 的一個映射稱作算子，記為:T:D→Y。D(T)為 T 的定義域(又稱像源域)；R(T) ={Tx: $x \in$D} 為 T 的值域(又稱像域)。{$x \in$D: $Tx = \theta$}為 T 的零空間(又稱零像空間)。當 X=Y= $\mathbb{R}$ 時，算子 T 稱為函數；若 Y 為數域，則算子 T 稱為泛函(定義是賦範線性空間，如歐式空間、函數空間)；若 Y 為實數，則算子 T 稱為實泛函；若 Y 為複數，則算子 T 稱為複數泛函。

定義 3.1.2 連續算子(Continuous Operator)

　　設 X 和 Y 是兩個賦範線性空間，T 為 D 到 Y 的算子，$x_0 \in$D⊂X，若 $\forall\, \varepsilon > 0$，存在$\delta = \delta(x_0, \varepsilon) > 0$，對任意$x \in$D，當 $\|x - x_0\| < \delta$ 時，$\|Tx - Tx_0\| < \varepsilon$，則稱算子

T 在x_0連續。當然，定義域與值域的連續性質都在道路連通區域上。

若 T 在 D 上的每一點都連續，則稱 T 為 D 上的連續算子。

定義 3.1.3 線性算子(Linear Operator)

設 X 和 Y 是兩個賦範線性空間，D 是 X 的子空間，T 為 D 到 Y 的算子，若$x,y \in$D，$\alpha \in \mathbb{F}$，T 有下列性質: (因為線性性質會將空間元素從元素方向伸展開，所以 D 必須為子空間)

(2) 可加性: $T(x+y) = T(x) + T(y)$;

(2)齊次性: $T(\alpha x) = \alpha T(x)$，($T(x)$與 $T(\alpha x)$次數一樣的)

則稱 T 為線性算子(或線性泛函)。

$T(x) = \alpha x$ 稱相似算子，當$\alpha = 1$時，T 稱恆等算子，記作 I；當$\alpha = 0$時，T 稱零算子，記作 O。

以下的x都是函數，所以函數是定義域的元素。

例 3.1.1　設$x \in$C$[a,b]$，定義 $T(x(t)) = \int_{[a,t]} x(s)ds$，$f(x) = \int_{[a,b]} x(t)dt$，則 T 是空間 C$[a,b]$到自身空間的一個線性算子，$f$是 C$[a,b]$上的一個線性泛函(因為是函數映射到數)。

例 3.1.2　定義 $Tx = \frac{d}{dt}x(t), x \in$C$[0,1]$，則 T 是 C$[0,1]$的子空間C$^1[0,1]$到空間 C$[0,1]$的線性算子，稱為微分算子。其中C$^1[0,1]$為連續函數一次可微空間，為連續函數空間的子空間。

例 3.1.3　積分算子 T: C$[a,b] \to$ C$[a,b]$定義為: $\forall x \in$ C$[a,b]$，

$$T x = \int_a^t x(s)\mathrm{d}s，s \in [a,b]。$$

定義 3.1.4 有界線性算子(Bounded Linear Operator)

設 X 和 Y 是兩個賦範線性空間，T 為 D 到 Y 的線性算子，D 為 X 的子空間。若 T 將 D 中任一有界集映射為 Y 中的有界集，則稱 T 為**有界線性算子**。

若 T 將 D 中某一有界集映射為 Y 中的無界集,則稱 T 是**無界線性算子**。特別地,若 $f: D \to \mathbb{C}$ ($\mathbb{C}$為複數)將 D 中任一有界集映射為複數中的有界集,則稱f為**有界線性泛函**。

例 3.1.4 設 $a = (a_1, a_2, \cdots, a_n) \in \mathbb{R}^n$, $\forall x(x_1, x_2, \cdots, x_n)$,定義線性泛涵 $f: \mathbb{R}^n \to \mathbb{R}$為

$$f(x) = a_1 x_1 + a_2 x_2 + \cdots + a_n x_n = \sum_{i=1}^{n} a_i x_i$$

證明f是 $\mathbb{R}^n$ 上的有界線性泛涵。

證明 (1) $\forall x = (x_1, x_2, \cdots, x_n) \in \mathbb{R}^n$, $\forall y = (y_1, y_2, \cdots, y_n) \in \mathbb{R}^n$ 及 $\alpha, \beta \in \mathbb{R}$,

$$f(\alpha x + \beta y) = \sum_{i=1}^{n} a_i(\alpha x_i + \beta y_i) = \sum_{i=1}^{n} a_i \alpha x_i + \sum_{i=1}^{n} a_i \beta y_i$$
$$= a_i \sum_{i=1}^{n} \alpha x_i + a_i \sum_{i=1}^{n} \beta y_i = \alpha f(x) + \beta f(y) \text{。}$$

故f是 $\mathbb{R}^n$ 上的線性泛涵。

(2)先記$M = \|a\| = (\sum_{i=1}^{n} |a_i|^2)^{\frac{1}{2}}$,根據 Cauchy-Schwarz 不等式(定理 2.5.1) 得 $|f(x)| = |\sum_{i=1}^{n} a_i x_i| = |(a, x)| \le \|a\| \|x\| = M\|x\|$,(x是有界的,$f(x)$也是有界的)

故f是 $\mathbb{R}^n$ 上的有界算子。

綜合得f是 $\mathbb{R}^n$ 上的有界線性泛函。

例 3.1.5 積分算子 $T:C[a, b] \to C[a, b]$,其中$\forall x(t) \in C[a, b]$, $Tx = \int_a^t x(\tau)d\tau$, $t \in [a, b]$,定義域的範數為$\|x(t)\| = \max\limits_{t \in [a,b]} |x(t)|$,值域的範數為$\|Tx\| = \max\limits_{t \in [a,b]} |Tx|$ 。證明積分算子 T 有界線性算子。

證明 $x(t), y(t) \in C[a, b]$ 及 $\alpha, \beta \in \mathbb{R}$,

$$T(\alpha x + \beta y) = \int_a^t (\alpha x(\tau) + \beta(\tau))d\tau = \alpha \int_a^t x(\tau)d\tau + \beta \int_a^t y(\tau)d\tau = \alpha Tx + \beta Ty$$,

所以T為線性算子。

$$\|Tx\| = \max_{t\in[a,b]} |\int_a^t x(\tau)\mathrm{d}\tau| \leq \max_{t\in[a,b]} \int_a^t |x(\tau)|\mathrm{d}\tau \leq \max_{t\in[a,b]} |x(t)| \cdot \int_a^t 1\mathrm{d}\tau \leq$$

$$\|x(t)\|(b-a) ，$$

$$(|A+B| \leq |A| + |B|)$$

所以T為有界算子。(由上式可知:當$\|x(t)\| < \infty$時，則$\|Tx\| < \infty$)

綜合得T為有界線性算子。

定理 3.1.1 設 X 和 Y 是兩個賦範線性空間，線性算子 T:D→Y，D⊂X，則 T 在 D 上連續當且僅當 T 在某點$x_0 \in$D處連續。(若某一點連續則連續點處處可移位性質)(locally continous⇔ globally continous)

證明 ⇒ (必要性)顯然成立。

⇐設任取一點 $x\in$D及$\{x_n\}\subset$D$(n = 1,2,\cdots)$，滿足 $x_n \to x$(依範數收斂)，則 $x_n - x + x_0 \to x_0$。由於 T 在x_0處連續，故$T(x_n - x + x_0) \to Tx_0$。注意 T 有可加性，即$T(x_n - x + x_0) = Tx_n - Tx + Tx_0$。故$Tx_n \to Tx(n \to \infty)$，即 $T(x)$在點$x\in$D連續。

若 D 為 X 的線性子空間，所以θ∈D。根據上述推導，若$\forall\{x_n\}\subset$D，使得 $x_n \to \theta$，則$Tx_n \to T(\theta) = 0$，

由於x可以為任意點，因此可得到 T 在 D 上連續。

註:在此已先假設 X 是一個連通空間。某一點附近連續映射可以看成部分一一映射(partially one-to-one mapping)。

在此舉一個簡單的例子，T: X → Y，X = $(-\infty,\infty)$，Y = $(-\infty,\infty)$，$x \in$ X，$Tx = 2x$。$x = 1$之處連續，因映射線性性質導致: X的處處皆連續。函數空間的線性映射性質則可依此簡例推理。

定理 3.1.2 設 X 和 Y 是兩個賦範線性空間，且子空間 D⊂X，T:D→Y 為線性算子，則 T 在 D 上為有界線性當且僅當存在常數 M>0，對任意$x\in$D，滿足

$\|Tx\| \le M\|x\|$。

證明 $\Rightarrow$(必要性) 令$S = \{x: \|x\| = 1, x \in D\}$，即S為 D 的當為球面。由於 T 有界，則 T(S)有界，即存在常數 M>0，使得對任何。$x \in S$，$\|Tx\| \le M$成立。設非零元 $x \in D$，則$\frac{x}{\|x\|} \in S$，故$\|T(\frac{x}{\|x\|})\| \le M$。

即$\|Tx\| \le M\|x\|$。

$\Leftarrow$(充分性) 若存在常數 M>0，對任何$x \in D$，滿足$\|Tx\| \le M\|x\|$。

設存在有界集 A⊂D，即存在 L>0，使得$\|x\| \le L$，$x \in A$，從而

$T\|x\| \le M\|x\| \le ML, x \in A$，

因此 T(A)是 Y 的有界集，故 T 有界。

　　故有界線性算子可等價描述成: 設 X 和 Y 是兩個賦範線性空間，D⊂X，T:D→Y，若存在 M>0，$\forall x \in D$，滿足$\|Tx\| \le M\|x\|$，稱 T 為 D 上有界線性算子或稱 T 有界，一般記為: T∈B(X, Y)，B 為 Bounded Mapping 之意，同時在此已隱含 Linear Mapping 之意。

T 的範數定義為 $\|T\| \triangleq \sup_{x \neq 0}\{\frac{\|Tx\|}{\|x\|}\}$，sup 為上限之意，$\|T\|$可以看成$x$經過系統 T 後之最大倍率，可以方便稱為展度(伸展程度)，即x到另一空間的伸展程度。類似天線在某一方位接收增益最強。

　　定理 3.1.3 設 X 和 Y 是兩個賦範線性空間，T:D→Y 為線性算子，D⊂X，D 為 X 子空間，則 T 有界當且僅當 T 在 D 上連續。

證明 $\Rightarrow$(必要性) 設 T 有界，依定理3.1.2，存在常數 M>0，滿足$\|Tx\| \le M\|x\|$，$x \in D$。

取點列$\{x_n\}$⊂D滿足 $x_n \to \theta(n \to \infty)$，從而

$$\|Tx_n\| \le M\|x_n\|, n = 1, 2, \cdots$$

當$n \to \infty$時，$\|Tx_n\| \to 0$，故 T 在點θ連續，由定理 3.1.1 知，T 在 D 上連續。

$\Leftarrow$(充分性) 設 T 連續，則 T 在點θ連續。令 ε=1，存在δ>0，當 $\|x\| \le \delta$時，

$\|Tx\| = \|Tx - T\theta\| \leq 1 = \varepsilon$。

設x是 D 中任一非零元，因$\|\frac{\delta x}{\|x\|}\| = \delta$，故$\|T(\frac{\delta x}{\|x\|})\| \leq 1$。利用 T 的齊次性得$\|Tx\| \leq \frac{1}{\delta}\|x\|$，由定理 3.1.2 知 T 有界。

由**定理 3.1.1 及定理 3.1.3**，故對線性算子來說，有界性、連續性及在某一點附近連續三者等價，因為線性性質有"延伸性"。

定理 3.1.4 線性算子 T 的定義域為有限維線性空間時，且 T 有界。那麼，有界、連續、某點連續三者又等價。

定理 3.1.5 設 X 是有限維賦範線性空間，Y 是任意賦範線性空間，T:X→Y 為線性算子，則 T 有界。

證明 設$\{e_1, e_2, \cdots, e_n\}$是有限維賦範線性空間 X 的一組基，則$\forall x \in X$，有$x = \sum_{i=1}^{n} x_i e_i$。定義 $\|x\|_2 = (\sum_{i=1}^{k} |x_i|^2)^{\frac{1}{2}}$，可驗證$\|x\|_2$是 X 上的一個範數。可得$\|Tx\| = \|\sum_{i=1}^{n} x_i Te_i)\| \leq \sum_{i=1}^{n} \|x_i Te_i\|) = \sum_{i=1}^{n} |x_i|\|Te_i\| \leq (\sum_{i=1}^{n} |x_i|^2)^{\frac{1}{2}} (\sum_{i=1}^{n} \|Te_i\|^2)^{\frac{1}{2}}$，

記$(\sum_{i=1}^{n} \|Te_i\|^2)^{\frac{1}{2}} = a$，則 $\|Tx\| \leq a\|x\|_2$。根據定理 2.3.3 知，有限維賦範線性空間上的任意兩個範數等價，所以存在$b > 0$，使得 $\|x\|_2 \leq b\|x\|$，因此$\|Tx\| \leq ab\|x\|$，即 T 有界。

例 3.1.5 設$k(t,s)$是矩形區域 $a \leq t \leq b$，$a \leq s \leq b$上的連續函數，映射T: $[a,b] \times [a,b] \to \mathbb{C}$ (二元自變數到一元因變數的映射)。定義為$Tx(t) = \int_{[a,b]} k(t,s)x(s)\mathrm{d}s, \ x \in C[a,b]$，則 T 是空間$C[a,b]$到其自身的一個有界線性算子。(T也可看成T:$C[a,b] \to C[a,b]$)

證明 **先證** T 是$C[a,b]$到$C[a,b]$的算子。由已知條件知，對任何給定$s \in [a,b]$，連續函數$k(t,s) = k_s(t)$關於t在區間$[a,b]$上一致性連續。於是對任意$\varepsilon > 0$(或

$\frac{\varepsilon}{b-a} > 0$)，存在$\delta > 0$，當$|t_1 - t_2| < \delta$ 時($t_1, t_2 \in [a,b]$)，$|k(t_2,s) - k(t_1,s)| < \frac{\varepsilon}{b-a}$，

($s \in [a,b]$)，並代入下式。

可得 對任意$x(t) \in C[a,b]$，當$|t_1 - t_2| < \delta$時，有

$$|Tx(t_2) - Tx(t_1)| = |\int_{[a,b]} k(t_2,s)x(s)ds - \int_{[a,b]} k(t_1,s)x(s)ds|$$

$$= |\int_{[a,b]} (k(t_2,s) - k(t_1,s))x(s)ds| \le \int_{[a,b]} |(k(t_2,s) - $$

$k(t_1,s))| \cdot |x(s)|ds$

$$< \varepsilon\|x\| \quad (\text{此為連續函數的特性})。其中，\|x\| = \max_{s \in [a,b]} |x(s)|。$$

故$Tx(t) \in C[a,b]$ (自變數為t，因變數為$Tx(t)$)。

再證 T 有界。T 任意$x(t) \in C[a,b]$，由於

$$\|Tx\| = \max_{t \in [a,b]} |\int_{[a,b]} k(t,s)x(s)ds| \quad (\|Tx(t)\| = \max_{t \in [a,b]} |Tx(t)|)$$

$$\le \max_{t \in [a,b]} \int_{[a,b]} |k(t,s)x(s)|ds$$

$$\le \|x\| \cdot \max_{t \in [a,b]} \int_{[a,b]} |k(t,s)|ds \le \|x\| \cdot M \cdot (b-a)，\quad 其中$$

$M = \max_{t,s \in [a,b]} \{|k(t,s)|\}$，

由定理 3.1.2 知，T 是空間$C[a,b]$到其自身的一個有界線性算子。

3.2 線性算子的零像空間(Null Space)

定義 3.2.1 設 X 和 Y 是兩個賦範線性空間，稱集合 ker (T) = {x|Tx = 0, x∈X} 為算子 T:X→Y 的零空間(或稱零像空間)或算子的核(kernel)，對像 (image)等於零來說，像源(pre-image)的形狀宛如核。

如果 $x, y \in$ ker (T) 及 c∈𝔽 ，則得 $T(x + y) = T(x) + T(y) = 0$ 及 $T(cx) = cT(x)$，因此零像空間 ker (T)是 X 的線性空間。

性質 3.2.1 設 T 是賦範線性空間 X 上的有界線性算子，則零像空間 ker (T) 是 X 的閉線性子空間。

證明 如前所證 ker(T)是線性子空間，下證 ker (T) 是閉子集。設 $\{x_n\} \subset$ ker (T)且 $x_n \to x_0 (n \to \infty)$。因為 T 是有界線性算子，即等價於連續算子，所以 $Tx_0 = T\left(\lim_{n \to \infty} x_n\right) = \lim_{n \to \infty} Tx_n = 0$(因 T 是連續算子，$Tx_n$ 有連續性)，即 $x_0 \in$ ker (T)，故 ker (T)是閉子集。

例 3.2.1 對於微分算子 $T: C^1[a, b] \to C[a, b]$，零空間 ker(T) = {x|x(t) = c, c∈𝔽}是閉集，空間 $C^1[a, b]$ 和 $C[a, b]$ 中的元素 x(t)的範數定義皆為 $\|x\| = \max_{t \in [a,b]} \{|x(t)|\}$，證明微分算子 T 是無界算子。

證明 令 $x_n(t) = e^{-n(t-a)}$ $(n = 1, 2, \cdots)$，$\|x_n(t)\| = \max_{t \in [a,b]} |e^{-n(t-a)}| = 1$

又 $Tx_n(t) = \frac{d}{dt} x_n(t) = -ne^{-n(t-a)}$ ，

於是得 $\|Tx_n(t)\| = n \to \infty$，

因此微分算子是無界算子。

註：$C^1[a, b]$ 表示函數存在 1 階導數並且此 1 階導數是連續的(連續 1 階導數)。

定理 3.2.1 設 X 是數域𝔽上的賦範線性空間，$f: X \to 𝔽$ 為線性泛函，則映射

$G: X/\ker(f) \to \mathbb{F}$ 為連續線性泛函，其中$G([x]) = G(x + \ker(f)) = f(x)$，同時 G 是從商空間$X/\ker(f)$到f的值域$R(f) \subset \mathbb{F}$的線性同構映射（$X/\ker(f)$與$R(f)$ 是同構的）。

證明 由於當$x, y \in x + \ker(f)$ 時，有$(y - x) \in \ker(f)$，即$f(y - x) = 0$，亦 即$f(y) = f(x)$。表示x, y屬於同一類別$[x]$時，$f(y) = f(x)$。

又 $G([x]) = G(x + \ker(f)) = f(x)$，這是一個條件，使得每一$[x]$都對應一個值 $f(x)$，即 G 為單射(又稱嵌射)。因為線性泛函之齊次性，即線性乘數作用會造 成滿射。故 G 為嵌射且滿射。對於$\forall [x], [y] \in X/\ker(f)$及$\alpha, \beta \in \mathbb{F}$，

$$G(\alpha[x] + \beta[y]) = G(\alpha x + \beta y + \ker(f)) = G([\alpha x + \beta y]) = f(\alpha x + \beta y)$$
$$= \alpha f(x) + \beta f(y) = \alpha G([x]) + \beta G([y])，滿足線性性質。$$

所以 G 映射是$X/\ker(f)$到$R(f)$兩者之間的線性同構映射。$R(f)$為一維，故為有 限維。由於線性同構映射保持相同維數的映射，故$X/\ker(f)$亦是有限維。由定 理 3.1.5 得 T 為有界線性，然後有界線性又等價於 G 為連續映射，可得 G 為連 續線性泛函。同構在抽象代數領域有線性性質，又稱雙射同態。

註：由商空間的定義 **2.2.4** 可知，$\alpha[x] = \alpha x + \alpha \ker(f) = \alpha x + \ker(f) = \alpha[x]$。如同實數空間 $\mathbb{R}$，$c \in \mathbb{R}$。$c \cdot \mathbb{R} = \mathbb{R}$，此時 scalar 剛好屬於$\mathbb{R}$。$\{e^{in\omega_0 t}\}$的 scalar 屬於$\mathbb{C}$，其中$n = 1, 2, \cdots$。

定理 3.2.2 設 X 是數域$\mathbb{F}$上的賦範線性空間，$f: X \to \mathbb{F}$為線性泛函，則f為 連續線性泛函當且僅當零像空間$\ker(f)$是閉集。

證明 根據性質 3.2.1 知$\ker(f)$是閉集。故只需證明：當$\ker(f)$是閉集時，f 為連續線性泛函。

採用反證法。假設f不是連續線性泛函，即不存在 M>0，滿足$\forall x \in X, |f(x)| \leq M\|x\|$。 即算子$f$無界，即可找到 一點列$\{x_n\} \subset X (n = 1, 2, \cdots)$，使得$|f(x_n)| > n\|x_n\|$，當 $n \to \infty$時，$\frac{|f(x_n)|}{\|x_n\|}$無界，即$|f(\frac{x_n}{\|x_n\|})|$ 無界。

令 $y_n = \frac{x_n}{\|x_n\|}$，令 $v_n = \frac{y_1}{f(y_1)} - \frac{y_n}{f(y_n)}$，則滿足 $v_n \in \ker(f)$（$f(v_n) = 0$），所以有 $\left\| v_n - \frac{y_1}{f(y_1)} \right\| = \left\| -\frac{y_n}{f(y_n)} \right\| = \frac{\|y_n\|}{\|f(y_n)\|} = \frac{1}{|f(y_n)|} < \frac{1}{n} \to 0, n \to \infty$。即 $\lim\limits_{n\to\infty} v_n = \frac{y_1}{f(y_1)}$。由於 $\ker(f)$ 是閉集，於是知 $\frac{y_1}{f(y_1)} \in \ker(f)$，得 $f(\frac{y_1}{f(y_1)}) = 0$，這與 $f(\frac{y_1}{f(y_1)}) = 1$ 產生矛盾。

故假設錯誤，即 f 是連續線性泛函。

定理 3.2.3 設 X 是數域 $\mathbb{F}$ 上的賦範線性空間，$f: X \to \mathbb{F}$ 為非零線性泛函，則 f 為連續線性泛函當且僅當零像空間 $\ker(f)$ 在 X 中非稠密。。

證明 $\Rightarrow$ 設 f 是連續線性泛函，則由定理 3.2.2 知 $\ker(f)$ 是 X 中的閉集。因為 f 是非零線性泛函，所以存在 $x_0 \in X$，使得 $f(x_0) \neq 0$，即 $x_0 \notin \ker(f)$。因為 $\ker(f)$ 是 X 中的閉集，$\ker(f)$ 不會趨近非 $\ker(f)$ 的元素，故 $\ker(f)$ 在 X 中不稠密，換句話說，$\ker(f)$ 有開點列，才能逼近 X 中的任一點。

$\Leftarrow$ 用反證法。假設 f 不是連續泛函，由定理 3.1.1 知，f 在零點不連續，於是可找到點列 $\{x_n\} \subset X$ 且噹當 $x_n \to \theta$，$n \to \infty$ 時，存在 $\varepsilon_0 > 0$，使得 $|f(x_n) - f(\theta)| = |f(x_n)| \geq \varepsilon_0$，如圖 3.2.1，從而對於 $\forall x \in X$，可構造點列

$v_n = x - \frac{f(x)}{f(x_n)} x_n$，兩邊取 f 運算，可得 $f\left(x - \frac{f(x)}{f(x_n)} x_n\right) = f(v_n) = 0$，(此時 x 可暫時當作固定元，非變元)

故 $v_n \in \ker(f)$，又 $\lim\limits_{n\to\infty} v_n = x$(因為 $x_n \to \theta, n \to \infty$)，所以 $\ker(f)$ 在 X 中稠密(對 $\forall x$ 都適用)，這與零像空間 $\ker(f)$ 在 X 中非稠密產生矛盾，假設錯誤，即 f 是連續泛函。

註：$f(\theta) = f(0 \cdot \theta) = 0 \cdot f(\theta) = 0$ (線性性質)。

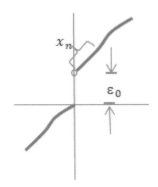

圖 3.2.1 不連續示意圖，產生了一個 jump。

定理 3.2.3 的等價敘述為:非零線性泛函$f : X \to \mathbb{F}$不連續的充要條件是零像空間 ker(f)在 X 中稠密。即 P⟺Q 等價於 非 P⟺非 Q，其中 P、Q 為敘述。

例 3.2.2 設$f \neq \theta$是向量空間 X 上的任意線性泛函，$x_0 \in X - \text{ker}(f)$ (集合的差集)是任意固定的元素，證明$\forall x \in X$，有唯一的表達式 $x = \alpha x_0 + y$，其中$y \in \text{ker}(f)$，$\alpha \in \mathbb{F}$。(一個屬於ker(f)，另一個不屬於ker(f))

證明 (1)存在性。 對於$\forall x \in X$，由於$x_0 \in X - \text{ker}(f)$ (即$x_0 \notin \text{ker}(f)$)，即$f(x_0) \neq 0$。

對$x = \alpha x_0 + y$兩邊取f可得$\alpha = \frac{f(x)}{f(x_0)}$，於是可讓

$\alpha = \frac{f(x)}{f(x_0)}$，$y = x - \alpha x_0$。

故x可表示為: $x = \alpha x_0 + y$ (y$\in$ ker(f))。

(3) 唯一性。若另存在$\alpha_1 \in \mathbb{F}$，$y_1 \in \text{ker}(f)$也滿足$x = \alpha_1 x_0 + y_1$。那麼，

$\qquad \alpha x_0 + y = \alpha_1 x_0 + y_1$，

即$y - y_1 = (\alpha_1 - \alpha) x_0$。

由於$y - y_1 \in \text{ker}(f)$，於是可得$0 = f(y - y_1) = (\alpha_1 - \alpha) f(x_0)$ ，

因為$f(x_0) \neq 0$ ，可得$y = y_1$，$\alpha_1 = \alpha$。

註：X − ker(f)亦可寫成X\ker(f)，又X/ker(f)表示 X 對ker(f)取商集。

3.3 有界線性算子空間

設 X 和 Y 是兩個賦範線性空間，L(X→Y)表示 X 到 Y 所有的線性算子的集合，即

L(X → Y) ≜ {T|T 是 X → Y}的線性算子。並將L(X)表示為L(X → X)。

零算子 $0 \in$ L(X → Y)；若$\forall T_1, T_2 \in$ L(X → Y)，$\alpha \in \mathbb{F}$，則定義加法與乘數如下：

$(T_1 + T_2)(x) \triangleq T_1(x) + T_2(x)$，

$(\alpha T_1)(x) \triangleq \alpha T_1(x)$。

那麼算子在此"加法"**與**"乘數"作用下，形成了線性空間L(X → X)。並令B(X → Y)表示全部有界線性算子形成的集合，即 B(X → Y) ≜ {T|T 是 X → Y 的有界線性算子}，故B(X → Y)⊂L(X → X)。因為B(X → Y)是 L(X → X)的子集且B(X → Y)有線性空間性質，故B(X → Y)是 L(X → X)的線性子空間。

B(X → Y)是線性空間，若對其任一元素 T 定義範數，B(X → Y)就形成了賦範線性空間。L(X → X)不能形成賦範線性空間，因為對其任一元素 T 無法都定義範數，只能對部分元素 T 定義範數。

定義 3.3.1 有界線性算子空間(Spaces of Bounded Linear Operators)

設 T∈ B(X → Y)，T 的範數定義為: $\|T\| \triangleq \sup_{x \neq 0}\{\frac{\|Tx\|}{\|x\|}\}$，B(X → Y)為有界線性算子空間。一般來說，B(X → X)可記為 B(X)。$\|T\|$代表元素從一空間轉換到另一空間的最大倍率，或稱伸展程度(簡稱展度)。T 的範數也可定義為: $\|T\| \triangleq \inf\{M: \|Tx\| \leq M\|x\|, \forall x \in X\}$。inf是下限之義。單位球$\|x\| = 1$經過 T 轉換後，$\|x\| = 1$在各個方向都有不同倍率，最大倍率就是$\|T\|$，或稱展度(extension degree)。

定理 3.3.1 若令$\|T\| = \sup\limits_{\|x\|=1} \|Tx\|$，則$B(X \to Y)$是一個賦範線性空間(這些有界算子也可以形成算子空間)。

證明 (1) 顯然$\|T\| \geq 0$。若$\|T\| = 0$，則對任意$x \in X$，有$\|Tx\| \leq \|T\| \cdot \|x\| = 0$。則 $Tx = \theta$，得$T = O$。反之，若$T = O$，則$Tx = \theta$，得$\|T\| = \sup\limits_{\|x\|=1} \|Tx\| = 0$。

(2) $\|\alpha T\| = \sup\limits_{\|x\|=1} \|\alpha Tx\| = \sup\limits_{\|x\|=1} |\alpha| \cdot \|Tx\| = |\alpha| \cdot \sup\limits_{\|x\|=1} \|Tx\| = |\alpha| \cdot \|T\|$。

(3) $\|T_1 + T_2\| = \sup\limits_{\|x\|=1} \|(T_1 + T_2)x\| \triangleq \sup\limits_{\|x\|=1} \|T_1x + T_2x\|$

$$\leq \sup\limits_{\|x\|=1} \|T_1x\| + \sup\limits_{\|x\|=1} \|T_2x\| = \|T_1\| + \|T_2\|$$

因此$\|\cdot\|$是$B(X \to Y)$上的一個範數，$B(X \to Y)$是一個賦範線性空間。

性質 3.3.1 設 X 和 Y 是兩個賦範線性空間，則

(1) $T \in B(X \to Y)$，當且僅當$\sup\limits_{x \neq 0}\{\frac{\|Tx\|}{\|x\|}\}$是有限值。

(2) $\|T\| \triangleq \sup\limits_{x \neq 0}\{\frac{\|Tx\|}{\|x\|}\}$定義的範數滿足範數三條公理。

證明 (1) $\Rightarrow$ 當$T \in B(X \to Y)$時，存在 M>0，$\forall x \in X$，滿足$\|Tx\| \leq M\|x\|$，於是 M 是數集合$\{\frac{\|Tx\|}{\|x\|} \mid x \in X\}$的一個上界。可見，它的上限是存在的，且是有限值。

$\Leftarrow$ 若$\sup\limits_{x \neq 0}\{\frac{\|Tx\|}{\|x\|}\}$是有限值，先選定一個$x_0$ (對$\forall x_0$都成立)，則$\|Tx_0\| \leq \sup\limits_{x \neq 0}\left\{\frac{\|Tx\|}{\|x\|} \cdot \|x_0\|\right\} = \sup\limits_{x \neq 0}\left\{\frac{\|Tx\|}{\|x\|}\right\} \cdot \|x_0\|$，即$T \in B(X \to Y)$。

(2)非負性：對於 $\forall T \neq 0$，$\|T\| \triangleq \sup\limits_{x \neq 0}\left\{\frac{\|Tx\|}{\|x\|}\right\} > 0$；$\|T\| = \sup\limits_{x \neq 0}\left\{\frac{\|Tx\|}{\|x\|}\right\} = 0$當且僅當 T=0。

齊次性：$\forall \alpha \in \mathbb{R}$，$\|\alpha T\| = \sup\limits_{x \neq 0}\{\frac{\|\alpha Tx\|}{\|x\|}\} = |\alpha|\sup\limits_{x \neq 0}\{\frac{\|Tx\|}{\|x\|}\} = |\alpha|\|T\|$。

三角形不等式：對於$\forall T_1, T_2 \in B(X \to Y)$，有

$$\|T_1 + T_2\| \triangleq \sup\limits_{x \neq 0}\left\{\frac{\|(T_1+T_2)(x)\|}{\|x\|}\right\} = \sup\limits_{x \neq 0}\left\{\frac{\|T_1(x)+T_2(x)\|}{\|x\|}\right\}$$

$$\leq \sup_{x\neq 0}\left\{\frac{\|\mathrm{T}_1(x)\|}{\|x\|}\right\} + \sup_{x\neq 0}\left\{\frac{\|\mathrm{T}_2(x)\|}{\|x\|}\right\} = \|\mathrm{T}_1\| + \|\mathrm{T}_2\|。$$

性質 3.3.2 設 X 和 Y 是兩個賦範線性空間，$\forall \mathrm{T} \in \mathrm{B}(\mathrm{X} \to \mathrm{Y})$，有

(1) 當 $\forall x \in \mathrm{X}$ 時，有 $\|\mathrm{T}(x)\| \leq \|\mathrm{T}\|\|x\|$。

(2) $\|\mathrm{T}\| \triangleq \sup_{x\neq 0}\left\{\frac{\|\mathrm{T}x\|}{\|x\|}\right\} = \sup_{\|x\|=1}\{\|\mathrm{T}x\|\} = \sup_{\|x\|\leq 1}\{\|\mathrm{T}x\|\}。$

證明 (1) $\|\mathrm{T}\| \triangleq \inf\{\mathrm{M}: \|\mathrm{T}x\| \leq \mathrm{M}\|x\|, \forall x \in \mathrm{X}\}。$ 得 $\|\mathrm{T}x\| \leq \|\mathrm{T}\| \cdot \|x\|。$

(2) 對於 $\forall \mathrm{T} \in \mathrm{B}(\mathrm{X} \to \mathrm{Y})$，由範數的定義知

$$\|\mathrm{T}\| = \sup_{x\neq 0}\left\{\frac{\|\mathrm{T}x\|}{\|x\|}\right\} = \sup_{x\neq 0}\left\{\left\|\mathrm{T}\left(\frac{x}{\|x\|}\right)\right\|\right\} = \sup_{\|y\|=1}\{\|\mathrm{T}(y)\|\}$$

$$\leq \sup_{\|y\|\leq 1}\{\|\mathrm{T}(y)\|\} \leq \sup_{\|y\|\leq 1}\{\|\mathrm{T}\| \cdot \|y\|\} = \|\mathrm{T}\| \cdot \sup_{\|y\|\leq 1}\{\|y\|\} = \|\mathrm{T}\|。$$

因此有界線性算子 T 的範數可表示為:

$$\|\mathrm{T}\| = \sup_{x\neq 0}\left\{\frac{\|\mathrm{T}x\|}{\|x\|}\right\} = \sup_{\|x\|=1}\{\|\mathrm{T}x\|\} = \sup_{\|x\|\leq 1}\{\|\mathrm{T}x\|\}。$$

設 $\mathrm{T}_n \in \mathrm{B}(\mathrm{X} \to \mathrm{Y})$，$\mathrm{T}_n \to \mathrm{T}$ 此數學符號表示 T_n 依範數收斂於 T，即 $\|\mathrm{T}_n - \mathrm{T}\| \to 0$，$n \to \infty$。

又當 $\mathrm{T}_n \to \mathrm{T}$ 時，對所有 $x \in \mathrm{X}$，$\mathrm{T}_n x \to \mathrm{T}x$。

對線性算子，證明 $\|\mathrm{T}\| = a$(最大倍率)，直觀來說，對於所有 $x \in \mathrm{X}$，$\|x\| = 1$，計算 $\|\mathrm{T}x\|$ 的上限。實際上，算 $\|\mathrm{T}\|$ 的常用步驟為:第一步，對所有 $x \in \mathrm{X}$，$\|x\| = 1$，先證明 $\|\mathrm{T}x\| \leq a$，即 $\|\mathrm{T}\| \leq a$。第二步，找到部分 $x \in \mathrm{X}$，並 $\|x\| = 1$，可表示為:點列 $\{x_n\}$($\|x_n\| = 1$)，使得 $\|\mathrm{T}x_n\| \to a$;幸運的話，第一次就找到 $\|\mathrm{T}x\| = a$ ($\|x\| = 1$)，即 $\|\mathrm{T}\| \geq a$。綜合得 $\|\mathrm{T}\| = a$。(若 $\|\mathrm{T}x_\infty\| = a$，我們知道為最大倍率之意，故 $\|\mathrm{T}x_n\| \geq a$，其中 $\|x_n\| = 1$)

設 $x(t) \in \mathrm{C}[a,b]$，範數某一個定義為:$\|x\|_1 = \int_a^b |x(t)|\mathrm{d}t$ 及另一個定義為:$\|x\|_{max} = \max_{t\in[a,b]} |x(t)|$，顯然 $\frac{1}{(b-a)}\|x\|_1 \leq \|x\|_{max}$。若在空間 $\mathrm{C}[a,b]$ 的定義域與值域的範數都採用 $\|x\|_{max}$，由例 3.1.5 已經證明積分算子 T 依範數 $\|x\|_{max}$"意

義"為有界線性算子。(積分算子$Tx = \int_a^t x(\tau)\mathrm{d}\tau$)

由於$\frac{1}{b-a}\|Tx\|_1 \leq \|Tx\|_{max} = \max\limits_{t\in[a,b]} |\int_a^t x(\tau)\mathrm{d}\tau| \leq \max\limits_{t\in[a,b]} \int_a^t |x(\tau)|\mathrm{d}\tau$

$$\leq \int_a^b |x(t)|\mathrm{d}t = \|x\|_1 \leq (b-a)\|x\|_{max} ，$$

$$亦即 \quad \frac{1}{b-a}\|Tx\|_1 \leq (b-a)\|x\|_{max} 。$$

故在空間$C[a,b]$的定義域、值域的範數定義當採用$\|Tx\|_{max}$或採用$\|Tx\|_1$時(皆為有限值)，積分算子 T 皆為有界線性算子。

那麼什麼是無界線性算子呢?即$x\in(-\frac{\pi}{2},\frac{\pi}{2})$，T: $x \to \tan(x)$。

例 3.3.1 設積分算子$T\in B((X, \|x\|_1) \to (X, \|x\|_{max}))$，其中$X = C[a,b]$，證明$\|T\| = 1$。

證明 此算子之映射定義域的範數採用$\|x\|_1$，但其值域的範數定義採用$\|x\|_{max}$。

第一步，對於 $x(t)\in C[a,b]$且$\|x\|_1 = 1$，有

$\|Tx\|_{max} = \max\limits_{t\in[a,b]}\{| \int_a^t x(\tau)\mathrm{d}\tau |\} \leq \max\limits_{t\in[a,b]} \int_a^t |x(\tau)|\mathrm{d}\tau = 1$，

即$\|T\| \leq 1$。

第二步，取$x_0(t) = \frac{1}{b-a} \in C[a,b]$，計算得$\|x_0(t)\|_1 = 1$。

$\|T\|$可視為展度，即$\|T\| \geq \|Tx_0\|_{max} = \max\limits_{t\in[a,b]}\{| \int_a^t x_0(\tau)\mathrm{d}\tau |\} =$

$\max\limits_{t\in[a,b]}\{| \int_a^t \frac{1}{b-a}\mathrm{d}\tau |\} = 1$。

故得$\|T\| = 1$ ($\|T\| \geq \|Tx_0\|_{max}$，因為$\|T\|$是最大倍率)。

例 3.3.2 在$\mathbb{R}^2$中採用 1-範數，即$\forall x = (x_1, x_2)\in\mathbb{R}^2$，$\|x\| \triangleq |x_1| + |x_2|$。對於固定的$\alpha,\beta\in\mathbb{R}$，定義泛函$f$，對於 $\forall x = (x_1, x_2)\in\mathbb{R}^2$， $f(x) \triangleq (\alpha x_1 + \beta x_2)$，試求$\|f\|$。

證明 第一步找出上界，$\forall x = (x_1, x_2)\in\mathbb{R}^2$，有

$$|f(x)| = |\alpha x_1 + \beta x_2| \le |\alpha|\,|x_1| + |\beta|\,|x_2| \le \max\{|\alpha|,|\beta|\}\cdot(|x_1|+|x_2|)$$
$$= \max\{|\alpha|,|\beta|\}\cdot\|x\|,$$

所以$\|f\| \le \max\{|\alpha|,|\beta|\}$。

第一步找出下界，取向量$x=(0,1)$，可得$\|x\|=1$，於是有

$$|f(x)| = |\alpha\cdot 1 + \beta\cdot 0| = |\alpha|，得\ 展度\|f\| \ge |\alpha|。$$

再取向量$x=(1,0)$，得 展度$\|f\| \ge |\beta|$。因此$\|f\| \ge \max\{|\alpha|,|\beta|\}$。

綜合得$\|f\| = \max\{|\alpha|,|\beta|\}$。

定理 3.3.2 設 X 是有限維賦範線性空間，Y 是任意的賦範線性空間，則 $L(X \to Y) = B(X \to Y)$。

證明 根據定理 3.1.5 得 $T \in L(X \to Y)$且有界，即$L(X \to Y)$為 $B(X \to Y)$。

定理 3.3.3 設 X 是數域$\mathbb{F}$上的賦範線性空間，Y 是 Banach 空間，則 $B(X \to Y)$是 Banach 空間。

證明 設$\{T_n\}$是$B(X \to Y)$中的基本列，則對於$\forall \varepsilon > 0$，存在$N \in \mathbb{N}$，當時$m,n > N$，滿足$\|T_m - T_n\| < \varepsilon$。於是對於$\forall x \in X$，有$\|T_m x - T_n x\| \le \|T_m - T_n\|\,\|x\| < \varepsilon\|x\|$，即得$\{T_n x\}$是 Y 中的基本列。由於 Y 是 Banach 空間(完整賦範線性空間)，所以$\{T_n x\}$在 Y 中收斂(收斂在原集合中)。可設$\lim_{n\to\infty} T_n x = y$，這樣給定$x$可確定唯一的$y$。

現在定義算子$T: X \to Y$，$\lim_{n\to\infty} x \in X$，$\|x\| = 1$，且$y = Tx$。(T是$T_n$的收斂點或寫成$T_\infty = T$)

下面證明$T \in B(X \to Y)$且$T_n \to T$。

對於$\forall x_1, x_2 \in X$，$\alpha,\beta \in \mathbb{F}$，由$T_n$的線性性質，知

$$T(\alpha x_1 + \beta x_2) = \lim_{n\to\infty} T_n(\alpha x_1 + \beta x_2) = \lim_{n\to\infty}(\alpha T_n x_1 + \beta T_n x_2)$$
$$= \alpha \lim_{n\to\infty} T_n x_1 + \beta \lim_{n\to\infty} T_n x_2) = \alpha T x_1 + \beta T x_2,$$

可得出 T 是線性算子。令 $m \to \infty$，由 $\|T_m x - T_n x\| < \varepsilon\|x\|$ 及 $Tx = y = \lim_{m \to \infty} T_m x$ 可得 $\|Tx - T_n x\| = \|T_n x - Tx\| < \varepsilon\|x\|, n > N$。

於是可知當 $n > N$ 時，$(T_n - T) \in B(X \to Y)$，因 $(T_n - T)$ 有界及 T_n 有界（利用 $\|(T_n - T) + T_n\| \le \|(T_n - T)\| + \|T_n\|$，可得 T 有界(此時可將 $(T_n - T)$ 與 T_n 視為空間中的向量) ，即 $T \in B(X \to Y)$。

由 $\|T_n x - Tx\| < \varepsilon\|x\|$ 可得 $\|T_n x - Tx\| = \|(T_n - T)(x)\| \le \|T_n - T\| \cdot \|x\| < \varepsilon\|x\|, n > N$。

於是 T_n 依範數收斂於 T，即 $T_n \to T$。

由 $T \in B(X \to Y)$ 及 $T_n \to T$，得 $B(X \to Y)$ 是完整集合(complete set)。

定義 3.3.2 **投影算子(Projection Operator)**

設 M 是 Hilbert 空間 H 上的閉子空間，映射 P: H$\to$ M 定義為 $\forall x \in H, P(x) = x_0$，$x - x_0 = x - Px \in M^\perp$，即 $Px \in M$，$x - Px \in M^\perp$。其中是在 M 上的正交投影，稱 P 為 M 上的**投影算子**或稱正交投影算子，也記為 P_M。x_0 可視為在超平面 M 上的投影。

定理 3.3.4 設 M 是 Hilbert 空間 H 上的非零閉子空間，P 為 M 上的**投影算子**，則

(1) P 的零像空間 ker(P)= $M^\perp$，值域 R(P)=M。

(2) P 為 H 上的線性算子。

(3) $\|P\|$=1。

證明 (1) 由於 M 是 H 上的非零閉子空間，根據定理 2.7.3(正交投影定理)知 H= $M \oplus M^\perp$。

又 $M \cap M^\perp = \{\theta\}$，由投影算子定義得 $P(M^\perp) = \{\theta\}$，故 ker(P) = $M^\perp$，R(P)=M。

(2) $\forall x, y \in H$ 及 $\alpha, \beta \in \mathbb{F}$，由投影算子定義知 $x - Px \in M^\perp$，$y - Py \in M^\perp$，其中 $Px, Py \in M$ 。

由於 M 是子空間，所以 $\alpha Px + \beta Py \in M$。由性質 2.7.2 知 $M^\perp$ 是 X 的線性子空間，所以 $(\alpha x + \beta y) - (\alpha Px + \beta Py) = \alpha(x - Px) + \beta(y - Py) \in M^\perp$。

可見，$\alpha Px + \beta Py$ 是 $\alpha x + \beta y$ 在 M 上的正交投影，即 $P(\alpha x + \beta y) = \alpha Px + \beta Py$，因此 P 是 H 上的線性算子。

(3) 第一步求 $\|P\|$ 上界。由於 $\forall x \in X$，有 $\|x\|^2 = \|x - Px\|^2 + \|Px\|^2$，所以當時 $\|x\| = 1$ 時，$\|Px\| \leq \|x\| = 1$，即 $\|P\| \leq 1$。

第二步求 $\|P\|$ 下界。當 $x \in M$ 且 $\|x\| = 1$，有 $\|Px\| = \|x\| = 1$，即 $\|P\| \geq 1$。綜合得 $\|P\| = 1$。(直觀來說，當向量平行投影平面時，投影量最大)

根據正交投影定理可將點向量作正交分解，再根據定理 3.3.3 (1) 可得 H= ker(P)⊕R(p)。

推論 3.3.1 設 M 是 Hilbert 空間 H 上的非零閉子空間，，P 為 M 上的**投影算子**，則

$$H= ker(P) \oplus R(p)。$$

通常記算子 $T^2 = T \circ T$，若 $T^2 = T$，則稱 T 為冪等算子。

定理 3.3.5 設 M 是 Hilbert 空間 H 上的非零閉子空間，P 為 M 上的**投影算子**，則 P 為冪等算子。

證明 $\forall x \in H$，由定理 3.3.3 和推論 3.3.1 知 $x = x_0 + z$（x_0 可看成投影分量），其中 $z \in M^\perp = ker(P)$，$x_0 \in M = R(P)$。由於 $P(x) = x_0 \in M$，所以
$$P^2 x = PP(x) = P(x_0) = x_0 = Px，$$
即 $P = P^2$。

推論 3.3.2 設 H 是 Hilbert 空間，$P \in B(H)$，$ker(P) \perp R(P)$ 及 $P = P^2$，則 P 為投影算子。

證明 由於 $P = P^2$，計算 $P(x - Px) = Px - Px = \theta$，得 $(x - Px) \in ker(P)$（垂直投影平面）。所以 $\forall x \in H$，有

$x = (x - Px) + Px$，其中$(x - Px) \in \ker(P)$，$Px \in R(P)$。由性質 3.2.1 知$\ker(P)$是 Hilbert 空間 H 上的閉子空間。根據正交投影定理 2.7.3 知H = $\ker(P) \oplus \ker(P)^{\perp}$，且這種分解唯一，於是$\forall y \in \ker(P)^{\perp}$(將垂直投影平面再作垂直運算)，有$y = 0 + y$ $(0 \in \ker(P))$。由於$\ker(P) \perp R(P)$，故$R(P) \subset \ker(P)^{\perp}$。又對於$\forall y \in \ker(P)^{\perp}$，將$y$作正交分解(非投影與投影): $y = (y - Py) + Py$ $((y - Py) \in \ker(P))$，根據H = $\ker(P) \oplus \ker(P)^{\perp}$分解的唯一性，得$y - Py = 0$，即$y = Py$，亦即$y \in R(P)$，得$\ker(P)^{\perp} \subset R(P)$。綜合得$\ker(P)^{\perp} = R(P)$。

即得$Px \in R(P) = \ker(P)^{\perp}$，$(x - Px) \in \ker(P)$。

又H = $\ker(P)^{\perp} \oplus \ker(P)$。

故 P 為R(P)上的投影算子。

(若$\forall x \in H \ P_M x \in M$, 則 $x - P_M x \in M^{\perp}$)

註：在距離空間正交等價於在歐式空間垂直；投影運算是一種正交分解(可看成垂直分解)的觀念；訊號與雜訊經過 expectation 運算等於零可看成相互垂直(相互正交)。

3.4 共伴空間與 Riesz 表示定理

定義 3.4.1 **共伴空間(Conjugate Space)**

設X是為一賦範線性空間，X上的全部有界線性泛函組成的集合B(X → $\mathbb{F}$)記為X*，即

$$X^* = \{f \mid f:X \to \mathbb{F}, f為有界線性泛函\},$$

稱賦範線性空間X*為 X 的**共伴空間**或**共軛空間(Conjugate Space)**或**對偶空間(Dual Space)**。此空間是有界線性泛函集。共伴這個用語表示兩個空間互相成對成伴之意。舉一個簡單的例子，若賦範線性空間 X 足夠"良好"則可等價於歐式空間。那麼，在歐式空間的向量，若要讓其映射到實數，則找另一個向量與其作內積即可。我們可以說此"另一個向量"可等價於一個映射。向量(2,3)找另一個向量(3,2)作內積，可得出一個實數。此映射不是(3,2)，但可用(3,2)代表這個映射。

共伴的觀念: 共伴就是相互成伴，你存在我就一定存在，我存在你就一定存在。+1 與-1 就是一種共伴關係。實數方程式之複數根對 1+i 與 1-i 也是一種共伴關係。一個原子裡面，幾個質子存在就有幾個電子存在，彼此之間關係就是 共 伴 關 係 。 conjugate 是 con+join 的 意 思 （可查字根字源網站 https://www.etymonline.com/)，故 conjugate 為共伴(成對)或共軛之意。adjoint 是伴隨之意，因 adjoint=ad+joint=to+joint，故 adjoint 為伴隨之意。伴隨空間是從空間之意，表示先有主空間，後有從空間產生，有主從的關係。共伴空間這個用語表示原空間與共伴空間是共伴的關係，不是主從的關係。

先介紹δ函數 $\delta_{ij} = \begin{cases} 1 ， & i = j ， \\ 0 ， & i \neq j 。 \end{cases}$

此δ函數在英文稱作 Kronecker Delta。

定理 3.4.1 設 X 是 n 維賦範線性空間，$\{e_1, e_2, \cdots, e_n\}$是 X 的基，則存在其共伴空間$X^*$的基$\{f_1, f_2, \cdots, f_n\}$滿足$f_i(e_j) = \delta_{ij}$，$1 \leq i, j \leq n$。

證明 令$x \in X$，則存在唯一的一組係數 $\alpha_1, \alpha_2, \cdots, \alpha_n \in \mathbb{F}$，滿足

$x = \alpha_1 e_1 + \alpha_2 e_2 + \cdots + \alpha_n e_n$。

對於$1 \leq i \leq n$，恰當定義 $f_i: X \to \mathbb{F}$ 為：，$x \in X$。(這裡"恰當"二字表示f_i只對$\alpha_i e_i$有作用)

因有線性性質可驗證f_i是線性泛函，且滿足$f_i(e_j) = \delta_{ij}$。顯然$f_i \in X^*$。

下面證明$\{f_1, f_2, \cdots, f_n\}$是共伴空間$X^*$的一組基。

令$\beta_1, \beta_2, \cdots, \beta_n \in \mathbb{F}$，使得(映射$f_i$在此可當作向量)，那麼

$0 = \sum_{i=1}^{n} \beta_i f_i(e_j) = \sum_{i=1}^{n} \beta_i \delta_{ij} = \beta_j$，$1 \leq j \leq n$，

所以$\{f_1, f_2, \cdots, f_n\}$線性無關。

對任意的$f \in X^*$有映射：$f(e_i) = \gamma_l$ $(\gamma_l \in \mathbb{F})$，$1 \leq i \leq n$。

$\forall x = \sum_{i=1}^{n} \alpha_i e_i$，有

$f(x) = \sum_{i=1}^{n} \alpha_i f(e_i) = \sum_{i=1}^{n} \alpha_i \gamma_i = \sum_{i=1}^{n} \gamma_i f_i(x) = (\sum_{i=1}^{n} \gamma_i f_i)(x)$ ，$(f_i(x) = \alpha_i)$

所以任何有界線性泛函映射 f 皆可表示為：$f = \sum_{i=1}^{n} \gamma_i f_i$，故$\{f_1, f_2, \cdots, f_n\}$是共伴空間$X^*$的一組基。

定理 3.4.2 設 X 為賦範線性空間，則共伴空間$X^* = B(X \to \mathbb{F})$是巴拿赫空間 (Banach Space)。

證明 由於數域$\mathbb{F}$是完整的賦範線性空間，根據定理 3.3.3 知$B(X \to \mathbb{F})$是巴拿赫空間。

例 3.4.1 證明在線性等距同構意義下，$(\mathbb{R}^n)^* = \mathbb{R}^n$。

(這裡" = "不是等於的意思，是等距同構之義，即"視為相等"之意，或說成"當作相等"。)

證明 設 $\varphi: (\mathbb{R}^n)^* \to \mathbb{R}^n$ 是從 $(\mathbb{R}^n)^*$ 到 $\mathbb{R}^n$ 的映射。定義映射 $\varphi(f_a) = a$。下面證明 φ 是從 $(\mathbb{R}^n)^*$ 到 $\mathbb{R}^n$ 的線性等距同構映射。

(1) 證明 $f_a \in (\mathbb{R}^n)^*$。(下標 a 有參數之意)

又設 $a = (a_1, a_2, \cdots, a_n) \in \mathbb{R}^n$，$\forall x = (x_1, x_2, \cdots, x_n) \in \mathbb{R}^n$，定義線性泛函 $f_a: \mathbb{R}^n \to \mathbb{R}$ 為：

$f_a(x) = a_1 x_1 + a_2 x_2 + \cdots + a_n x_n = \sum_{i=1}^n a_i x_i$。由例 3.1.4 知，$f_a$ 是 $\mathbb{R}^n$ 上的有界線性泛函，即 $f_a \in (\mathbb{R}^n)^*$。

(2) 若 $f \in (\mathbb{R}^n)^*$，則可找到 $a \in \mathbb{R}^n$，使得 $f_a = f$。

設 $e_1 = (1,0,\cdots,0)$，$e_2 = (0,1,0,\cdots,0)$，...，$e_n = (0,0,0,\cdots,1)$ 為 $\mathbb{R}^n$ 的一組標準正交基。

$\forall x = (x_1, x_2, \cdots, x_n) \in \mathbb{R}^n$ 有 $x = \sum_{i=1}^n x_i e_i$

令 $a = (f(e_1), f(e_2), \cdots, f(e_n))$，可得

$f(x) = f(\sum_{i=1}^n x_i e_i) = \sum_{i=1}^n x_i f(e_i) = \sum_{i=1}^n f(e_i) x_i = f_a(x)$。

故 $f = f_a$。

(3) 求 f_a 的範數：$\|f_a\| = (\sum_{i=1}^n a_i^2)^{\frac{1}{2}}$。

第一步求上界。

$\forall x \in \mathbb{R}^n$，有

$\forall x$，$\|f_a(x)\| = |f_a(x)| = |\sum_{i=1}^n a_i x_i| \leq (\sum_{i=1}^n a_i^2)^{\frac{1}{2}} (\sum_{i=1}^n x_i^2)^{\frac{1}{2}} = (\sum_{i=1}^n a_i^2)^{\frac{1}{2}} \|x\|$，

所以 $\|f_a\| = \sup_{x \neq 0}(\frac{|f_a(x)|}{\|x\|}) \leq (\sum_{i=1}^n a_i^2)^{\frac{1}{2}}$，對 $\forall x$。$\left(\sup_{x \neq 0}(\frac{|f_a(x)|}{\|x\|})$ 表示此集合的上限$\right)$

第二步求下界。

由於 $\sum_{i=1}^{n} a_i^2 = |f_a(a)| \leq \|f_a\| \, \|a\| = \|f_a\| \, (\sum_{i=1}^{n} a_i^2)^{\frac{1}{2}}$ ，即 $\dfrac{\sum_{i=1}^{n} a_i^2}{(\sum_{i=1}^{n} a_i^2)^{\frac{1}{2}}} \leq \|f_a\|$ 。

得 $\|f_a\| \geq (\sum_{i=1}^{n} a_i^2)^{\frac{1}{2}}$ 。

因此，$\|f_a\| = (\sum_{i=1}^{n} a_i^2)^{\frac{1}{2}} = \|a\|$ 。$(f_a \in (\mathbb{R}^n)^*, \quad a \in \mathbb{R}^n, \quad \varphi(f_a) = a)$

綜合上述，φ是從$(\mathbb{R}^n)^*$到$\mathbb{R}^n$的線性等距同構映射，故$(\mathbb{R}^n)^* = \mathbb{R}^n$。

註：f_a是否等於$a = (a_1, a_2, \cdots, a_n)$？事實上不是，但可以說一個$a$一一對應一個$f_a$；$f_a$是一個映
射，但a是一個向量。(注意:這裡同構不是指距離方面的同構)進一步可證明 $(\mathbb{C}^n)^* = \mathbb{C}^n$。對
於$1 < p < +\infty$及$\frac{1}{p} + \frac{1}{q} = 1$，有

$(l^p)^* = l^q$，$(L^p[a, b])^* = L^q[a, b]$。

特別地，$(l^2)^* = l^2$；$(l^1)^* = l^\infty$；$(L^2[a, b])^* = L^2[a, b]$。即$\mathbb{R}^n$、$\mathbb{C}^n$及$l^2$的共伴空間可以當作
是他們自己，嚴格來說是這些共伴空間等價於他們自己(因為兩個空間是一一對應又等距
的關係)。

例 3.4.2 證明 Hölder 不等式:給定p, q，$1 \leq p, q \leq \infty$且$\frac{1}{p} + \frac{1}{q} = 1$ (規定$p = 1$時，$q = \infty$)。若$f \in L^p(\mathbb{E})$，$g \in L^q(\mathbb{E})$，則$fg \in L(\mathbb{E})$且$\|fg\|_1 \leq \|f\|_p \|g\|_q$ (左式為 Hölder 不等式)。

(又$L^1(\mathbb{E}) = L(\mathbb{E})$)

證明 若$p = 1$，則$q = \infty$。此時不等式為 $\|fg\|_1 = \int_{\mathbb{E}} |f(x)g(x)| dx \leq \|g\|_\infty \int_{\mathbb{E}} |f(x)| dx$，此不等式顯然成立。下面設$1 \leq p < \infty$。當$\|f\|_p = 0$或$\|g\|_q = 0$時，顯然地，$f(x)g(x) = 0$，a.e.。

$x \in \mathbb{E}$，從而 Hölder 不等式成立。因此，僅需考慮$\|f\|_p > 0$及$\|g\|_q > 0$的情形。

(例如 $[\int_a^b |f(x)|^p \, dx]^{\frac{1}{p}} = 0$，此時$f(x)$幾乎處處等於 0)

注意，對$a \geq 0, b \geq 0$，有不等式$\frac{1}{p} a + \frac{1}{q} b \geq a^{\frac{1}{p}} b^{\frac{1}{q}}$ 成立。

令 $a = \frac{|f(x)|^p}{\|f\|_p^p}$ ，$b = \frac{|g(x)|^q}{\|g\|_q^q}$ ，則

$$\frac{|f(x)||g(x)|}{\|f\|_p\|g\|_q} \leq \frac{1}{p}\frac{|f(x)|^p}{\|f\|_p^p} + \frac{1}{q}\frac{|g(x)|^q}{\|g\|_q^q}$$

上式兩邊在 $\mathbb{E}$ 上積分可得 $\|fg\|_1 \leq \|f\|_p\|g\|_q$ 。 $(\frac{1}{p}+\frac{1}{q}=1 ; \frac{\int_{\mathbb{E}}|f(x)|^P}{\|f\|_p^p}dx=1 ;$

$\frac{\int_{\mathbb{E}}|g(x)|^P}{\|f\|_p^p}dx=1$)

又離散型式的 Hölder 不等式為:

$\forall\{a_k\}_{k\in J} \in l^p(J)，\forall\{b_k\}_{k\in J} \in l^q(J)，\left|\sum_{k\in J}a_kb_k\right| \leq \left(\sum_{k\in J}|a_k|^p\right)^{\frac{1}{p}}\left(\sum_{k\in J}|b_k|^q\right)^{\frac{1}{q}}$,

其中 J 為可列指標集，$1 \leq p,q \leq +\infty$ 且 $\frac{1}{p}+\frac{1}{q}=1$。此處 $l^p(J)$ 定義為

$1 \leq p \leq +\infty$，$l^p(J) = \{\forall\{a_k\}_{k\in J} \mid a_k \in \mathbb{C}, \sum_{k\in J}|a_k|^p < +\infty\}$

$p = +\infty$，$l^\infty(J) = \{\forall\{a_k\}_{k\in J} \mid a_k \in \mathbb{C}, \sup_{k\in J}|a_k| < +\infty\}$ 。

$l^p(J)$ 中元素的 $\{a_k\}_{k\in J}$ 範數定義為:

$1 \leq p \leq +\infty$，$\|\{a_k\}_{k\in J}\|_p = \left(\sum_{k\in J}|a_k|^p\right)^{\frac{1}{p}}$，

$p = +\infty$，$\|\{a_k\}_{k\in J}\|_p = \sup_{k\in J}|a_k|$ 。

例 3.4.3 證明 $ab \leq \frac{a^p}{p}+\frac{b^q}{q}$，$1 \leq p,q \leq +\infty$，且 $\frac{1}{p}+\frac{1}{q}=1$。

證明 $f(x)=e^x$，因 $f''(x)=e^x$，故 $f(x)$ 為凸函數(開口向上)。當 $t \in [0,1]$ 時，

$f(tx+(1-t)y) \leq tf(x)+(1-t)f(y)$ 。

令 $x = plna$，$y = qlnb$，$t = \frac{1}{p}$，$1-t = \frac{1}{q}$。可得

$ab = e^{\ln(ab)} = e^{\ln a+lnb} = e^{\frac{1}{p}\cdot p\ln a+\frac{1}{q}\cdot q\ln b} \leq \frac{1}{p}e^{plna}+\frac{1}{q}e^{qlnb}$

$= \frac{1}{p}e^{\ln a^p}+\frac{1}{q}e^{\ln b^q} = \frac{a^p}{p}+\frac{b^q}{q}$ 。

例 3.4.4 證明 $\forall f,g \in L^q(\mathbb{E})$，$\|f+g\|_p \leq \|f\|_p + \|g\|_p$，$p \geq 1$。

證明 利用 Hölder 不等式得，

$$\int_{\mathbb{E}} |f(x) + g(x)|^p dx = \int_{\mathbb{E}} |f(x) + g(x)|^{p-1}|f(x) + g(x)|dx$$

$$\leq \int_{\mathbb{E}} |f(x) + g(x)|^{p-1}|f(x)|dx + \int_{\mathbb{E}} |f(x) +$$

$$g(x)|^{p-1}|g(x)|dx \leq \left(\int_{\mathbb{E}} |f(x) + g(x)|^{(p-1)\cdot\frac{p}{p-1}}dx\right)^{\frac{p-1}{p}} \left(\int_{\mathbb{E}} |f(x)|^p dx\right)^{\frac{1}{p}}$$

$$(\|fg\|_1 \leq \|f\|_p\|g\|_q，\frac{1}{p}+\frac{1}{q}=1)$$

$$+(\int_{\mathbb{E}} |f(x) + g(x)|^{(p-1)\cdot\frac{p}{p-1}}dx)^{\frac{p-1}{p}} \left(\int_{\mathbb{E}} |g(x)|^p dx\right)^{\frac{1}{p}}$$

$$= (\int_{\mathbb{E}} |f(x) + g(x)|^p dx)^{\frac{p-1}{p}}(\|f\|_p + \|g\|_p) 。$$

如果 $\int_{\mathbb{E}} |f(x) + g(x)|^p dx \neq 0$，經兩邊消去法，上式可變為 $\|f + g\|_p \leq \|f\|_p + \|g\|_p$。得証。

此三角形不等式 $\|f + g\|_p \leq \|f\|_p + \|g\|_p$ 又稱為 Minkowski 不等式。

例 3.4.5 對於 $1 < p < \infty$，證明 $(l_p)^* = l_q$，此處 $\frac{1}{p}+\frac{1}{q}=1$ $(p + q = pq$，l_p 空間為無窮數列空間)。

證明 (1)若 $x = (x_i) \in l_p$，$\alpha = (\alpha_i) \in l_q$，則先證明泛函 $f(x) = \sum_{i=1}^{\infty} \alpha_i x_i$ 是 l_p 上的連續線性泛函，並且 $\|f\| = \|\alpha\|_{l_q}$。

由 Hölder 不等式，得

$\sum_{i=1}^{\infty} |\alpha_i x_i| \leq (\sum_{i=1}^{n} |\alpha_i|^q)^{\frac{1}{q}} \cdot (\sum_{i=1}^{n} |x_i|^p)^{\frac{1}{p}} = \|\alpha\|_{l_q}\|x\|_{l_p} < \infty$，($x$ 與共伴空間元素作類"內積")，故對於泛函 $f(x) = \sum_{i=1}^{\infty} \alpha_i x_i$，$\|f\| \leq \|\alpha\|_{l_q}$，又有界等價於連續。

可以設 $\alpha \neq 0$，當 $\alpha_i \neq 0$ 時，取 $k_i = \frac{|\alpha_i|^q}{\alpha_i}$；當 $\alpha_i = 0$ 時，取 $k_i = 0$。

對於 $\alpha_i \neq 0$，由於 $pq = p + q$，故

$|k_i|^p = |\alpha_i|^{pq} \cdot |\alpha_i|^{-p} = |\alpha_i|^q$。

另外，當 $\alpha_i = 0$ 時，$|k_i|^p = |\alpha_i|^q$ 仍然成立。

令 $u_n = k_1 e_1 + k_2 e_2 + \cdots + k_n e_n = (k_1, k_2, \cdots, k_n, 0,0,\cdots)$ ，顯然，$u_n \in l_p$ ，並且

$$\|u_n\|_{l_p}^p = \sum_{i=1}^n |k_i|^p = \sum_{i=1}^n |\alpha_i|^q \leq \|\alpha\|_{l_q}^q \text{ ，}$$

$$f(u_n) = \sum_{i=1}^n \alpha_i \, k_i = \sum_{i=1}^n |\alpha_i|^q \text{ ，} (|k_i| = |\alpha_i|^{\frac{q}{p}} = |\alpha_i|^{q-1} \text{ ，又} \frac{q}{p} = q-1)$$

故 $\quad \sum_{i=1}^\infty |\alpha_i|^q = |f(u_\infty)| \leq \|f\| \cdot \|u_\infty\| \leq \|f\| \cdot \|\alpha\|_q^q \;\; (\|u_n\|_p^p \leq \|\alpha\|_q^q)$ 。

又 $\frac{q}{p} = q-1$ ，

令 $n \to \infty$ ，則

$$\sum_{i=1}^\infty |\alpha_i|^q = \|\alpha\|_q^q \leq \|f\| \|\alpha\|_q^{\frac{q}{p}} = \|f\| \|\alpha\|_q^{q-1} \text{ ，(注意} \|\alpha\|_{l_q} = \|\alpha\|_q \text{ ，只是不}$$

同的記號)

故 $\|\alpha\|_{l_q} \leq \|f\|$ 。

綜合可得 $\|f\| = \|\alpha\|_{l_q}$ ，並且對於 $\alpha = 0$ 仍然成立。

($\|f\| = \|\alpha\|_{l_q}$ 亦可寫成: $\|f_\alpha\| = \|\alpha\|_{l_q}$ ，α 宛如 $\|f\|$ 的參數)

(2) 下面證明 空間 l_q 與 l_p 的共伴空間 $(l_p)^*$ 存在一一對應的保範同構。

(a) 對於任意 $\alpha \in l_q$ ，定義 $T: l_q \to (l_p)^*$ 為 $T\alpha = f_\alpha$ ，即 $T: \alpha \to f_\alpha$ ，$f_\alpha \in (l_p)^*$ ，並且由 $T\alpha = f_\alpha$ 可知是嵌射。此處，容易驗證 T 是線性算子，並且由 $\|T\alpha\| = \|f_\alpha\| = \|\alpha\|_{l_q}$ 及 $f_\alpha \in (l_p)^*$ ，知 T 是一一對應的保範同構(T 轉換後範數值不變)。

(b) 下面證明 T 是滿射的。對於 $g \in (l_p)^*$ ，定義 $\alpha_i = g(e_i)$ ，$e_i \in l_p$ 。若對於某個 i ，$\alpha_i \neq 0$ ，則用上面的方法選擇 $k_i = \frac{|\alpha_i|^q}{\alpha_i}$ ，並且 $u_n = k_1 e_1 + k_2 e_2 + \cdots + k_n e_n$ 。則 $u_n \in l_p$ ，$\|u_n\|_{l_p}^p = \sum_{i=1}^n |\alpha_i|^q$ 。故 $g(u_n) = \sum_{i=1}^n g(k_i e_i) = \sum_{i=1}^n k_i g(e_i) = \sum_{i=1}^n k_i \alpha_i = \sum_{i=1}^n |\alpha_i|^q = \|u_n\|_{l_p}^p$ ，

$$\|u_n\|_{l_p}^p = |g(u_n)| \leq \|g\| \cdot \|u_n\|_{l_p} \text{ ，}$$

$$\|u_n\|_{l_p}^{p-1} \leq \|g\| \text{ ，}$$

由 $p = (p-1)q = pq - q$　可知 $\sum_{i=1}^{n} |\alpha_i|^q = \|u_n\|_{l_p}^p = \|u_n\|_{l_p}^{(p-1)q} \leq \|g\|^q$
(由上式推得)。

令 $n \to \infty$，由無窮數列空間的定義($\sum_{i=1}^{\infty} |\alpha_i|^q < \infty$)，可知 $\alpha \in l_q$。

對於任意 $x = (x_i) \in l_p$，令 $x_n = (x_1, x_2, \cdots, x_n, 0, \cdots)$ (truncated 型式)，明顯地，$x_n \in l_p$，並且

$\|x - x_n\|_{l_p}^p = \sum_{i=n+1}^{\infty} |x_i|^p$。

由於 $x \in l_p$ 可知，當 $n \to \infty$ 時，$\|x - x_n\|_{l_p}^p = \sum_{i=n+1}^{\infty} |x_i|^p \to 0$，故由 $g \in (l_p)^*$，可得 $g(x_n) \to g(x)$。

因而 $g(x) = \lim_{n\to\infty} g(x_n) = \lim_{n\to\infty} \sum_{i=1}^{n} x_i g(e_i) = \sum_{i=1}^{\infty} \alpha_i x_i \triangleq f_\alpha(x)$。

故每個 $g = f_\alpha = T\alpha$ ($g \in (l_p)^*$)都對應某個 $\alpha \in l_q$ 成立，因此 T 是滿射。
綜合上述，T 是一一對應的保範同構。

(3) 將保範同構的賦範空間看作一樣的情況下，$(l_p)^* = l_q$。注意，此處 " = " 是可看作一樣的意思，不是真的一樣，$(l_p)^*$ 是映射集合形成的空間。每一映射對應一個無窮數列，但此無窮數列不是映射；此無窮數列是映射的參數。

定理 3.4.3 Riesz 表示定理 (Riesz Representation Theorem)

設 H 為 Hilbert 空間，對任何 f，f 只要是 H 上的連續線性泛函，則可找到 $z \in H$，滿足：對於 $\forall x \in H$，$\forall f(x) = (x, z)$，且 $\|f\| = \|z\|$，同時此 z 是唯一的。

證明 (1) z 的存在性。　當 f 為零泛函時，令 $z = 0$；當 f 不為零泛函時，$\ker(f) \neq H$，即 $\ker(f)^\perp \neq \{\theta\}$，

於是存在 $z_0 \in \ker(f)^\perp$ 且 $z_0 \neq \theta$。

對於 $\forall x \in H$ 可得

$f\left(x - \frac{f(x)}{f(z_0)} z_0\right) = 0$，可知 $x - \frac{f(x)}{f(z_0)} z_0 \in \ker(f)$。又 $z_0 \in \ker(f)^\perp$，

兩者作內積得 $\left(x - \frac{f(x)}{f(z_0)} z_0, z_0\right) = 0$，即 $(x, z_0) - \left(\frac{f(x)}{f(z_0)} z_0, z_0\right) = 0$，亦即

$$f(x) = \frac{f(z_0)}{(z_0, z_0)}(x, z_0) = (x, \frac{\overline{f(z_0)}}{\|z_0\|^2} z_0) = (x, z) \text{,}$$

其中 $z = \frac{\overline{f(z_0)}}{\|z_0\|^2} z_0$。

(2) z 的唯一性。假設存在 $z_1 \in H$ 也滿足 $\forall x \in H$，$f(x) = (x, z_1)$。即 $(x, z) = f(x) = (x, z_1)$，於是得

$$(x, z) - (x, z_1) = (x, z - z_1) = 0 \text{。}$$

取 $x = z - z_1$，利用內積定義之非負性可得 $(x - z_1, x - z_1) = 0$，即 $z = z_1$。

(3) 証明 $\|f\| = \|z\|$。

找上界：由內積不等式得 $|f(x)| = |(x, z)| \le \|x\| \cdot \|z\|$，即 $\frac{|(x,z)|}{\|x\|} \le \|z\|$，利用 $\|f\|$ 之定義可得，

$$\|f\| = \sup_{x \ne 0}\{\frac{|f(x)|}{\|x\|}\} \le \|z\|$$

找下界：由 $\|z\|^2 = (z, z) = |f(z)| \le \|f\| \|z\|$，可得 $\|z\| \le \|f\|$。

故綜合可得 $\|f\| = \|z\|$。

上述 Riesz **表示定理**知，在 Hilbert 空間 H，對 $\forall f \in H^*$（f 是連續有界線性泛函且在完整內積空間中），先找到 z_0，就可找到 $z \in H$ 滿足 $f(x) = (x, z)$，且 $\|f\| = \|z\|$，同時不會存在這種情形 $(x, z) = (x, z_1)$，但 $z \ne z_1$。

反過來，如例 3.4.1，可知 $\forall z \in H$，存在連續線性泛函 $f_z = (x, z)$，從而存在 $\varphi: H \to H^*$，其中 $\varphi(z) = f_z$，即 $\varphi: z \to f_z$。φ 是從 H 到 H^* 上的等距同構線性映射，即 $H = H^*$。（直觀來說，z 對應到 f_z 的下標 z，嵌射成立。此處 " = " 是可看作一樣的意思。）

例 3.4.6 對不完整內積空間，Riesz **表示定理**不一定成立。

證明 設 $X = \{(x_i) \mid$ 只有有限個 x_i 不為零，$x_i \in \mathbb{R}\}$，$\|x\| = (\sum_{i=1}^{\infty} |x_i|^2)^{\frac{1}{2}}$。X 在 $(x, y) = \sum_{i=1}^{\infty} x_i y_i$ 下是內積空間。點列 $a_k = (x_1, \cdots, x_k, 0, 0, \cdots)$：$x_1 = x_2 = \cdots = x_k = 1$，$a_k \in X$，$k = 1, 2, \cdots$。點列發展下去會到空間X的外面，所以X是不完

整內積空間。

$f(x) = \sum_{i=1}^{\infty} \frac{x_i}{i^2}$ ，並且 $|f(x)| = |\sum_{i=1}^{\infty} \frac{x_i}{i^2}| \le (\sum_{i=1}^{\infty} \frac{1}{i^2}) \|x\|$。故 f 有界線性。

但不存在 $y \in X$，使得對任意 $x \in X$，有 $f(x) = (x, y)$。

假設存在 $y = (y_i) \in X$，使得 $f(x) = (x, y)$，則對於 $e_i = (0, 0, \cdots, 0, 1, 0, \cdots, 0) \in X$，有 $y_i = (e_i, y)$，並且可得 $f(e_i) = \frac{1}{i^2}$。$y_i = (e_i, y) = f(e_i) = \frac{1}{i^2}$，對所有 i 都成立。為了對所有 i 都成立，(y_i) 必須是一個無窮數列。因為 X 的元素 (x_i) 為有限個 x_i 不為零，所以 $y = (y_i) \notin X$，產生矛盾。故 Riesz **表示定理**在 X 上不成立。

3.5 算子乘法與逆算子

定義 3.5.1 **算子乘積(Operator Product)**

設 X, Y, Z 是同一數域上的賦範線性空間，$T_1 \in B(X \to Y)$，$T_2 \in B(Y \to Z)$，$\forall x \in X$，

定義 $(T_2 T_1)x \triangleq T_1(T_2 x)$，則稱 $T_2 T_1$ 為 T_1 右乘 T_2，或稱 T_2 左乘 T_1。

例如，矩陣算子 $A_{m \times n}: \mathbb{R}^n \to \mathbb{R}^m$，其中 $A = (a_{ij})_{m \times n}$，可驗證 $A \in B(\mathbb{R}^n \to \mathbb{R}^m)$ (B 為 bounded mapping 之意)。

令 $C = (c_{ij})_{k \times m}: \mathbb{R}^m \to \mathbb{R}^k$，那麼顯然有 $CA \in B(\mathbb{R}^n \to \mathbb{R}^k)$。

性質 3.5.1 設 X, Y, Z 是同一數域上的賦範線性空間，若 $T_1 \in B(X \to Y)$，$T_2 \in B(Y \to Z)$，則

$T_2 T_1 \in B(X \to Z)$，$\|T_2 T_1\| \le \|T_2\| \|T_1\|$。

證明 $\forall x \in X$ 有

$\|(T_2 T_1)x\| = \|T_2(T_1 x)\| \le \|T_2\| \|T_1 x\| \le \|T_2\| \|T_1\| \|x\|$。

於是 $T_2 T_1 \in B(X \to Z)$。由上式可得，當 $\|x\| \ne 0$ 時，$\frac{\|(T_2 T_1)x\|}{\|x\|} \le \|T_2\| \|T_1\|$，即得

$\|T_2\| \|T_1\| = \sup\limits_{\|x\| \ne 0} \{\frac{\|T_2 T_1 x\|}{\|x\|}\} \le \|T_2\| \|T_1\|$ 。

推論 3.5.1 設 X 為賦範線性空間，若 $T, S \in B(X)$，則 $ST \in B(X)$ 且 $\|ST\| \le \|S\| \|T\|$。

定義 3.5.2 **賦範代數(Normed Algebra)**

在賦範線性空間 X 的代數稱作**賦範代數**($\forall x, y \in X$ 有 $\|xy\| \le \|x\| \|y\|$)。完整空間的賦範代數稱作 **Banach 代數(Banach Algebra)**。

當 X 是賦範線性空間時，$B(X)$ 是賦範代數；當 X 是 Banach 空間時，$B(X)$ 是

Banach 代數。

算子運算的記號如下：

(1) 算子乘法。

  $T_1 T_2 T_3 \triangleq T_1(T_2 T_3)$；並滿足結合律 $(T_1 T_2)T_3 = T_1(T_2 T_3)$。

(2) 單位算子(恆等算子)I。

  $I: X \to X$ 為，$Ix = x$。$\|I\| = 1$，$\forall T \in B(X)$，有 $IT = TI = T$。

(3) 算子多項式。

$T^0 \triangleq I$，$T^1 \triangleq T$，$T^2 \triangleq TT$，$T^3 \triangleq TTT$，以及，$T^n \triangleq \underbrace{TT \cdots T}_{n}$，$T^{m+n} \triangleq T^m T^n$。

於是，

形成算子多項式 $P(T) = a_0 I + a_1 T^1 + a_2 T^2 + \cdots + a_n T^n \in B(X)$，$\forall x \in X$，

$P(T)x = a_0 Ix + a_1 T^1 x + a_2 T^2 x + \cdots + a_n T^n x$。(P:polynomial 之意)

顯然，$\|P(T)\| \le |a_0| + |a_1| \|T^1\| + |a_2| \|T^2\| + \cdots + |a_n| \|T^n\| < +\infty$。

定義 3.5.3 **可逆算子(Invertible Operator)與逆算子(Inverse Operator)**

  設 X,Y 是同一數域上賦範線性空間，且 $T \in B(X \to Y)$，如果存在 $S \in B(Y \to X)$，滿足 $ST = I_X$，$TS = I_Y$，則稱 T 是可逆算子，且與 S 與 T 互為可逆算子，記為：$T^{-1} = S$，其中，I_X、I_Y 分別是 X、Y 上的恆等算子。

  T 的可逆算子 S 唯一存在，且 $(T^{-1})^{-1} = T$，以及 $(-T)^{-1} = -T^{-1}$，可逆算子的乘積亦可逆。設 $x \in X$，$y \in Y$，則 $Tx = y$。因為 $x = T^{-1}y = T^{-1}Tx$，所以 X 到 Y 的映射是雙射(一對一且蓋射)。即 T 的可逆算子 S 唯一存在。

  定理 3.5.1 設 X,Y,Z 是賦範線性空間，$T \in B(X \to Y)$，$S \in B(Y \to Z)$。如果 T、S 都為可逆算子，則

(1) $(T^{-1})^{-1} = T$。證明：$(T^{-1})^{-1}T^{-1} = I$，即 $(T^{-1})^{-1} = T$。

(2) $(ST)^{-1} = T^{-1}S^{-1}$。證明：$(ST)^{-1}ST = I$，即 $T^{-1}S^{-1}\ ST = I$。

  定理 3.5.2 設 X 為 Banach 空間(巴拿赫空間)，若 $T \in B(X \to X)$(或寫成 $T \in B(X)$)，$\|T\| < 1$，則

$(I - T)$、$(T - I)$可逆，且$(I - T)^{-1} = \sum_{i=0}^{\infty} T^i$，$(T - I)^{-1} = -\sum_{i=0}^{\infty} T^i$。

證明 由於$\|T\| < 1$，所以$\sum_{i=0}^{\infty} \|T^i\|$收斂。下面証$S_n = \sum_{i=0}^{n} T^i$收斂，給定

$P \in \mathbb{N}^+$，因為 $\|S_{n+p} - S_n\| = \|T^{n+1} + T^{n+2} + \cdots + T^{n+p}\| \leq \sum_{i=1}^{p} \|T\|^{n+i} =$

$\frac{\|T\|^{n+1}(1 - \|T\|^p)}{1 - \|T\|} \to 0 , n \to \infty$，

所以$\{S_n\}$為柯西列。由定理 3.3.3 知$T \in B(X)$為 Banach 空間，故點列$S_n = \sum_{i=0}^{n} T^i$

收斂在原空間$(n \to \infty)$。可以記為$A = \sum_{i=0}^{\infty} T^i$，由於

$(I - T)A = (I - T) \sum_{i=0}^{\infty} T^i = \sum_{i=0}^{\infty} T^i - \sum_{i=0}^{\infty} T^{i+1} = T^0 = I$，

又$A(I - T) = (\sum_{i=0}^{\infty} T^i)(I - T) = \sum_{i=0}^{\infty} T^i - \sum_{i=0}^{\infty} T^{i+1} = T^0 = I$，

故$(I - T)^{-1} = A = \sum_{i=0}^{\infty} T^i$。同理可證$(T - I)^{-1} = -\sum_{i=0}^{\infty} T^i$。

推論 3.5.2 若 X 是賦範線性空間，Y是 Banach 空間，則$B(X \to Y)$中的所有可逆算子形成一個開集。

證明 設$B(X \to Y)$中的所有可逆算子組成的集合為 A，即 $A \subset B(X \to Y)$；

$T \in A$及$\delta = \|T^{-1}\|^{-1}$。對於任意算子$S \in B(X \to Y)$，下面證明若$\|S - T\| < \delta$，則$S \in$

A。$(T \in A)$

因為$(T - S)T^{-1} \in B(X \to Y)$，及Y是 Banach 空間，及

$\|(T - S)T^{-1}\| \leq \|T - S\| \|T^{-1}\| < \|T^{-1}\|^{-1} \|T^{-1}\| = 1$，

所以根據定理 3.5.2 知 $I_Y - (T - S)T^{-1}$是可逆算子。

由 $I_Y - (T - S)T^{-1} = I_Y - (I_Y - ST^{-1}) = ST^{-1}$，

知ST^{-1}也是可逆算子。因此$ST^{-1}T = S$是可逆算子(可逆算子的乘積亦可逆)，即

$S \in A$。

故 A 中任一點都是內點，故$B(X \to Y)$中的所有可逆算子組成的集合為開集。

注意：當$\delta = \|T^{-1}\|^{-1}$時，$S \in A$。表示任意小$\delta > 0$，$S \in A$。

註：內點：直觀來說，內點周圍看到都是同類的(同集合的成員)。

例 3.5.1 設 $A \in \mathbb{R}$，映射 k ：$[0,1] \times [0,1] \to \mathbb{R}$，定義$k(x,y) = A\sin(x - y)$。

若$|A| < 1$，

證明對任意$f \in C[0,1]$，存在$h \in C[0,1]$，滿足

$h(x) = f(x) + \int_0^1 k(x,y)h(y)dy$。

    證明 因為$k(x,y) = A\sin(x-y)$，所以

    $M = \sup\{|k(x,y)| \big| : (x,y) \in [0,1] \times [0,1]\} = |A| < 1$。

由 例 3.1.5 的證明知，映射$[L(g)](s) = \int_0^1 k(s,t)g(t)dt \ (\forall g(t) \in C[0,1])$是線性有界映射，即

$\|L(g)\| \le M\|g\|$。($\|g\| = \int_0^1 g(t)dt$)

所以 $\|L\| \le M < 1$。由定理 3.5.2 知$(I-L)$可逆，從而令$h = (I-L)^{-1}f$，則$(I-L)h = f$，

即 $h(x) - \int_0^1 k(x,y)h(y)dy = f(x)$。

因此$h(x) = f(x) + \int_0^1 k(x,y)h(y)dy$。

3.6 Baire 綱集定理

定理 3.6.1 設 X,Y 是賦範線性空間，及 $T \in L(X \to Y)$，則 $T \in B(X \to Y)$ 當且僅當 $\{x \in X \mid \|Tx\| \leq 1\}$ 的內部為非空集。

證明 $\Rightarrow$ 若 $T \in B(X \to Y)$，則存在 M>0，滿足 $\forall x \in X$，$\|Tx\| \leq M\|x\|$，則當 $\|x\| < \frac{1}{M}$ 時，$\|Tx\| \leq 1$。因此，$\{x \mid x \in X, \|x\| < \frac{1}{M}\} \subset \{x \mid \|Tx\| \leq 1\}$(類似若 $x \in A \Rightarrow x \in B$ 則 $A \subset B$)，

即 $\{x \mid \|Tx\| \leq 1\}$ 的內部為非空集。

$\Leftarrow$ 若 $\{x \in X \mid \|Tx\| \leq 1\}$ 的內部為非空集，則可以設

像源 $O(x_0, \delta) = \{x \mid x \in X, \|x - x_0\| < \delta\} \subset \{x \in X \mid \|Tx\| \leq 1\}$。

若 $x \in X$，$\|x\| < \delta$，那麼 $x + x_0 \in O(x_0, \delta)$。於是有

$$\|Tx\| = \|T(x + x_0 - x_0)\| \leq \|T(x + x_0)\| + \|Tx_0\| \leq 1 + \|Tx_0\|。$$

因為 $\forall x \in X$ 且 $x \neq 0$，有 $\left\|\frac{\delta x}{2\|x\|}\right\| < \delta$，所以 $\left\|T(\frac{\delta x}{2\|x\|})\right\| \leq 1 + \|Tx_0\|$，即

$$\|Tx\| \leq (\frac{2}{\delta} + \frac{2\|Tx_0\|}{\delta})\|x\|，故 T \in B(X \to Y)。$$

定義 3.6.1 稀疏集(Sparse Set)

設 X 是距離空間，$A \subset X$，若 A 的閉包的內部是空集，即 $(\overline{A})^\circ = \emptyset$，則稱 A 是稀疏集(或稱疏集)。"$\circ$" 是內部的意思。稀疏集又稱疏朗集或稱無處稠密集 (Nowhere Dense)，即不存在聚點。同時，稀疏集 A 的閉包沒有內點。

如果集合 A 可以表示成稀疏集的至多可列個聯集(又稱並集)，即 $A = \bigcup_{n=1}^{\infty} A_n$，$A_n$ 是稀疏集，則稱 A 為**第一類型集**，或稱**第一綱集**，或稱**貧集** (即稀疏集之"至多可列並"稱作**貧集**，亦即點分布貧乏之意；有理數是貧集，區間 $[-1,1]$ 中有理

數的測度(即總長度)為 0，所以真的是分布貧乏)；不是第一類型集的集合稱**第二類型集(又稱第二綱集)**，亦可稱作**非貧集**。又至多可列集(at most Countable Set)是有限集與可列集的總稱，這裡可列集是指像自然數或整數的集合。至多可列並是至多可列並集的意思。至多可列集是指有限集或可列集，表示最多是可列集的意思。**可列集(又稱可數集)**表示可無窮地一個一個數下去的集合，整數集就是可列集(同時也是無限集)。有些書可列集是指可一個一個數的集合，包含有限集及無窮地一個一個數下去的集合。

若 $(\overline{A})^\circ = \emptyset$，則表示 $\overline{A}$ 不含有內點(沒有內部)，即 $\forall x \in \overline{A}$，不存在任何開球 $O(x, \delta) \subset \overline{A}$。換句話說，當 A 為稀疏集時，A 不在任何開球稠密，故**稀疏集**又稱**無處稠密集**。

定義 3.6.2 第一綱集(First Category Set)及第二綱集(Second Category Set)
若 A 可以表示成至多可列個稀疏集的聯集，則稱 A 是**第一綱集**，否則稱為**第二綱集**。

綱是生物學上分類系統所用的階級之一，分階於門之下，如，界、門、綱、目、科、屬、種。

稀疏集(或稀疏集之"至多可列並")是**第一綱集**，有理數集也是**第一綱集(又稱貧集)**，可以發現在某一區間其測度為 0(在某一區間計算測度)。**故第一綱集是距離空間中的至多可列集**。至多可列集的元素之間不一定有距離，但在距離空間中，至多可列集的元素之間就有距離了。單點集亦是稀疏集。所謂單點集即只有一個點的集合(one-point set)。

因為稀疏集沒有內點，故非稀疏集含有內點。有理數集也沒有內點，因為每個元素的周圍，看到都不是同類的(同集合的)。故非有理數集含有內點。綜合得知非第一綱集(非貧集)有內點。即第二綱集有內點。

貧集的討論：當討論一立方公尺的空氣分子時(室溫下)，此時空氣分子作隨機運動(布朗運動)，空氣分子間的距離隨時變動。我們可以說這些氣體分子是在離散距離空間中，我們不 care 空氣分子間的距離。在平凡距離空間中，討論貧集這個用語是沒有意義的。在歐式空間、l^p 空間、L^p 空間中討論是否為貧集才有意義的。所謂貧集即是分布貧乏之集(空間點分布貧乏之集)。談到分布，就知道空間元素在某一距離空間中。歐式空間的單點集也是貧集。區間空間 $(0,1)$ 中的至多可列集也是貧集。若 $(0,1)$ 中的有理數記為 $Q_{(0,1)}$，$Q_n = Q_{(0,1)} + \frac{1}{\sqrt{n}}$，$n = 1, 2, \cdots$。

設 $A_n = \begin{cases} Q_n & , \ Q_n < 1, \\ Q_n - 1 & , \ Q_n \geq 1。\end{cases}$

$\bigcup_{n=1}^{\infty} A_n$ 是可列集(因為可以無窮地一個一個數下去)，也是貧集。

$\{a_n\}$，$n = 1, 2, \cdots$。$\{a_n\}$ 是可列集，此時還不是貧集。若可列集 $\{a_n\}$ 在歐式空間中、或在 l^p 空間中、或在 L^p 空間中，$\{a_n\}$ 就是貧集。

又有理數集可以看作幾乎道路連通，但 $(0,1)$ 中有理數的測度為 0。這裡"幾乎"類似"幾乎處處"的意思。

在平凡距離空間 (X, d_0) 中，$\{x\} = O(x, 0.5)$ 是單點集，但此點 x 的開球包含於原集合內，故單點集 $\{x\}$ 為內點，故在平凡距離空間中，單點集 $\{x\}$ 是**第二綱集(又稱非貧集)**。這是因為內點的定義，導致產生奇特的**非貧集**。

在有理數 Q 中，若 $x \in Q$ ，$\forall \delta > 0$，$O(x, \delta)$ 無法被包含在有理數 Q 裡面，因為在有理數 Q 中，沒有道路連通的區域，只有連通的區域。(有理數是貧集)

設 X 是距離空間，$x_0 \in X$，若存在鄰域 $O(x_0, \delta)$，使得 $O(x_0, \delta) \cap X = \{x_0\}$，則稱 x_0 為距離空間 X 的**孤立點**(Isolated Point)。即周圍都沒有相同空間的元素。

設 $X = [0,1]$，$[0,1]$ 是 0 到 1 的區間，X 中的有理數集 A 是 X 的稠密子集。A 雖然是稠密子集，可是，事實上，A 在 X 中是相當稀疏的，為何?因為 A 的測度為 0，但 A 又不是稀疏集。A 的閉包在 X 中就更稠密了。

　　有理數是實數的稠密集，有理數的補集亦是稠密集。這句話表達稠密集的補集不一定是稀疏集。

但稀疏集的補集是稠密集，因為 $(\overline{A})^c \subset A^c$，再由性質 3.6.1 (3)可得證。

　　無處稠密的閉集的補集是一個稠密的開集，因此無處稠密集的補集是內部為稠密的集合。

一個無處稠密集不一定是閉集，例如，集合 $A=\{1, \frac{1}{2}, \frac{1}{3}, \cdots\}$ 在實數集上是無處稠密集。因為 A 的閉包仍沒有內點，即使在 0 此處，仍找不到 $O(0, \delta)$ 被包含在 A 的閉包。

性質 3.6.1 設 X 是距離空間，$A \subset X$，則下列三個命題等價：

(1) A 為稀疏集。(稀疏集)

(2) $\overline{A}$ 不包含任何點的鄰域。

(3) $\overline{A}$ 的補集 $(\overline{A})^c$ 在 X 中稠密。

證明　(1)$\Rightarrow$(2) 採反證法，即推導 非 P$\Leftarrow$非 Q。

假設存在 $O(x_0, \delta) \subset \overline{A}$，即 $x_0 \in (\overline{A})^\circ$，亦即 $(\overline{A})^\circ \neq \emptyset$ (表示 A 不是稀疏集)，

這與稀疏集的定義 $(\overline{A})^\circ = \emptyset$ 相矛盾，故 $\overline{A}$ 不包含任何點的鄰域。

(2)$\Rightarrow$(3)　由已知可得　$\forall x \in X$ 及任意 $\delta > 0$，由 $O(x, \delta) \not\subset \overline{A}$（包含不住），知 $O(x, \delta) \cap (\overline{A})^c \neq \emptyset$。因為 δ 可任意小，X 的任何點的任意鄰域都含有 $(\overline{A})^c$ 的點，故 $(\overline{A})^c$ 在 X 中稠密(無窮小靠近)。

(3)$\Rightarrow$(1)　採反證法。假設 $(\overline{A})^\circ \neq \emptyset$（有內部），即存在 $O(x_0, \delta) \subset \overline{A}$，於是 $O(x, \delta) \cap (\overline{A})^c = \emptyset$，這與 $(\overline{A})^c$ 在 X 中稠密矛盾，即假設錯誤，故 A 為稀疏集。

性質 3.6.2 設 X 是距離空間，則

(1) 稀疏集的子集與閉包都是稀疏集。

(2) 有限個稀疏集的聯集是稀疏集。

(3) 若距離空間 X 不含有孤立點，則每一個有限集是稀疏集。

證明 (1) 稀疏集閉包沒內點，稀疏集子集的閉包亦沒內點。

(2)只要證明兩個稀疏集的聯集仍是稀疏集即可。設 A 與 B 是稀疏集，E＝A∪B。

由於$(\overline{E})^c = (\overline{A \cup B})^c = \left((A \cup B) \cup (A' \cup B')\right)^c = \left((A \cup A') \cup (B \cup B')\right)^c = (\overline{A})^c \cap (\overline{B})^c$ 。

根據性質 3.6.1 (3)，只需證明$(\overline{A})^c \cap (\overline{B})^c$在 X 中稠密即可。由於 A 與 B 是稀疏集，所以$(\overline{A})^c$與$(\overline{B})^c$在 X 中稠密且都是開集(如將單點取補集)。下面證明: 若兩個"開集"U 與 V 在 X 中稠密，則(U∩V)在 X 中稠密。($(\overline{A})^c$與$(\overline{B})^c$皆為開集；稠密子集可連通，亦可道路連通。)

對於$\forall x \in X$ 及任意$\delta > 0$，由於 U 在 X 中稠密，則$O(x, \delta) \cap U$是非空開集。又因 V 是稠密開集，由稠密的定義 1.4.1 知，集合 V 在 X 中稠密當且僅當 V 與 X 中的任何非空開集相交是非空開集。故$(O(x, \delta) \cap U) \cap V \neq \emptyset$，即$O(x, \delta) \cap (U \cap V)$是非空開集，亦即U∩V在 X 中稠密。

(3)單點集A $= \{x_0\}$是開集當且僅當x_0是孤立點。由於 X 不含有孤立點，$\{x_0\}$不是開集，$(\overline{A})^\circ = \emptyset$，即單點集A是稀疏集。由(2)的結論知每一個有限集是稀疏集。

定理 3.6.2 設 X 是距離空間，$A \subset X$，則 A 是稀疏集的充要條件是: 對任意開球$O(x, \delta)$，存在$O(y, r) \subset O(x, \delta)$，使得$A \cap O(y, r) = \emptyset$。

證明 $\Rightarrow$ (必要性) 設 A 為稀疏集，則 A 在$O(x, \delta)$不稠密，即$O(x, \delta) \not\subset \overline{A}$，於是存在

$O(y, r) \subset O(x, \delta)$使得 $A \cap O(y, r) = \emptyset$。

$\Leftarrow$(充分性) 採反證法。若 A 不是稀疏集，即存在$x \in (\overline{A})^\circ$，亦即存在$\delta > 0$，

使得$O(x,\delta) \subset \bar{A}$，則 A 在開球$O(x,\delta)$稠密，因此不存在$O(y,r) \subset O(x,\delta)$，使得 $A \cap O(y,r) = \emptyset$。

定理 3.6.3 Baire 綱集定理 (Baire Category Theorem)

完整的距離空間(X, d)是第二綱集(非貧集；如有理數是貧集)。

證明 假設 X 是完整的距離空間，但 X 是第一綱集，即 X 可以表示成至多可列個稀疏集的聯集，記為:$X = \bigcup_{n=1}^{\infty} A_n$，其中$A_n$是稀疏集。在 X 中任取一個閉球$\bar{O}$，由於$A_1$是稀疏集，由定理 3.6.2 知，$\bar{O}$必包含一個半徑小於 1 且不含有$A_1$的點的閉球$\bar{O}_1$。由於$A_2$是稀疏集，$\bar{O}_2$必包含一個半徑小於$\frac{1}{2}$且不含有$A_2$的點的閉球$\bar{O}_2$。依此類推，可得閉球列$\{\bar{O}_n\}$滿足$\bar{O}_1 \supset \bar{O}_2 \supset \cdots \supset \bar{O}_n \supset \cdots$，其中$\bar{O}_n$的半徑小於$\frac{1}{2^{n-1}}$。

根據閉球套定理知，存在$x_0 \in \bigcap_{n=1}^{\infty} \bar{O}_n \subset X$，同時對於每個$n$，$x_0 \notin A_n$，即 $x_0 \notin \bigcup_{n=1}^{\infty} A_n = X$。

這與$x_0 \in X$矛盾，故 X 是第二綱集。

當距離空間$X = N$(自然數)時，由於N(自然數)是完整的距離空間，所以N是第二綱集。但是當自然數N為 $\mathbb{R}$ 的子集時，由於單點集$\{n\}$是稀疏集，所以N是第一綱集(又稱貧集)。

註：The open interval $(-\sqrt{2}, \sqrt{2})$ is closed in Q(有理數)。所謂閉集就是其中點序列不會發展到外面。當點序列發展到外集合之時，一定是出現極限點不屬於原集合這種情形。

3.7 開映射定理與逆算子定理

定義 3.7.1 開映射(Open Map)

設 X,Y 是賦範線性空間,若算子 $T: X \to Y$ 能把 X 中的任一開集映射中 Y 中開集,則稱算子 T 為**開映射**。若 $T: X \to Y$ 是開映射,及 $S: Y \to Z$ 是開映射,則映射乘積 ST 也是開映射。

設 U 是數域 $\mathbb{F}$ 上(over $\mathbb{F}$)的線性空間,$A, B \subset U$,$\alpha, \beta \in \mathbb{F}$,$\alpha A + \beta B \triangleq \{\alpha x + \beta y \mid x \in A, y \in B\}$;

$\{x\} + B \triangleq \{x + y \mid y \in B\}$。

對於賦範線性空間 X 的兩個子集 $A, B \subset X$,$\overline{A} + \overline{B} \subset \overline{A + B}$(若 $\overline{A}$ 與 $\overline{B}$ 皆存在),為何?這是極限相加問題,即若 $\lim_{n \to \infty} x_n = x_0$,$\lim_{n \to \infty} y_n = y_0$ 則 $\lim_{n \to \infty} (x_n + y_n) = x_0 + y_0$。

又 $A = \{n\ln(1+n)\}$,$B = \{-n\ln(n)\}$,其中 $n = 1, 2, \cdots$。此時 $A + B \subsetneqq \overline{A + B}$($\subsetneqq$ 表示為真子集),由於 $\lim_{n \to \infty} n\ln(1+n) + (-n\ln(n)) = \lim_{n \to \infty} \ln \frac{(1+n)^n}{n^n} = \lim_{n \to \infty} (1 + \frac{1}{n})^n = 1$。$1 \in \overline{A + B}$ 但 $1 \notin A + B$。

注意,$A = \{n\ln(1+n)\}$,$\overline{A}$(將 A 取閉包)$= \{n\ln(1+n)\}$。可以發現 A 中的點序列不會發展成聚點(或稱極限點),所以點序列也不會發展到外集合,故 $A = \{n\ln(1+n)\} = \overline{A}$。同理,

$B = \{-n\ln(n)\} = \overline{B}$。此時,$\overline{A} + \overline{B} \subsetneqq \overline{A + B}$。從而,$\overline{A} + \overline{B} \subset \overline{A + B}$。

另一個例子,$A = \left\{ n + \frac{1}{3n} \right\}$,$n \in \mathbb{N}^+$。$B = \{-n\}$,$n \in \mathbb{N}^+$。A 與 B 皆是閉集。A 不包含正整數,

$0 \notin A + B$,$0 \in \overline{A + B}$。但 $\overline{A} + \overline{B} = A + B = \left\{ \frac{1}{3n} \mid n \in \mathbb{N}^+ \right\}$。故 $\overline{A} + \overline{B} \subset \overline{A + B}$。

設 $A = \{a_n | n \in \mathbb{N}^+\}$，$a_1 = \frac{1}{2}$，$a_2 = \frac{1}{2} + \frac{1}{4}$，$a_n = \frac{1}{2} + \frac{1}{4} + \cdots + \frac{1}{2^n}$。$|a_n - a_{n-1}| \to 0$，$n \to \infty$。

$a_\infty = 1$。$a_\infty \notin A$，a_∞ 是點序列 a_n 漸漸靠近的點，但卻永遠到達不了。

性質 3.7.1 設 X 是賦範線性空間，$A, B \subset X$，若 $x \in A^\circ$ 及 $y \in B^\circ$，則 $x + y \in (A + B)^\circ$。

證明 $x \in A^\circ$，則存在 $\delta > 0$，滿足 $O(x, \delta) \subset A$。

由 $O(x, \delta) + y \subset A + B$，$O(x, \delta) = \{z | \|z - (x)\| < \delta\}$

經過平移得 $O(x, \delta) + y = \{z | \|z - (x + y)\| < \delta\} = O(x + y, \delta)$，

知 $x + y \in (A + B)^\circ$。

為了敘述方便，可記 $O_X(0, \delta) = \{x \in X \mid \|x\| \le \delta\}$，$O_Y(0, \lambda) = \{y \in Y \mid \|y\| \le \lambda\}$。

引理 3.7.1 設 X,Y 是 Banach 空間(完整賦範線性空間)，算子 $T \in B(X \to Y)$，若 R(T) 是第二綱集，則

對於 $\forall \delta > 0$，可找到 $\lambda > 0$，使得 $O_Y(0, \lambda) \subset \overline{TO_X(0, \delta)}$。（閉球之賦範線性映射含有閉球像）

證明 令 $W = O_X(0, \frac{\delta}{2})$，顯然 $W + W \subset O_X(0, \delta)$，以及 $X = \bigcup_{k=1}^{\infty}(kW)$，所以有

$((-1,1) + (-1,1) = (-2,2)$; $(-1,1) + (-2,2) = (-3,3))$

$R(T) = T(X) = T(\bigcup_{k=1}^{\infty}(kW)) = \bigcup_{k=1}^{\infty} T(kW) = \bigcup_{k=1}^{\infty}(kTW)$。

由於 R(T) 是是第二綱集(又稱非貧集)，所以有內點，故存在某一個自然數 k_0，使得 $\overline{k_0 TW} = k_0 \overline{TW}$(線性性質)含有內點(非貧集之性質)，或另表示為：存在某一個 $\overline{k_0 TW}$ 含有內點，且 $\overline{k_0 TW} = k_0 \overline{TW}$。因為乘數不改變空間點分布的特質，於是

$\overline{TW}$也含有內點。

可以設一內點$y_0 \in (\overline{TW})^o$，於是存在$O(y_0, \eta) \subset \overline{TW}$。

再設$\|y - (-y_0)\| = \|-y - y_0\| \leq \eta$(賦範線性空間點的對稱性)，由左式可知$y \in O(-y_0, \eta)$等價於$-y \in O(y_0, \eta)$，即得 $O(-y_0, \eta) = -O(y_0, \eta)$ (利用與原點的對稱性推得出)。

當極限點$y \in \overline{TW}$時，存在$\{y_n\} \subset TW$以及$y_n \to y$。可以設$y_n = Tx_n$，此處$x_n \in W$。由$W = O_X(0, \frac{\delta}{2})$，可知 W 有原點對稱性，可得 $-x_n \in W$，對兩邊取T映射，得$T(-x_n) \in TW$，

則$T(-x_n) = -T(x_n) = -y_n \in TW$，所以另一極限點$-y = \lim_{n \to \infty}(-y_n) \in \overline{TW}$。$y \in \overline{TW}$與$-y \in \overline{TW}$形成原點對稱性。若$O(y_0, \eta) \subset \overline{TW}$，則$O(-y_0, \eta) \subset \overline{TW}$。因此$-y_0$是$\overline{TW}$的內點，即$-y_0 \in (\overline{TW})^o$。由性質 3.7.1 知$-y_0 - y_0$是$\overline{TW} + \overline{TW}$的內點。再由性質 3.7.1 知$y_0 + y_0$亦是$\overline{TW} + \overline{TW}$的內點。

又由於$\overline{TW} + \overline{TW} \subset \overline{TW + TW} \subset \overline{T(O_X(0, \delta))}$。

因為$-y_0 - y_0 \in \overline{T(O_X(0, \delta))}$及$y_0 + y_0 \in \overline{T(O_X(0, \delta))}$同時成立，形成原點對稱性。因此存在$\lambda > 0$，使得$O_Y(0, \lambda) \subset \overline{TO_X(0, \delta)}$ 。(由定理 3.1.3 知 T 在定義域上有界線性等價於 T 在定義域上連續)

上面證明表示: 若先給定一個δ值，則先作一鄰域 $W = O_X(0, \frac{\delta}{2})$，而後$W + W \subset O_X(0, \delta)$。最後可找到$\lambda > 0$，使得$O_Y(0, \lambda) \subset \overline{TO_X(0, \delta)}$ 。

註1：第二綱集爲非第一綱集。稀疏集爲第一綱集；有理數集也爲第一綱集(貧集)。稀疏集沒內點；有理數集也沒內點。對稀疏集取補集，得第二綱集，並且有內點。對有理數集取補集，得第二綱集，並且有內點。綜合得出第二綱集有內點。

註2：設A_1與A_2爲稀疏集，$(\overline{A_1} \cup \overline{A_2})^c = (\overline{A_1})^c \cap (\overline{A_2})^c$，又$(\overline{A_1})^c$與$(\overline{A_2})^c$爲開集，由性質 3.6.2 (2)中證明知$(\overline{A_1})^c \cap (\overline{A_2})^c$稠密，得$(\overline{A_1} \cup \overline{A_2})^c$稠密。又 $(\overline{A_1} \cup \overline{A_2})^c \subset (A_1 \cup A_2)^c$ ，故$(A_1 \cup A_2)^c$稠密。

對$(\overline{A_1} \cup \overline{A_2})^c$取閉包含有內點，對$(A_1 \cup A_2)^c$取閉包亦含有內點。

註 3：閉球裡面可能有開集，所謂閉球代表在此閉球裏面的點分布。

引理 3.7.2 設 X,Y 是 Banach 空間，算子$T \in B(X \to Y)$，若，若 R(T)是第二綱集，則對於$\forall \delta > 0$，存在$\lambda > 0$，使得$O_Y(0, \lambda) \subset TO_X(0, \delta)$。

證明 由引理 3.7.1 知，$\forall \delta > 0$，令$\delta_i = \frac{\delta}{2^i}$，存在對應的$\lambda_i > 0$，其中$i = 1, 2, \cdots$，使得

$O_Y(0, \lambda_i) \subset \overline{TO_X(0, \delta_i)}$。

可以令$\lambda_i < \frac{1}{3^i}$ (將假設簡單化)，

由$y_0 \in O_Y(0, \lambda_1) \subset \overline{TO_X(0, \delta_1)}$知，可找到$x_1 \in O_X(0, \delta_1)$及$Tx_1 = y_1$，並滿足$\|y_0 - y_1\| < \lambda_2$。

於是$y_0 - y_1 \in O_Y(0, \lambda_2) \subset \overline{TO_X(0, \delta_2)}$，

所以再可找到$x_2 \in O_X(0, \delta_2)$及$Tx_2 = y_2$，並滿足$\|y_0 - y_1 - y_2\| < \lambda_3$。依此類推，可找到

$x_i \in O_X(0, \delta_i)$及$Tx_i = y_i$，並滿足$\|y_0 - y_1 - y_2 - \cdots - y_i\| < \lambda_{i+3}$，$i = 1, 2, \cdots$。

由於$\lambda_{i+1} < \frac{1}{3^{i+1}} \to 0$，故$y_0 = \sum_{i=1}^{\infty} y_i$。

因$\|x_i\| < \delta_i = \frac{\delta}{2^i}$，所以 Banach 空間 X 的級數$\sum_{i=1}^{\infty} x_i$絕對收斂。可以設$x_0 = \sum_{i=1}^{\infty} x_i$，則

$\|x_0\| \leq \sum_{i=1}^{\infty} \|x_i\| < \sum_{i=1}^{\infty} \frac{\delta}{2^i} = \delta$。($x_i \in O_X(0, \delta_i)$)

因此 $Tx_0 = \sum_{i=1}^{\infty} Tx_i = \sum_{i=1}^{\infty} y_i = y_0$。得證。

定理 3.7.1 開映射定理(Open Mapping Theorem)

設 X,Y 是 Banach 空間，算子$T \in B(X \to Y)$，R(T) = Y，則T為開映射。(Banach 空間映射 Banach 空間；值域為 Banach 空間)

證明 設 G 是 X 中的開集，則$\forall y_0 \in T(G)$，存在$x_0 \in G$，使得$y_0 = T(x_0)$。

由於 G 是開集，則存在$\delta > 0$，滿足$O(x_0 , \delta) \subset G$，

又$O(x_0 , \delta) = \{x \in X | \|x - x_0\| < \delta\} = x_0 + \{x \in X | \|x\| < \delta\}$。

因為算子 $T \in B(X \to Y)$，對$G \supset O(x_0 , \delta)$兩邊取 T 運算(並利用 T 的線性性質；定義域上有界線性鄧價於定義域上連續)，

得 $T(G) \supset T\left(O(x_0 , \delta)\right) = T(x_0 + \{x \in X | \|x\| < \delta\}) = y_0 + T(\{x \in X | \|x\| < \delta\})$。

根據引理 3.7.2 知，存在$\lambda > 0$，使得$T(\{x \in X | \|x\| < \delta\}) \supset \{y \in Y | \|y\| < \lambda\}$。

綜合可得 $T(G) \supset y_0 + T(\{x \in X | \|x\| < \delta\}) \supset y_0 + \{y \in Y | \|y\| < \lambda\} = \{y \in Y | \|y - y_0\| < \lambda\}$，

即y_0是$T(G)$的內點，亦即$\forall y_0 \in T(G)$ 是$T(G)$的內點，因此$T(G)$是開集。

例 3.7.1 設 X,Y 是實數賦範線性空間(scalar 為實數)，若 T 是 X 到 Y 的開映射，則 T 一定是滿射。

證明 由於 T 是開映射，故開單位球$O_X = \{x \in X | \|x\| < 1\}$經過 T 的像$TO_X$是 Y 中包含 0 點(或稱θ點)的開集，因而$TO_X$包含某個開球$O_Y(0, r)$，故對任意$y \in Y$，皆存在$\alpha \in \mathbb{R}$，使得$\alpha y \in O_Y(0, r) \subset TO_X$，

即$\alpha y \in TO_X$，因而存在$x \in O_X$，滿足$\alpha y = Tx$。又$y = T\frac{x}{\alpha}$ (線性性質)，因y的任意性(y可為任意值)，所以 T 一定是滿射。

性質 3.7.2 若$T \in L(X \to Y)$且可逆，則T^{-1}是線性算子。

證明 $\forall y_1, y_2 \in Y$，$\alpha, \beta \in \mathbb{F}$，由$T \in L(X \to Y)$ 知

$$T(T^{-1}(\alpha y_1 + \beta y_2) - \alpha T^{-1} y_1 - \beta T^{-1} y_2)$$
$$= TT^{-1}(\alpha y_1 + \beta y_2) - \alpha TT^{-1} y_1 - \beta TT^{-1} y_2$$
$$= (\alpha y_1 + \beta y_2) - \alpha y_1 - \beta y_2 = 0。$$

由於T可逆，T亦不是零算子，亦即$T^{-1}(\alpha y_1 + \beta y_2) - \alpha T^{-1} y_1 - \beta T^{-1} y_2 = 0$，於是$T^{-1}(\alpha y_1 + \beta y_2) = \alpha T^{-1} y_1 - \beta T^{-1} y_2$ ，故T^{-1}是線性算子。

定理 3.7.2 逆算子定理(Inverse Operator Theorem)

設 X,Y 是 Banach 空間，算子$T \in B(X \to Y)$，若算子T是雙射(嵌射且滿射)，

則T^{-1}存在且$T^{-1} \in B(X \to Y)$。

證明 因T是雙射，故T^{-1}存在。根據性質 **3.7.2** 知T^{-1}是線性算子。設G為 X 中的任一開集，由**開映射定理**，知T為開映射，再得T(G)是 Y 中的開集。即$(T^{-1})^{-1}(G) = T(G)$是開集。利用定理 1.3.3(映射T^{-1}像中的任一開集，其像源是開集等價於連續映射)知T^{-1}是連續算子，從而$T^{-1} \in B(X \to Y)$。(線性連續又等價於線性有界)

($G \xrightarrow{(T^{-1})^{-1}} T(G)$, $G \xleftarrow[T^{-1}]{} T(G)$, $G \xrightarrow{T} T(G)$)

推論 3.7.1 設賦範線性空間 X 上有兩個範數，$\|\cdot\|_1$與$\|\cdot\|_2$。若$(X , \|\cdot\|_1)$與$(X , \|\cdot\|_2)$都是 Banach 空間，並且$\|\cdot\|_2$強於$\|\cdot\|_1$，則$\|\cdot\|_1$等價於$\|\cdot\|_2$。

證明 設 I 是$(X , \|\cdot\|_2)$到$(X , \|\cdot\|_1$的恆等映射。因$\|\cdot\|_2$強於$\|\cdot\|_1$，故存在 M>0，滿足

$\forall x \in X$, $\|Ix\|_1 = \|x\|_1 \leq M\|x\|_2$。($I: \|\cdot\|_2 \to \|\cdot\|_1$)

I 是有界線性算子並雙射，根據**逆算子定理**知I^{-1}是有界線性算子，故存在M'>0，滿足

$\forall x \in X$, $\|I^{-1}x\|_2 = \|x\|_2 \leq M'\|x\|_1$, 得 $\|\cdot\|_1$強於$\|\cdot\|_2$。

故$\|\cdot\|_1$等價於$\|\cdot\|_2$。

例 3.7.2 設 $X=\{(x_1, x_2, \cdots, x_n, 0, \cdots, 0, \cdots)| x_i \in \mathbb{R}, i = 1,2,\cdots, n, \}$，定義範數$\|x\| = \sup\{|x_i|\}$，以及

算子 $Tx = T(x_1, x_2, \cdots, x_n, 0, \cdots, 0, \cdots) = \left(x_1, \frac{x_2}{2}, \cdots, \frac{x_n}{n}, 0, \cdots, 0, \cdots\right)$。

證明算子 $T \in B(X \to X)$，但T^{-1}非有界線性。

證明 T有線性運算性質，故$T \in L(X \to X)$。

對於 $\forall x \in X$，滿足 $\|Tx\| \leq \|x\|$，故 T 有界。

由算子 T 的定義知 T 是雙射，並知 $T^{-1}(x_1, x_2, \cdots, x_n, 0, \cdots, 0, \cdots) =$

$(x_1, 2x_2, \cdots, nx_n, 0, \cdots, 0, \cdots)$。

因 $\|T^{-1}(0, 0, \cdots, 1, 0, \cdots, 0, \cdots)\| = \|(0, 0, \cdots, n, 0, \cdots, 0, \cdots)\| = n$，故 T^{-1} 非有界。

$$x_n = \left(1, \frac{1}{2}, \cdots, \frac{1}{n}, 0, \cdots, 0, \cdots\right) \in X, \ x_n \text{ 是基本列(或方便稱準收斂列)，但是不}$$

是收斂列，即 $(X, \|\cdot\|)$ 不是巴拿赫空間(**完整賦範線性空間**)，缺少**逆算子定理**中的完整性條件(或稱完備性條件)。

註：完整性空間(complete space)即空間中任何點列的發展，其極限點不會在外空間，即完整不缺之意。

定理 3.7.3 設 X,Y 是賦範線性空間，T 是 X 到 Y 的線性算子。

(1) 存在常數 M>0，滿足 $\forall x \in D(T)$，$\|Tx\| \geq M\|x\|$，則 T 可逆，$T^{-1} \in B(R(T) \to D(T))$，

且 $\forall y \in R(T)$，$\|T^{-1}y\| \leq \frac{1}{M}\|y\|$。(這裡表示不存在某一 $x_0 \neq 0$ 滿足 $Tx_0 = 0$)

(2) 若 T^{-1} 存在且 $T^{-1} \in B(R(T) \to D(T))$，則存在常數 M>0，滿足 $\forall x \in D(T)$，$\|Tx\| \geq M\|x\|$。

證明 (1) 由已知條件 $\|Tx\| \geq M\|x\|$ 知，僅當 $x = 0$ 時，$Tx = 0$，即 ker(T)=0，所以 T 為嵌射。T^{-1} 存在，由性質 3.7.2 知，T 是可逆線性，故 T^{-1} 是線性算子。設 $Tx = y$，$x = T^{-1}y$。

因 $\|Tx\| \geq M\|x\|$，故 $\forall y \in R(T)$，$\|T^{-1}y\| = \|x\| \leq \frac{1}{M}\|Tx\| = \frac{1}{M}\|y\|$，得 $T^{-1} \in B(R(T) \to D(T))$。

(2) 採反證法。假設 $\forall x \in D(T)$，$\|Tx\| \geq M\|x\|$ 不成立(M 為選定的一個值)，則 $\forall n \in \mathbb{N}^+$，存在 點列 $x_n \in D(T)$ 滿足 $\|Tx_n\| < \frac{1}{n}\|x_n\|$(找不到下界)，其中 $n = 1, 2, \cdots$。

令 $y_n = Tx_n$，即 $x_n = T^{-1}y_n$，於是 $\|y_n\| = \|Tx_n\| < \frac{1}{n}\|x_n\| = \frac{1}{n}\|T^{-1}y_n\|$，

即 $\|y_n\| < \frac{1}{n}\|T^{-1}y_n\|$ $(n\|y_n\| < \|T^{-1}y_n\|)$，這與 T^{-1} 是有界線性相矛盾，故存在常數 M>0，滿足 $\forall x \in D(T)$，$\|Tx\| \geq M\|x\|$。

註：若 $Tx_1 = Tx_2$，則 $T(x_1 - x_2) = 0$，即 $x_1 - x_2 = 0$，亦即 $x_1 = x_2$，此為嵌射形式。D(T) 即 Domain(T)。R(T)即 Range(T)。

　若存在常數 M>0，滿足 $\forall x \in D(T)$，$\|Tx\| \geq M\|x\|$，則稱算子 T 是下方有界的(有下界)。

定理 3.7.3 表示:若線性算子 T 下方有界，則 T 可逆，且 T^{-1} 有界線性。

3.8 線性泛函的延拓定理

設 $f(x)$ 是定義在 $x \in M$ 的函數，$F(x)$ 是定義在 $x \in X$ 的函數。當 $x \in M$ 時，$F(x) = f(x)$，則稱

F 是 f 在 X 上的延拓(extension)，f 是 F 在 X 上的限制(restriction)，記為 $F|_M = f$。

設 $f \in M^*$，$F \in X^*$，則存在 $\|F\|$，滿足 $\|F\| = \|f\|$，但延拓不唯一。即泛函函數經過延拓後，

展度保持不變(保範)的延拓是存在的。這是 **Hahn-Banach** 延拓定理。

泛函函數延拓後，Domain 會擴張，如圖 3.8.1 所示。

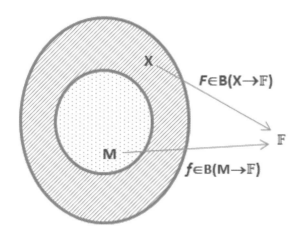

圖 3.8.1 線性泛函延拓示意圖

定理 3.8.1 設 X=span$\{M, x_0\}$ 為實數賦範線性空間(scalar 為實數)，其中 M 是 X 的非空子空間，$x_0 \notin M$，若 $f \in M^*$，則存在線性泛函 $F \in X^*$ 滿足

(1) $F|_M = f$（F 在 M 上的限制為 f）。(X 比子空間 M 多增加了一維)

(2) $\|F\| = \|f\|$（即保範延拓）。

證明 若$f = 0$，結論顯然成立。假設$f \neq 0$，且$\|f\| = 1$。$\forall x \in$X可唯一表示為$x = \lambda x_0 + y$，其中$\lambda \in \mathbb{R}$，$y \in$M。若$x = \lambda x_0 + y = \lambda' x_0 + y'$，則$x_0(\lambda - \lambda') = y' - y$，得$\lambda - \lambda' = 0$ (子空間 M$\perp x_0$)，再得$y' - y = 0$，故$\forall x \in$X可唯一表示為$x = \lambda x_0 + y$。

任何$F(x) = F(\lambda x_0 + y) = \lambda F(x_0) + f(y) = \lambda c_0 + f(y)$。$(c_0 = F(x_0))$

因為$\|f\| = 1$(展度f=1)，故須選擇適合的c_0滿足$|F(x)| \leq \|x\|$(展度F=1)，即滿足$-\|\lambda x_0 + y\| \leq \lambda c_0 + f(y) \leq \|\lambda x_0 + y\|$。 $(x = \lambda x_0 + y)$

當$\lambda = 0$時，上式顯然成立。

當$\lambda \neq 0$時，上式可化為：$-\left\|x_0 + \frac{y}{\lambda}\right\| - f\left(\frac{y}{\lambda}\right) \leq c_0 \leq \left\|x_0 + \frac{y}{\lambda}\right\| - f\left(\frac{y}{\lambda}\right)$，

即$\forall z \in$M ，滿足$-\|x_0 + z\| - f(z) \leq c_0 \leq \|x_0 + z\| - f(z)$。(不等式左右重組)

又 $\forall z_1, z_2 \in$M 滿足 $f(z_2) - f(z_1) = f(z_2 - z_1) \leq \|z_2 - z_1\| = \|(z_1 + x_0) - (z_2 + x_0)\|$

$$\leq \|x_0 + z_1\| + \|x_0 + z_2\|。$$

得$-\|x_0 + z_1\| - f(z_1) \leq \|x_0 + z_2\| - f(z_2)$。

因為c_0須適用所有的$z \in$M，故選擇$c_0 \in [\alpha, \beta]$，其中$\alpha = \sup\limits_{z_1 \in M}\{-\|x_0 + z_1\| - f(z_1)\}$，

$\beta = \inf\limits_{z_2 \in M}\{\|x_0 + z_2\| - f(z_2)\}$。

當$\alpha \neq \beta$時，c_0的選擇不唯一，所以線性延拓不唯一。

例 3.8.1 設 X=$\mathbb{R}^2$，M=$\mathbb{R} \times \{0\}$(即一維空間)，M 為賦範線性空間 X 的子空間，其中範數定義為:$\|v\| = |x| + |y|$，此處$v = (x, y) \in \mathbb{R}^2$。$\forall u = (x, 0) \in$M，$f \in$M*，並定義$f(u) = x$。設$\alpha \in [-1, 1]$，$\forall v = (x, y) \in$X，$F_\alpha(v) = x + \alpha y$。證明$F_\alpha\big|_M = f$及$\|F_\alpha\| = \|f\| = 1$。

證明 由於$\forall u = (x, 0) \in$M，$F(u) = x = f(u)$，即$F_\alpha\big|_M = f$。而且展度$\|F_\alpha\| \geq \|f\| = 1$。

$\forall v = (x, y) \in X$ ，有($\|F_\alpha\|$的量測範圍比$\|f\|$更廣)

$$|F_\alpha(v)| = |x + \alpha y| \le |x| + |\alpha| |y| \le |x| + |y| = \|v\| ,$$

所以展度$\|F_\alpha\| \le 1$，即$\|F_\alpha\| = \|f\| = 1$。

定義 3.8.1 次線性泛函 (Sublinear Function)

設 X 是數域$\mathbb{F}$上的線性空間(以$\mathbb{F}$作 scalar)，若實數值泛函$p: X \to \mathbb{R}$，$\forall x, y \in X$及$\alpha \ge 0$，滿足

(1) $p(x + y) \le p(x) + p(y)$ ；

(2) $p(\alpha x) = \alpha p(x)$ ，

則稱函數p是 X 上的次線性泛函。(比滿足線性泛函的條件更弱些)

由以上定義可知，線性性質最重要的性質是$p(\alpha x) = \alpha p(x)$，次線性可看成是准線性或半線性。

定理 3.8.2 (實數線性空間上的 Hahn-Banach 定理) 設 M 為實數線性空間 X的子空間，

$g: X \to \mathbb{R}$為次線性泛函，以及$\forall x \in M$，線性泛函$f: M \to \mathbb{R}$，滿足$f(x) \le g(x)$，則存在線性泛函$F: X \to \mathbb{R}$，(F是f的延拓)

使得 $\forall x \in M$有$F(x) = f(x)$ ；$\forall x \in X$有$F(x) \le g(x)$。 ($f(x) \le g(x)$變成$F(x) \le g(x)$)

這裡$f(x) \le g(x)$可以看成$f(x)$受$g(x)$控制，故此定理可以看成受控制延拓(拓展)。

證明 (1)假設 X=span$\{M, x_0\}$，其中$x_0 \in X \backslash M$。$\forall x \in M$，$\lambda \in \mathbb{R}$，令

$$F(x + \lambda x_0) = f(x) + \lambda c , \quad (F(x_0) = c ; x \in M ; x_0 \in X \backslash M)$$

其中 c 是滿足下列條件的常數:

$$\sup_{x \in M}\{f(x) - g(x - x_0)\} \le c \le \inf_{y \in M}\{g(y + x_0)\} - f(y) ,$$

因為$\forall x, y \in M$，有 $f(x) + f(y) = f(x+y) \le g(x+y) = g(x - x_0 + y + x_0) \le g(x-x_0) + g(y+x_0)$，

所以可得 $\forall x, y \in M$，$f(x) - g(x-x_0) \le g(y+x_0) - f(y)$，

即證明上述 c 的存在。

根據$F(x + \lambda x_0) = f(x) + \lambda c$可知，$F: X \to \mathbb{R}$為線性泛函。下面只須證明:

$\forall x \in M$，$\lambda \in \mathbb{R}$，有$F(x + \lambda x_0) = f(x) + \lambda c \le g(x + \lambda x_0)$(滿足受控制延拓)。

當$\lambda = 0$時，$f(x) + \lambda c \le g(x + \lambda x_0)$顯然成立。

當$\lambda > 0$時，根據 c 滿足的條件知: $c \le g\left(\frac{1}{\lambda}x + x_0\right) - f\left(\frac{1}{\lambda}x\right) = \frac{1}{\lambda}[g(x + \lambda x_0) - f(x)]$，

可得$\lambda c \le g(x + \lambda x_0) - f(x)$，即$f(x) + \lambda c \le g(x + \lambda x_0)$。

當$\lambda < 0$時，根據 c 滿足的條件知，$\frac{1}{-\lambda}[f(x) - g(x + \lambda x_0)] = f\left(\frac{1}{-\lambda}x\right) - g\left(\frac{1}{-\lambda}x - x_0\right) \le c$，

可得 $f(x) + + \lambda c \le g(x + \lambda x_0)$。

(2)假設存在 X 的子空間序列$M = M_0 \subset M_1 \subset M_2 \subset \cdots \subset M_n \subset \cdots$，使得 $X = \bigcup_{n=0} M_n$，其中 $M_n = \text{span}\{M_{n-1}, x_n\}$，$x_n \in M_n \backslash M_{n-1}$。(子空間每次擴張一維)

利用上述(1)的結論並歸納可得:存在f的逐次線性泛函延拓序列 $F_n: M_n \to \mathbb{R}$，使得 $\forall x \in M_n$，有$F_n(x) \le g(x)$。構造線性泛函 $F: X \to \mathbb{R}$，$\forall x \in M_n$，$n = 0,1,2,\cdots$，滿足 $F(x) = F_n(x)$，則F滿足命題要求。

(3) 若 X 中不能滿足上述(2)的延拓條件，下面利用 Zorn 引理(參考**定理 2.9.4**之前敘述)證明 X 可滿足延拓條件。

令 $C = \{p \,|\, p: D(p) \to \mathbb{R}, D(p) \subset X\}$，($D(p)$為函數 p 的 Domain 之意)

其中p是 f 的線性延拓且滿足: $\forall x \in D(p)$，$p(x) \le g(x)$。 (f的延拓是 p；p的延拓是 q)

若 $q: D(q) \to \mathbb{R}$ 是 $p: D(p) \to \mathbb{R}$ 的線性延拓，則記為: $p \leq q$。於是集合 C 在 " $\leq$ "意義下形成一個序集。設 S 是 C 的一個全序子集，即當 $p, q \in S$ 時，必有 $p \leq q$ 或 $p \geq q$ 成立。

設線性泛函 $h \in S$，$h: D(h) \to \mathbb{R}$，其中 $D(h) = \bigcup_{p \in S} D(p)$ ；$\forall x \in D(p)$，$h(x) = p(x)$。(這是一個 Domain 各種擴張的聯集)

由(2)的結論可知，$\forall x \in D(h)$，滿足 $h(x) \leq g(x)$。

應用 Zorn 引理可知，集合 C 上存在極大元 F，即 $F: D(F) \to \mathbb{R}$。此處 $D(F) = X$，且滿足 $\forall x \in X$，$F(x) \leq g(x)$。若 $D(F) \neq X$，則由(1)可知 F 有線性延拓，即與 F 是極大元相矛盾。

引理 3.8.1 設 X 為複數 $\mathbb{C}$ 上的賦範線性空間，

(實數線性泛函可簡稱實線性泛函；複數線性泛函可簡稱複線性泛函。)

(1) 若 $g: X \to \mathbb{R}$ 為實線性泛函，且 $\forall x \in X$，$f(x) = g(x) - ig(ix)$，則 $f: X \to \mathbb{C}$ 是複線性泛函。

(2) 若 $f: X \to \mathbb{C}$ 為複線性泛函，則存在唯一的實線性泛函 $g: X \to \mathbb{R}$，使得 $\forall x \in X$，$f(x) = g(x) - ig(ix)$ 。

(3) 若 $f(x) = g(x) - ig(ix)$，f、g 為線性泛函，則 $f: X \to \mathbb{C}$ 是有界複線性泛函當且僅當 $g: X \to \mathbb{R}$ 是有界實線性泛函，且 $\|g\| = \|f\|$。

證明 (1) 對任意 $x \in X$，已知 $f(x) = g(x) - ig(ix)$ 及 g 是實線性泛函，得
$$f(ix) = g(ix) - ig(i \cdot ix) = g(ix) + ig(x) = ig(x) + g(ix) = i \cdot$$
$f(x)$。(i 可當 scalar)

$\forall x, y \in X$ 及 $\alpha, \beta \in \mathbb{R}$，由於 g 是實線性泛函，根據線性性質得
$$g(\alpha x + \beta y) = \alpha g(x) + \beta g(x)。$$

於是得 $f(x + y) = g(x + y) - ig(ix + iy) = g(x) + g(y) - i[g(ix) + g(iy)] = f(x) + f(y)$，

(注意:因 g 是實線性泛函，只能先將 ix 當作 x 作線性處理)

$f(\alpha x) = g(\alpha x) - ig(i\alpha x) = \alpha g(x) - i\alpha g(ix) = \alpha f(x)$。($f(x) = g(x) - ig(ix)$)

對任意複數 $\lambda = \alpha + i\beta \in \mathbb{C}$，

$$f(\lambda x) = f(\alpha x + i\beta x) = f(\alpha x) + f(i\beta x) = \alpha f(x) + i\beta f(x) = \lambda f(x)$$

(scalar 是複數)

因此，$f: X \to \mathbb{C}$ 是複線性泛函。

(2)因已知 $f: X \to \mathbb{C}$ 為複線性泛函，可表示為:

$\forall x \in X$，$f(x) = g(x) + i\varphi(x)$，其中 $g, \varphi: X \to \mathbb{R}$ 為實線性泛函(以這種型式表達，$g(x)$，$i\varphi(x)$ 是唯一的)。

因 i 可作 scalar，故 $f(ix) = g(ix) + i\varphi(ix) = i \cdot (g(x) + \varphi(ix)) = if(x) = ig(x) - \varphi(x) = -\varphi(x) + ig(x)$，

由(1): $f(ix) = g(ix) + ig(x) = ig(x) + g(ix) = i \cdot f(x)$ 知，設 $\varphi(x) = -g(ix)$，則 $f(x) = g(x) - ig(ix)$，故 f 為複線性泛函。

(3) $\Rightarrow$ (必要性)

一方面，由於 $f(x) = g(x) - ig(ix)$，可得 $\forall x \in X$，$\left| f(x) \right|^2 = \left| g(x) \right|^2 + \left| g(ix) \right|^2$，

所以 $\left| g(x) \right| \leq \left| f(x) \right|$，因 f 有界線性，可得 g 有界線性，且 $\|g\| \leq \|f\|$。

另一方面，因 g 有界線性，故 $\forall x \in X$，$\|g(x)\| \leq \|g\| \left| x \right|$。

又對於複數 $f(x)$，存在複數 $\frac{\overline{f(x)}}{\left| f(x) \right|} = \lambda$，$\left| \lambda \right| = 1$，使得 $\left| f(x) \right| = \lambda f(x) = f(\lambda x)$。

($\overline{f(x)}$ 為取共軛複數)

又知 $\left| f(x) \right| = f(\lambda x) = g(\lambda x) - ig(i\lambda x)$，由 (2): $\varphi(x) = -g(ix)$ 及 $\lambda x \in X$，及 $\varphi(x)$ 為虛部，

因 $\left| f(x) \right|$ 為實數，故 $ig(i\lambda x) = 0$。

於是 $|f(\lambda x)| = f(\lambda x) = g(\lambda x) \leq \|g\| \, \|\lambda x\| = \|g\| \|x\|$，（ $g(\lambda x)$ 為實數）

即有界線性，且$\|f\| \leq \|g\|$。

綜合可得 $\|g\| = \|f\|$。

$\Leftarrow$ (充分性)

因 $\|g\| = \|f\|$，故$f(x) = g(x) - ig(ix) = g(x) - 0$。$f(ix) = g(ix) = ig(x) = i \cdot f(x)$

再由(1)的證明，得證。

註：**引理 3.8.1** 中的泛函f和g的定義域皆是複數賦範線性空間(scalar 為複數)，但$g: X \to \mathbb{R}$。
複數賦範線性空間表示: scalar 為複數。複數線性泛函表示:值域(像域)為複數。

    定理 3.8.3 (賦範線性空間上的 Hahn-Banach 延拓定理)，設X為數域$\mathbb{F}$上的賦範線性空間，M 是X的線性子空間，常數$\alpha \geq 0$，$\forall x \in M$，線性泛函$f: M \to \mathbb{F}$滿足$|f(x)| \leq \alpha\|x\|$，則存在連續線性泛函$F: X \to \mathbb{F}$，使得 $\forall x \in M$，$F(x) = f(x)$；$\forall x \in X$，滿足 $F(x) \leq \alpha\|x\|$。

    證明 (1) 數域$\mathbb{F} = \mathbb{R}$。定義線性泛函$g_1: X \to \mathbb{R}$如下:

$\forall x \in X$，$g_1(x) = \alpha\|x\|$。（$F(x) \leq g_1(x)$ ；$g_1(x)$為次線性泛函，因為$g_1(x+y) \leq g_1(x) + g_1(y)$）

根據定理 3.8.2 知，存在$f: M \to \mathbb{R}$的線性泛函延拓$F: X \to \mathbb{F}$，使得 $\forall x \in X$，$F(x) \leq \alpha\|x\|$。$F(x)$受$\|x\|$控制，故F為連續線性泛函。(有界等價於連續)

    (2) 數域$\mathbb{F} = \mathbb{C}$。根據引理 3.8.1 之(1)與(2)知，存在實線性泛函$g: M \to \mathbb{R}$，使得

$g(x) = \mathrm{Re}[f(x)]$，$f(x) = g(x) - ig(ix)$，

以及 根據引理 3.8.1 之(3)證明過程知: $|g(x)| \leq |f(x)| \leq \alpha\|x\| = g_1(x)$。

    此時，先將 X 限制在實賦範線性空間，由上述(1)知，存在g的實連續線性泛函延拓$G: X \to \mathbb{R}$，

並滿足 $\forall x \in M$，$G(x) = g(x)$；$\forall x \in X$，$\big| G(x) \big| \leq \alpha \|x\|$。

由引理 3.8.1 (2) 知，對於連續複線性泛函$F: X \to \mathbb{F}$，$F(x)$可表示成：

$F(x) = G(x) - iG(ix)$，$G(x) = \mathrm{Re}[F(x)]$。

當 $x \in M$時，$F(x) = G(x) - iG(ix) = g(x) - ig(ix) = f(x)$。

因$F(x)$是複線性泛函，故對於任何$x \in X$，$F(x)$可表示：$F(x) = re^{i\theta}$，其中$r \geq 0$。

於是$\big| F(x) \big| = r = \mathrm{Re}[r] = \mathrm{Re}\big[e^{-i\theta}F(x)\big] = \mathrm{Re}\big[F(e^{-i\theta}x)\big] = G(e^{-i\theta}x) \leq \alpha \big\| e^{-i\theta}x \big\| = \alpha \|x\|$，

因此F是f的連續線性泛函延拓，且滿足 $F(x) \leq \alpha\|x\|$。

(這裡主要是$f(x)$與$F(x)$分解的概念；$g(x)$延拓成$G(x)$；$f(x)$延拓成$F(x)$)

將上述定理簡潔敘述如下：

定理 3.8.4 Hahn-Banach 延拓定理(Hahn-Banach Extension Theorm)

設 M 為賦範線性空間X的子空間，$f \in M^*$，則存在$F \in X^*$，滿足$F\big|_M = f$及$\|F\| = \|f\|$。

推論 3.8.1 設X為賦範線性空間，對任何$x_0 \in X$，$x_0 \neq 0$，必存在X上連續線性泛函f，滿足$f(x_0) = \|x_0\|$及$\|f\| = 1$。

證明 設$M = \mathrm{span}\{x_0\}$ (線性張開)，$\forall x = tx_0 \in M$ (這是一個直線延伸)，定義$\varphi(x) \triangleq t\|x_0\|$，顯然可得，($x_0$之下標0表達"基"之意；$x_0$又可給定任意"方向")$\varphi(x_0) = \|x_0\|$ $(t = 1)$，$\big| \varphi(x) \big| = \big| \varphi(tx_0) \big| = \big| t \big| \|x_0\| = \|tx_0\| = \|x\|$。(觀察可知$t$可為負數及複數。) 於是，$\varphi$是M上的一個有界線性泛函，且 $\|\varphi\| = \sup\limits_{\|x\| \neq 0} \frac{|\varphi(x)|}{\|x\|} = 1$ (即展度=1)。

由定理 3.8.4 Hahn-Banach 延拓定理知，存在X上的有界線性泛函f，滿足$f(x_0) = \|x_0\|$，及$\|f\| = 1 = \|\varphi\|$ 此處$\varphi(x) \triangleq t\|x_0\|$。

推論 3.8.1 表明，在任何非空賦範線性空間X，只要包含了非零元素，就存在非零連續線性泛函。

推論 3.8.2 設 M 為賦範線性空間X的子空間，$x_0 \in X$，$d(x_0,M) \triangleq \inf_{x \in M}\|x_0 - x\| = d > 0$，

則存在X上的有界線性泛函f，滿足$\forall x \in M$，$f(x) = 0$，以及$f(x_0) = d$，$\|f\| = 1$。

($\forall x \in M$，$f(x) = 0$，即$f(M) = 0$。)

證明 令$M_1 = \{\alpha x_0 + x : x \in M，x_0 \notin M，\alpha \in \mathbb{F}\}$(分解)，則是由M與$x_0$張開成的子空間，

在M_1上定義 $f_0(\alpha x_0 + x) = \alpha d$，(與$x$無關；$d = d(x_0,M) \triangleq \inf_{x \in M}\|x_0 - x\|$)

那麼f_0是M_1上的線性泛函，且

$f_0(x_0) = d$；$f_0(x) = 0$，$x \in M$ (宛如在 M 上位能=0)。

當$\alpha \neq 0$時，$\|\alpha x_0 + x\| = |\alpha| \cdot \|x_0 + \frac{x}{\alpha}\| \geq |\alpha| d$

(因為$x_0 \notin M$，$\frac{x}{\alpha} \in M$，$\|x_0\| \geq d$；當$x = 0$時，$f_0(x_0) = d = \|x_0\|$)。

當$\alpha = 0$時，上述不等式$\|\alpha x_0 + x\| \geq |\alpha| d$也成立。故

$|f_0(\alpha x_0 + x)| = |\alpha d| = |\alpha| d \leq \|\alpha x_0 + x\|$，

因此，f_0有界且$\|f_0\|_{M_1} \leq 1$。　　　　($x_0 \notin M$)

另一方面，取$x_n \in M (n = 1,2,\cdots)$，使得$\|x_n - x_0\| \to d (n \to \infty)$。可得

$\|f_0\| \cdot \|x_0 - x_n\| \geq |f_0(x_0 - x_n)| = |f_0(x_0) - f_0(x_n)| = |f_0(x_0)| = d$，

故$\|f_0\| \geq \frac{d}{\|x_0 - x_n\|}$。當$n \to \infty$時，$\|x_n - x_0\| \to d$，得$\|f_0\|_{M_1} \geq 1$。

綜合可得$\|f_0\|_{M_1} = 1$。由**定理 3.8.3 Hahn-Banach 延拓定理**知，f_0可在X上保範延拓成f，滿足$\forall x \in M$，$f(x) = f_0(x) = 0$，以及 $f(x_0) = f_0(x_0) = d$，$\|f\|_X = \|f_0\|_{M_1} = 1$。

推論 3.8.3 設 M 為賦範線性空間X的子空間，$x_0 \in$ X，那麼$x_0 \in \bar{M}$的充要條件是：

$\forall f \in$ X*，若$\forall x \in$ M，$f(x) = 0$，則必有$f(x_0) = 0$。

證明 $\Rightarrow$（必要性） 由推論 **3.8.2** 可得，$x_0 \in \bar{M}$（即$d \to 0$），存在$f(x) = 0$（$x \in$ M），以及$f(x_0) = d \to 0$，即$f(x_0) = 0$。

$\Leftarrow$（充分性）採反證法，若存在$f(x) = 0$（$x \in$ M），以及$f(x_0) = d \neq 0$。則$x_0 \notin \bar{M}$（因為$f(x_0) = d$不趨近於 0，亦即$d \neq 0$）。得證。

推論 3.8.4 設X為賦範線性空間，且$x_1, x_2 \in$ X，且$x_1 \neq x_2$，則存在 X 上的有界線性泛函f，滿足$f(x_1) \neq f(x_2)$。

證明 設$x_1 \neq x_2$。令$z = x_1 - x_2$，則$z \neq \theta$。由推論 **3.8.1**，存在 X 上的有界線性泛函f，滿足$f(z) = \|z\| \neq 0$，即$f(x_1 - x_2) \neq 0$，亦即$f(x_1) \neq f(x_2)$。

推論 3.8.4 表明X上任意兩個不同點，都可以由某個有界線性泛函f分開（像點分開），這是一個點與點可分開辨識的觀念。

推論 3.8.5 設X為賦範線性空間，$x_0 \in$ X，$x_0 \neq \theta$，則一定有$f \in$ X*，使得
(1) $f(x_0) = \|x_0\|$。
(2) $\|f\| = 1$。

證明 只需將推論 3.8.2 中的 M 取為$\{\theta\}$，此時$d = \|x_0\| > 0$，即得本推論。

推論 3.8.6 設X為賦範線性空間，如對$\forall f \in$ X*，恆有$f(x_0) = 0$，則$x_0 = \theta$。

證明 採反證法，由推論 **3.8.5** 可得。即若$x_0 \neq \theta$，則存在$f(x_0) \neq 0$。

推論 3.8.7 設 X 為賦範線性空間，則對任意$x \in$ X，都有$\|x\| = \sup\limits_{f \in X^*, \|f\|=1} |f(x)|$。

證明 對 $f \in X^*, \|f\| = 1$，因 $|f(x)| \le \|f\|\|x\| = \|x\|$，故 $\displaystyle\sup_{f\in X^*,\|f\|=1} |f(x)| \le \|x\|$。

當 $x = \theta$ 時，推論顯然成立。

當 $x \ne \theta$ 時，由推論 3.8.5 知，存在 $f_0 \in X^*$，使得 $f_0(x) = \|x\|$，$\|f_0\| = 1$，故
$$\|x\| = |f_0(x)| \le \sup_{f\in X^*,\|f\|=1} |f(x)|，$$

綜合得 $\displaystyle\|x\| = \sup_{f\in X^*,\|f\|=1} |f(x)|$。

對任意 $x \in X$（注意: $x = x(t)$），可以形成 X^* 的線性泛函如下：

$x^{**}(f) = f(x)$，此處 $f \in X^*$，f 受 x^{**} 的處理，亦可解釋 x 受 f 的處理(或說 f 與 x 相互處理)，值域是數值。(只有線性泛函 $x^{**}(f)$ 才可以表示為 $f(x)$ 的型式)

$|x^{**}(f)| = |f(x)| \le \|f\|\|x\|$。對任意 $f, g \in X^*$ 及任意 $\alpha, \beta \in K$，有

$x^{**}(\alpha f + \beta g) = (\alpha f + \beta g)(x) = \alpha f(x) + \beta g(x) = \alpha x^{**}(f) + \beta x^{**}(g)$，故 x^{**} 為 X^* 上的線性泛函，

又 $|x^{**}(f)| \le \|x^{**}\| \cdot \|f\|$。

因為先存在 $f(x)$，又再比較 $|x^{**}(f)| = |f(x)| \le \|f\|\|x\|$ 與 $|x^{**}(f)| \le \|x^{**}\| \cdot \|f\|)$，所以 $\|x^{**}\| \le \|x\|$。

因為對任意 $x \in X$，都存在 $x^{**} \in X^{**}$ 與其對應，所以可說 X 嵌射到 X^{**}，這種嵌射又稱自然嵌射(天然嵌射)，

為何用"自然"這個詞，因為這種嵌射本來就存在，即自然地存在。

對於任意 $x \in X$，$x^{**} \in X^{**}$，若定義：$Jx = x^{**}$，則稱 J 為 X 到 X^{**} 的映射。映射 J 稱為 X 到 X^{**} 的自然嵌射，或寫成 $J: x \to x^{**}$。

又 $x = (x_1, x_2, x_3)$，$f_\tau \in X^{**}$，$f_\tau = x_1 + 2x_2 + 3x_3$，$\tau = (1,2,3)$，可知 $f_\tau \ne \tau$，但 f_τ 可以由 τ 來代表，τ 宛如 f_τ 的參數。

定理 3.8.5 X 可等距同構嵌射到 X^{**} 。

證明 定義映射 $J: X \to X^{**}$ ，$J(x) = x^{**}$，$x \in X$。

(1) J是嵌射: 因為若$J(x) = J(y)$，即$x^{**} = y^{**}$，可得

存在$f \in X^*$，$f(x) = x^{**}(f) = y^{**}(f) = f(y)$，由**推論 3.8.4**知，$x = y$。

(2) J是線性的: 任取$x_1, x_1 \in X$，$\alpha, \beta \in K$，由$x^{**}(f) = f(x)$ ，得

$$J(\alpha x_1 + \beta x_2)(f) = (\alpha x_1 + \beta x_2)^{**}(f) = f(\alpha x_1 + \beta x_2)$$
$$= \alpha f(x_1) + \beta f(x_2) = \alpha (x_1)^{**}(f) + \beta (x_2)^{**}(f)$$
$$= (\alpha J(x_1) + \beta J(x_2))(f) ，因此J是線性的。$$

$f \in X^*$，即f是X上的有界線性泛函並映射到 $\mathbb{R}$。現在定義X^*上的一個泛函

$x^{**}: X^* \to \mathbb{R}$。

故可定義 $x^{**}(f) \triangleq f(x)$，$x^{**} \in X^{**}$。(泛函$f$與$x^{**}$的像集皆是 $\mathbb{R}$)

可得 $|x^{**}(f)| = |f(x)| \leq \|f\|\|x\|$，又$\|x^{**}\| = \sup_{\|f\|=1} \{|x^{**}(f)|\}$，故$\|x^{**}\| \leq \|x\|$。

($|x^{**}(f)| \leq \|x^{**}\| \cdot \|f\|$)

又對任意$x \in X$，且$x \neq \theta$，由**推論 3.8.1**知，存在$g \in X^*$，使得

$\|g\| = 1$，$g(x) = \|x\|$。於是

$$\|x^{**}\| = \sup_{\|f\|=1} \{|x^{**}(f)|\} \geq \|x^{**}(g)\| = |g(x)| = \|x\|。即\|x^{**}\| \geq \|x\|。$$

綜合可得，$\|x^{**}\| = \|x\|$ (等距)，故J為X到X^{**}的子空間$J(X)$的等距同構映射，亦

稱J為X到X^{**}的自然嵌射。

在這種意義下，X可看成X^{**}的子空間，可寫成$X \subset X^{**}$。或寫成$X \subseteq X^{**}$ (視

為包含於)，表示不是真的子集，即表示"視為子集"。於是再定義一個一一映射

$\varphi: X \to \tilde{X} \subset X^{**}$。" $\sim$ "有等價的意思。(為何$X \subset X^{**}$?因為每一個x皆可嵌射x^{**}，

但集合X^{**}的"個數"可能更多於集合X的"個數")

X^*是X的共伴空間(對偶空間)，X^{**}是X^*的共伴空間(對偶空間)，我們稱X^{**}是

X的二次共伴空間(二次對偶空間)。(共軛複數也是用記號"$*$")

若 X 是 Banach 空間，可將 X 看成X^{**}的一個封閉子空間。嵌射不一定滿射，若J是滿射，且$\|x^{**}\| = \|x\|$，則稱 X 是**自反空間** (Reflexive Space)，Reflexive 是英文文法用語，是投射(反射)回到自己的意思，X^{**}就如同照鏡子一樣地相同，但不是真的相同，是"視為相同"。此時，X與X^{**}為等距同構，可以寫成$X = X^{**}$，或寫成$X \equiv X^{**}$，或寫成$X \cong X^{**}$，即在線性等距同構意義下"視為相同"。記號"$\equiv$"或$\cong$為視為相同之意。

根據上述定理 3.8.5 (X可等距同構嵌射到X^{**})與定理 3.4.2 (賦範線性空間X之共伴空間X^{*}是巴拿赫空間)，又因為X有可能是不完整空間，但X^{*}一定是完整空間，可知$X \subsetneq X^{*} \subseteq X^{**}$，故有圖 3.8.2 所示。

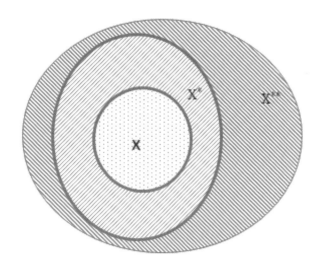

圖 3.8.2 賦範線性空間與共伴空間與二次共伴空間示意圖

例 3.8.1 設X為賦範線性空間，若X^{*}是可分離的，則X是可分離的(有可列稠密子集)。

證明 由於X^{*}是可分離的，故存在$\{g_n\} \subset X^{*}, g_n$，使得$\overline{\{g_n\}} = X^{*}$ ($\{g_n\}$是可列稠密；n表至多可列之意)。令

$f_n = \frac{g_n}{\|g_n\|}$，則$\overline{\{f_n\}} \supset S(X^*) \triangleq \{f \mid \|f\| = 1\}$。(S 為 sphere 之意，這裡為單位球之意。最簡單的單位球是二維單位圓，單位圓上有可列稠密的點集)

由$\|f_n\| = 1$可知，對$\varepsilon = \frac{1}{3}$，存在對應的$x_n \in X$，$\|x_n\| = 1$，使得$|f_n(x_n)| > 1 - \varepsilon = \frac{2}{3}$。($|f_n(x_n)| \leq 1$)

令 M=$\overline{\text{Span}}\{x_n\}$為$\{x_n\}$生成的封閉子空間，則 M 是可分離的(因為$x_n$至多可列，即可以一個一個數)，且一定有$X = M$。

假設 $X \neq M$，即$M \subset X, M \neq X$，則由**推論 3.8.2** 可知:存在某一個$f \in X^*$，$\|f\| = 1$，滿足

對任意$x \in M$，$f(x) = 0$。(計算空間點到M超平面的距離)

故　$|f_n(x_n) - f(x_n)| = |f_n(x_n) - 0| > \frac{2}{3}$。($\|x_n\| = 1$)

又 $\|f_n - f\| = \sup_{\|x\|=1} |f_n(x) - f(x)| > \frac{2}{3}$

綜合得 $\|f_n - f\| = \sup_{\|x\|=1} |f_n(x) - f(x)| \geq |f_n(x_n) - f(x_n)| > \frac{2}{3}$

即$\|f_n - f\| > \frac{2}{3}$，故$f_n$不是可列稠密的。(但原先設$f_n = \frac{g_n}{\|g_n\|}$卻是在單位圓上可列稠密的，產生矛盾)

這與$\overline{\{f_n\}} \supset S(X^*)$矛盾(假設錯誤)，從而$X = M$。因M可分離，所以X是可分離的。

3.9 閉圖像定理

我們知道閉區間$[a,b]$上的$y=f(x)$的圖形 X-Y 平面的一條曲線，即點集

$G(f) = \{(x,y) \mid y=f(x), x \in [a,b]\}$。當$f(x)$連續時，點集$G(f)$是 $\mathbb{R}^2$ 中的閉集(因

為$x \in [a,b]$)，如圖 3.9.1 所式。可將此結論推廣賦範線性空間到上。即將數線

X 改成賦範線性空間 X，將數線 Y 改成賦範線性空間 Y。

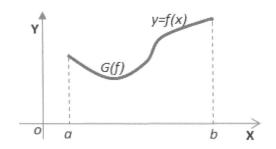

圖 3.9.1 連續函數之圖像為閉集示意圖

設 X 和 Y 是數域$\mathbb{F}$上的賦範線性空間，記

$X \times Y = \{(x,y): x \in X, y \in Y\}$。(此乘積空間為卡式積，即 Cartesian Product)

$X \times Y$稱為乘積空間。(歐式空間就是乘積空間)

在乘積空間$X \times Y$中，$\forall (x_1, y_1), (x_2, y_2) \in X \times Y$，$\forall \alpha \in \mathbb{F}$，定義加法與乘數

如下：

$(x_1, y_1) + (x_2, y_2) = (x_1 + x_2, y_1 + y_2)$，

$\alpha(x_1, y_1) = (\alpha x_1, \alpha y_1)$，

那麼 $X \times Y$ 形成是數域$\mathbb{F}$上的線性空間。特別地，若X與Y皆是 Banach 空間，則

X × Y也是 Banach 空間。在可定義範數

$$\|(x,y)\|_p = (\|x\|^p + \|y\|^p)^{\frac{1}{p}},\ 1 \le p < +\infty\ ,$$

$$\|(x,y)\|_\infty = \max\{\|x\|,\|y\|\}。$$

例如，$\|(x,y)\|_1 = \|x\| + \|y\|$，$\|(x,y)\|_2 = (\|x\|^2 + \|y\|^p)^{\frac{1}{2}}$。

通過上述範數定義，可知乘積空間X × Y亦為賦範線性空間，於是在X × Y中就有了開集、閉集、准緊集、收斂列、完備性等觀念。例如，點列$\{(x_n, y_n)\} \subset$ X × Y收斂於(x_0, y_0)當且僅當

$$\|(x_n, y_n) - (x_0, y_0)\| = \|(x_n - x_0, y_n - y_0)\| \to 0。$$

同時，$(x_n, y_n) \to (x_0, y_0)$等價於$x_n \to x_0$，$y_n \to y_0$。

定義 3.9.1 閉線性算子(Closed Linear Operator)

設X與Y是線性空間，T是從X的子空間D到Y的線性算子。

稱X × Y中的集合 $\{(x,y): y = Tx, x \in D\}$ (T是線性算子；空間X可看成 X 軸；空間Y可看成 Y 軸)

是 T 的圖像(Graph)，記作 G(T) ，可以看成是 super curve(超曲線)。

G(T)是X × Y的線性子空間。因為，對任意$\alpha, \beta \in \mathbb{F}$ 及任意 $x_1, x_2 \in D$，有
$\alpha(x_1, Tx_1) + \beta(x_2, Tx_2) = (\alpha x_1 + \beta x_2, \alpha Tx_1 + \beta Tx_2) = (\alpha x_1 + \beta x_2, T(\alpha x_1 + \beta x_2))$。

若 G(T)是X × Y中的閉集(圖像封閉)，則稱 T 是**閉線性算子**，簡稱**閉算子**。(此處"閉"為超曲線封閉)

引理 3.9.1 設X與Y是同一數域$\mathbb{F}$上(提供乘數)的賦範線性空間，T是從X的子空間D到Y的線性算子，即$T: D(T)(\subset X) \to Y$，則T為閉算子的充要條件是對任意$\{x_n\} \subset D(T)$ (n = 1,2,…)，若$\{x_n\}, \{Tx_n\}$在X，Y中分別收斂於x，y，則$x \in D(T)$且$Tx = y$。

證明 $\Rightarrow$ (必要性) 如果 T 為閉線性算子，則當任何$x_n \to x \in X$，$Tx_n \to$

$y \in$ Y時，顯然

$\{(x_n, Tx_n)\} \subset$ G(T)，且$(x_n, Tx_n) \rightarrow (x, y) \in$ X × Y。(圖像封閉)

由於G(T)是X × Y的閉集，故$(x, y) \in$ G(T)，即$x \in$ D(T)且$Tx = y$。

$\Leftarrow$ (充分性) 若$\{x_n\}$，$\{Tx_n\}$在X, Y中分別收斂於$x \in$ X, $y \in$ Y，則存在點列 $\{x_n\} \subset$ D(T)，使得

$$\lim_{n \to \infty} \|(x_n, Tx_n) - (x, y)\| = \lim_{n \to \infty} \|(x_n - x, Tx_n - y)\| = \lim_{n \to \infty} (\|x_n - x\| + \|Tx_n - y\|) = 0,$$

得$(x_n, Tx_n) \rightarrow (x, y)$。此範數是採用$\|(x, y)\|_1$。

由已知條件知$x \in$ D(T)且$Tx = y$，故$(x, y) = (x, Tx) \in$ G(T)。即G(T)中的 每一收斂點列的極限點都在G(T)中，所以G(T)是閉集，即T為閉線性算子。

對線性算子而言，由定理 3.1.3 知連續性等價於有界性，接下探討有界線性 算子與閉線性算子的關係。(收斂點列:確定有收斂點；准收斂點列:不確定有收 斂點，但點列是柯西列)

定理 3.9.1 設T: D(T)(⊂ X) → Y是有界線性算子。若D(T)是X的閉線性子空 間，則為閉線性算子。

證明 設$x_n \in$ D(T)且$x_n \rightarrow x \in$ X，$Tx_n \rightarrow y \in$ Y。

因為D(T)是X的閉線性子空間，所以$x \in$ D(T)。

又因為T有界(有界線性算子等價於連續算子)，即為連續算子(由定理 3.1.3 知)， 所以 $y = \lim_{n \to \infty} Tx_n = T \lim_{n \to \infty} x_n = Tx$。

根據**引理 3.9.1** 可得T為閉線性算子。

當D(T) = X時，若T: X → Y是有界線性算子，則由**定理 3.9.1** 知此T為閉線 性算子(X必須是封閉空間)。

定理 3.9.2 閉圖像定理 (Closed Graph Theorem)

設X , Y都是 Banach 空間，T: D(T)(⊂ X) → Y是閉線性算子，D(T)是X的閉線性子空間，則 T 為有界線性算子。

證明 因X , Y是 Banach 空間，故X × Y是 Banach 空間。

又因 T 是閉線性算子以及D(T)是閉子空間，則G(T)是X × Y中的閉子集(圖像封閉)。因為D(T)是閉子空間，G(T)由D(T)生成的，故可驗證 G(T)是乘積空間X × Y的閉線性子空間(乘積空間 G(T)之封閉性)，從而G(T)是 Banach 空間。

定義從G(T)到 X 的投影算子: $P(x, Tx) = x$, $(x, Tx) \in G(T)$。

顯然P是線性算子， 又 $\|P(x, Tx)\| = \|x\| \le \|x\| + \|Tx\| = \|(x, Tx)\|$ （採用 $\|(x , y)\|_1$ 定義），故 $\|P\| \le 1$，於是 $\|P\| \in B(G(T) \to D(T))$。依據$P(x, Tx) = x$的定義知雙射，由**定理 3.7.2** 逆算子定理知$P^{-1} \in B(D(T) \to G(T))$。

於是對於$\forall x \in D(T)$，$\|Tx\| \le \|x\| + \|Tx\| = \|(x, Tx)\| = \|P^{-1}(x)\| \le \|P^{-1}\| \|x\|$，因此 T 為有界線性算子。

註：封閉圖像定理告訴我們:在 Banach 空間作線性算子 T 轉換，判定線性算子的有界線性 (等價於連續性)可轉化成判定算子是否為閉線性算子。

(Banach 空間有距離；Hilbert 空間有距離又有角度。兩者皆為完整空間)

推論 3.9.1 設X , Y都是 Banach 空間，T ∈ L(X → Y)，則 T 為有界線性算子當且僅當T為閉線性算子。

證明 ⇒ (必要性) 由**定理 3.9.1** 得。

⇐ (充分性) 由**定理 3.9.2** 得。

在此先介紹函數$f_n(x)$的一致收斂(又稱均勻收斂，uniform convergence)，若 $x \in S$，對所有ε>0，皆存在$N \in \mathbb{N}$，**使得** 當$n > N$時，有 $\forall x$, $|f_n(x) - f(x)| < \varepsilon$。

這個定義可推廣至距離空間，即所有ε>0，皆存在$N \in \mathbb{N}$，**使得** 當$n > N$時，有$\|f_n(x) - f(x)\| < \varepsilon$，這個範數的計算如同在定義函數一致收斂時，須考慮到 $\forall x \in X$的。

$(n >$ 適當的 $N, \forall x, |f_n(x) - f(x)| < \varepsilon$ 表示:對 $\forall x$，函數列與收斂函數之差 $< \varepsilon$ 皆須成立)

再介紹函數列 $f_n(x)$ 逐點收斂(pointwise convergence，或稱簡單收斂)，即對於 $\forall x$ 有 $\lim\limits_{n \to \infty} f_n(x) = f(x)$，或寫成 $\lim\limits_{n \to \infty} f_n = f$, pointwise。一致收斂對於函數趨近的限制更大，所以一致收斂的函數序列必然逐點收斂。例如，$f_n : [0,1] \to [0,1]$，讓 $f_n(x) = x^n$，則 $\{f_n\}$ 逐點收斂到不連續函數(產生了 jump)如下:

$$f(x) = \begin{cases} 0, & x \in [0,1), \text{(可嘗試將} x \text{代入 0.9)} \\ 1, & x = 1 \end{cases} \quad \circ$$

但不一致收斂到該函數，因為每個 n，$\sup\limits_{x \in [0,1]} \{|f_n(x) - f(x)|\}$ 皆為 1，為何當 $x = 1^-$ 時，$f(x) \to 1$，所以 $\lim\limits_{n \to \infty} \sup\{|f_n(x) - f(x)| : x \in [0,1]\} = 1 \neq 0$ （如 $\sup\{|f_{100}(x) - f(x)| : x \in [0,1]\}$ 略小於 1)，並沒有逐步趨近到 0，這說明函數序列 $\{f_n\}$ 不一致收斂。即當 n 非常大時，$f_n(x)$ 在 $x = 1$ 極小附近，急遽變化致 1。也可以說當 $n \to \infty$ 時，$f(x)$ 在 $x = 1$ 極小附近處產生了奇異現象(singular phenomenon)。這個函數序列特色是:每一個函數都是連續函數，但此函數序列的極限卻是不連續函數，所以連續函數空間是不完整空間(又稱不完備空間)。

之前提到函數 $f(x) = \frac{1}{x}$, $x \in (0,1]$，也是在在 $x = 0$ 極小附近處產生了奇異現象。此為非一致性連續函數(或稱非一致連續函數)。上述非一致收斂函數列在某處同時 $n \to \infty$，才會產生奇異現象。

例 3.9.1 設 X=C[0,1](連續函數)，$D(T) = C^1[0,1]$(具有一階導數之連續函數)，微分算子 $T: D(T) \to X$，$Tx = \frac{d}{dt}x(t)$，證明 T 是閉的無界算子。

證明 由 3.2.1 知微分算子是無界算子。下面說明 T 是閉算子。
此處 $G(T) = \{(x,y) : y = Tx, x \in C^1[0,1]\}$。
設 $x_n \to x_0$, $y_n \to y_0$, $(x_n, y_n) \in G(T)$, $x_n \in D(T)$。現在要證明 $(x_0, y_0) \in G(T)$。

設函數空間 $C[a,b]$ 之 $d(f,g)=\max\limits_{t\in[a,b]}|f(t)-g(t)|$。

由前面說明可知連續函數空間之點列 $\{x_n\}$ 收斂等價於函數列 $\{x_n\}$ 一致收斂；連續函數空間點列 $\{y_n\}$ 收斂等價於函數列 $\{y_n\}$ 一致收斂。

注意，函數列 $\{x_n\}$ 可以用距離空間的點來看，也可以用函數觀點來看。

因為函數列 $\{x_n\}$ 與函數列 $\{y_n\}$ 皆一致收斂，故求一階導數與取極限運算可以互換。即

$$y_0(t)=\lim_{n\to\infty}\frac{d}{dt}x_n(t)=\frac{d}{dt}\lim_{n\to\infty}x_n(t)=\frac{d}{dt}x_0(t)\ ,\quad 故\ x_0(t)\in C^1[0,1]=D(T)\ ,$$

$(x_0,y_0)\in G(T)$。

由**定理 3.9.1** 知 T 是閉算子。

例 3.9.2 設 $X=C[a,b]$，$T:D(t)\to C[a,b]$ 是恆等算子，其中 $D(t)$ 是 $[a,b]$ 上的實係數多項式函數 $P[a,b]$ 的全體，證明算子 T 是有界線性，但 T 不是閉算子。

證明 因 $\forall y\in D(T)$，$\|Ty\|=\|y\|$，故算子 T 有界線性。

令 $x(t)=\sin(t)$，顯然 $x(t)\in X$，但 $x(t)\notin D(t)$。由於 $P[a,b]$ 在 $C[a,b]$ 中稠密 (可由泰勒展開式展成無窮多項式)，所以存在點列 $\{x_n\}$，使得 $x_n\to x$，$n\to\infty$，即 $Tx_n=x_n\to x$。但由於 $(x,Tx)=(\sin(t),\sin(t))\notin G(t)$，故 T 不是閉算子。

例 3.9.3 $l^p(1\le p<\infty)$ 在距離 $d(x,y)=(\sum_{i=1}^{\infty}|x_i-y_i|^p)^{\frac{1}{p}}$ 定義下是完整空間 (完備空間)。

證明 首先，$l^p\triangleq\{(x_i)\mid\sum_{i=1}^{\infty}|x_i|^p<+\infty\}$。

若 $\{x_n\}$ 是 l^p 的 Cauchy 列，則對於任意 $\varepsilon>0$，存在 N，使得對於任意 $m,n>N$，都有

$$d(x_m,y_n)=(\sum_{i=1}^{\infty}|x_i^{(m)}-x_i^{(n)}|^p)^{\frac{1}{p}}<\varepsilon,$$

故對於每個 i，都有 $|x_i^{(m)}-x_i^{(n)}|\le d(x_m,y_n)<\varepsilon$。

因此，對於每個 i，數列 $\{x_i^{(n)}\}$ 都是 Cauchy 列，由於實數是完整的，可知數列 $\{x_i^{(n)}\}$ 是收斂列 (收斂在原集合內)，記 $x_i=\lim_{n\to\infty}x_i^{(n)}$，$x=(x_i)$。

下面只須證明$x \in l^p$，並且$d(x_n, x) \to 0$。當$m, n > N$時，對$k = 1, 2, \cdots$，都有

$\sum_{i=1}^{k} |x_i^{(m)} - x_i^{(n)}|^p < \varepsilon^p$。

令m趨近無窮大（$x_i^{(m)}$以x_i代入），則對於$n > N$和$k = 1, 2, \cdots$，都有

$\sum_{i=1}^{k} |x_i - x_i^{(n)}|^p \le \varepsilon^p$。

令k趨近無窮大，則對於$n > N$，都有

$\sum_{i=1}^{\infty} |x_i - x_i^{(n)}|^p \le \varepsilon^p$，這是無窮數列空間$l^p$的條件。

故$x_n - x \in l^p$。由於$x_n \in l^p$，可驗證$x = x_n - (x_n - x) \in l^p$（因為也符合$l^p$的條件；參考 例 3.4.4 與例 1.1.5；$\|f\| = \|f - g + g\| \le \|f - g\| + \|g\|$），並且$d(x_n, x) \to 0$，因而$\{x_n\}$是$l^p$中的收斂列，所以$l^p$是完整距離空間。

例 3.9.4 設無窮矩陣

$$A = \begin{bmatrix} a_{11} & a_{12} & \cdots & a_{1j} & \cdots \\ a_{21} & a_{22} & \cdots & a_{2j} & \cdots \\ \vdots & \vdots & \vdots & \vdots & \vdots \\ a_{i1} & a_{i2} & \cdots & a_{ij} & \cdots \\ \vdots & \vdots & \vdots & \vdots & \vdots \end{bmatrix}$$

滿足$\sum_{i=1}^{\infty} |a_{ij}|^2 < \infty$，$j = 1, 2, \cdots$，並對任何$x = (x_1, x_2, \cdots, x_i, \cdots) \in l^2$有矩陣轉換

$$Tx = xA = (x_1, x_2, \cdots, x_i, \cdots) \begin{bmatrix} a_{11} & a_{12} & \cdots & a_{1j} & \cdots \\ a_{21} & a_{22} & \cdots & a_{2j} & \cdots \\ \vdots & \vdots & \vdots & \vdots & \vdots \\ a_{i1} & a_{i2} & \cdots & a_{ij} & \cdots \\ \vdots & \vdots & \vdots & \vdots & \vdots \end{bmatrix}$$
$$= (y_1, y_2, \cdots, y_i, \cdots) = y \in l^2,$$

其中$y_j = \sum_{i=1}^{\infty} x_i a_{ij}$，$j = 1, 2, \cdots$，證明算子$T$是連續線性算子。

證明 顯然，$T \in (l^2 \to l^2)$，即是 T 線性算子，又知l^2是 Banach 空間。對線性算子而言，連續性等價於有界性；再由推論 3.9.1，有界線性算子等價於閉算子。即連續線性 $\equiv$ 有界線性 $\equiv$ 閉算子（$\equiv$ 為等價記號）。設$\{x_n\} \subset l^2$，$x_n \to x$，$n \to \infty$，$y_n = Tx_n \to y \in l^2 (y_\infty = y)$，那麼$Tx$是否等於$y$？下面證明$Tx = y$。

記

$$x = (x_1, x_2, \cdots, x_i, \cdots) \;;\; y = (y_1, y_2, \cdots, y_i, \cdots) \;;$$

$$x_n = (x_1^n, x_2^n, \cdots, x_i^n, \cdots) \;;\; Tx_n = (y_1^n, y_2^n, \cdots, y_i^n, \cdots) = y_n , y_\infty = y \circ$$

一方面，由$Tx_n \to y$知，對每一個j，

$$|y_j^n - y_j| \le \left(\sum_{k=1}^\infty |(y_k^n - y_k)|^2\right)^{\frac{1}{2}} \to 0 , n \to \infty \circ 即 y_j^n \to y_j \;;$$

另一方面，記 $Tx = (y_1^0, y_2^0, \cdots, y_j^0, \cdots)$，又$Tx = xA$。對每一個$j$，

$$|y_j^n - y_j^0| = |\sum_{i=1}^\infty (x_i^n - x_i)a_{ij}| \le \sum_{i=1}^\infty |(x_i^n - x_i)a_{ij}|$$

$$\le \left(\sum_{i=1}^\infty |a_{ij}|^2\right)^{\frac{1}{2}}\left(\sum_{i=1}^\infty |(x_i^n - x_i)|^2\right)^{\frac{1}{2}} ,$$

$$= \left(\sum_{i=1}^\infty |a_{ij}|^2\right)^{\frac{1}{2}}\|x_n - x\| \to 0 , n \to \infty , 即 y_j^n \to y_j^0 \circ$$

綜合得$y_j = y_j^0$。故$y = Tx$。又$x \in D(T)$，再由引理 3.9.1 得 T 為閉算子，故 T 為連續線性算子。

這個例子說明，在兩個 Banach 空間之間作轉換，若已知$x_n \to x$，$Tx_n \to y$，只要證明$Tx = y$，就可判定線性算子為連續算子。

3.10 一致有界定理(又稱共鳴定理)

定義 3.10.1 一致有界(Uniform Boundedness)

設X與Y為同一數域$\mathbb{F}$上的賦範線性空間,算子族$F \subset B(X \to Y)$。若$\{\|T\| \mid T \in F\}$是有界集,則稱算子族F為**一致有界**。

一致有界

另一定義:設X與Y為賦範線性空間,稱算子族$\{T_\alpha\}_{\alpha \in \Lambda} \subset B(X \to Y)$一致有界的,是指$\{\|T_\alpha\|\}_{\alpha \in \Lambda}$為有界集,即

$$\sup_{\alpha \in \Lambda}\{\|T_\alpha\|\} < \infty \quad 。(算子族有上限)$$

定理 3.10.1 一致有界定理(Uniform Boundedness Theorem)

設 X 是 Banach 空間,Y 為賦範線性空間,算子族$F \subset B(X \to Y)$,則算子族F一致有界當且僅當

對$\forall x \in X$,$\{\|Tx\| \mid T \in F\}$是有界集。

證明 $\Rightarrow$(必要性) 因為$\{\|T\| \mid T \in F\}$是有界集,所以存在 M>0,對於任意$T \in F$,$\|T\| \leq M$。於是對於$\forall x \in X$,我們可以設$\|x\| = a$,則$\|Tx\| \leq \|T\| \|x\| \leq M\|x\| = M \cdot a$。因此$\{\|Tx\| \mid T \in F\}$是有界集。

$\Leftarrow$ (充分性) $\forall x \in X$,定義另一範數$\|x\|_F \triangleq \|x\| + \sup_{T \in F}\|Tx\|$(綜合範數評量)。因$\|x\|_F$符合範數 3 公理,故$\|x\|_F$是X上的範數,且強於$\|\cdot\|$。下面證明$(X, \|\cdot\|_F)$為完整空間(完備空間)。

設$\{x_n\}$是$(X, \|\cdot\|_F)$的一個 Cauchy 列(柯西列,又稱基本列),則對任意$\varepsilon > 0$,存在$N > 0$,當$m, n > N$時,滿足$\|x_n - x_m\|_F < \varepsilon$,即

$\|x_n - x_m\| + \sup_{T \in F}\|Tx_n - Tx_m\|$，$m, n > N$。

因 $\|x\|_F$ 強於 $\|\cdot\|$，故 $\{x_n\}$ 是空間 $(X, \|\cdot\|)$ 的 Cauchy 列。由於空間 $(X, \|\cdot\|)$ 是完整空間，故存在 $x \in X$，使得 $\|x_n - x\| \to 0 (n \to \infty)$。上式可得 當 $m, n > N$ 時，

$\sup_{T \in F}\|Tx_n - Tx_m\| < \varepsilon$，

即 $\forall T \in F$，當 $m, n > N$ 時，$\|Tx_n - Tx_m\| < \varepsilon$。

從而 $\forall T \in F$，

$$\|Tx_n - Tx\| = \|Tx_n - Tx_m + Tx_m - Tx\| \le \|Tx_n - Tx_m\| + \|Tx_m - Tx\|$$
$$\le \|Tx_n - Tx_m\| + \|T\|\|x_m - x\| \to 0，m, n \to \infty。$$

因此得 $\|x_n - x\| + \sup_{T \in F}\|Tx_n - Tx\| \to 0$，$n \to \infty$，即 $\|x_n - x\|_F \to 0$。故 $(X, \|\cdot\|_F)$ 完整空間。

根據推論 3.7.1 知範數 $\|\cdot\|_F$ 等價於 $\|\cdot\|$，從而存在 M>0，使得 $\forall x \in X$，$\sup_{T \in F}\|Tx\| \le \|x\| + \sup_{T \in F}\|Tx\| \triangleq \|x\|_F \le M\|x\|$。即算子族 F 一致有界

於是可得 $\forall T \in F$，$\|T\| \le M$。

由一致有界定理知，當 F 不一致有界時，即 $\sup\{\|T\| \mid T \in F\}$ 無界（$\{\sup_{T \in F}\|T\|\} \to \infty$），亦即 $\forall x \in X$，$\{\|Tx\| \mid T \in F\}$ 不是有界集，故存在 $x_0 \in X$，使得 $\sup\{\|Tx_0\| \mid T \in F\}$ 無界，稱 x_0 為算子族 F 的共鳴點(共振點)，如同在電阻電感電容電路(RLC 電路)存在一共振頻率使得弦波振幅最大。故一致有界定理又稱為**共鳴定理**(resonance theorem)。(可判斷**共鳴點**是否存在的**共鳴定理**)

定義 **3.10.2** 設 $T, T_n \in B(X \to Y)$（$n = 1, 2, \cdots$）。若對**任何** $x \in X$，有
$$\lim_{n \to \infty} \|T_n x - Tx\| = 0，$$
則稱 $\{T_n\}$ 強收斂於 T，此時，T 為 $\{T_n\}$ 的強極限，記為：

$\lim_{n \to \infty} T_n = T$（強） T_n 或 $\xrightarrow{s} T$。(s 為 converge strongly 之意)

由算子範數定義：$\|T\| \triangleq \sup\limits_{x \neq 0}\{\frac{\|Tx\|}{\|x\|}\} = \sup\limits_{\|x\|=1}\{\|Tx\|\} = \sup\limits_{\|x\|\leq 1}\{\|Tx\|\}$，可知

$\|T\| = \sup\limits_{\|x\|=1}\{\|Tx\|\}$。若$x$在二維的歐式空間，當計算$\|T\|$時，可在單位圓繞一圈

求$\|Tx\|$，取上限則求得範數。故T可看成一個無窮數列形成的向量，此向量的

範數，則是取此無窮數列中的上限。

定理 3.10.2 Banach-Steinhaus 定理（巴拿赫-史坦因豪斯定理）

設 X 為 **Banach** 空間，Y 為賦範線性空間，$T_n \in B(X \to Y)$（$n = 1,2,\cdots$）。若對

每個$x \in X$，點列$\{T_n x\}$收斂，則必存在$T \in B(X \to Y)$，使得$\{T_n\}$強收斂於T。

證明 由已知，對$\forall x \in X$，可定義$Tx = \lim\limits_{n \to \infty} T_n x = T_\infty x$，容易證明 T 是線性

算子(因為T_n是線性算子)。因為$\{T_n x\}$收斂，故

$\{\|T_n x\|\}$（$\forall x \in X$）有界，再由**共鳴定理**知$\{\|T_n\|\}$有界。設$\|T_n\| \leq M$（$n = 1,2,\cdots$），

則對$\forall x \in X$，

$\|T_n x\| \leq M\|x\|(n = 1,2,\cdots)$。

由性質 2.1.1 之範數連續性質得$\|Tx\| = \lim\limits_{n \to \infty} \|T_n x\| \leq M\|x\|$（$\forall x \in X$），即是T有界

算子，綜合得T為有界線性算子（即$T \in B(X \to Y)$），再由T 的定義可得$\{T_n\}$強收

斂於T。

註：只由$Tx = \lim\limits_{n \to \infty} T_n x$還不能表示$\{T_n\}$強收斂於T，還須加一個條件：$T \in B(X \to$

  Y)。又算子的功能主要是空間之間的轉換，即由某一空間映射到另一空間。

例 3.10.1 連續函數空間$C[0, 1]$ 在距離$d(x,y) = \sup\limits_{t\in[0,1]} |x(t) - y(t)| = d_\infty$

定義下是完整空間(完備空間)。

證明 設$x_n \in C[0,1]$是任意的 Cauchy 列(測試點列)，則對任意$\varepsilon > 0$，存在N，

使得

當$m, n > N$時，$d(x_m, x_n) = \sup\limits_{t\in[0,1]} |x_m(t) - x_n(t)| < \varepsilon$。(找出上限值)

故對於任意$t_0 \in [0,1]$，當$m, n > N$時，$|x_m(t_0) - x_n(t_0)| < \varepsilon$。

因此，數列$x_n(t_0)$是實數集$\mathbb{R}$中的 Cauchy 列，由於$\mathbb{R}$的完整性(完備性)可知該數列收斂，記$x(t_0)$為它的極限。因而，對任意$t \in [0,1]$，都有唯一的實數$x(t)$形成極限點 (此極限點$\in$ 實數空間)，這樣就形成了定義$[0,1]$上的 一個函數，記為$x(t)$ (此為連續函數空間的極限點$x(t)$)。

對 $\forall t, |x_m(t) - x_n(t)| \leq \sup_{t \in [0,1]} |x_m(t) - x_n(t)| < \varepsilon$ 此式，令m趨近無窮大(又$x_\infty(t) = x(t)$)，則

對$n > N$，$|x(t) - x_n(t)| \leq \varepsilon$成立(因為$x_\infty(t) = x(t)$)。對任意$n > N$，$|x(t) - x_n(t)| \leq \varepsilon$對所有$t \in [0,1]$都成立，則$N$與$t$在$[0,1]$的何處無關，故$\{x_n(t)\}$一致收斂到$x(t)$。因$x_n(t)$在 C$[0, 1]$上都連續，可知$x(t)$在 C$[0, 1]$上連續，所以$x(t) \in$ C$[0,1]$，並且$d(x_n, x) \to 0$，$n \to \infty$。即 C$[0, 1]$在此距離$d(x,y) = d_\infty$定義下，是完整距離空間。(一致收斂定義參見定理 3.12.3 內之說明，簡單來說，找到適當的N時，N與t在何處無關，因為ε只與上限值 $\sup_{t \in [0,1]} |x(t) - x_n(t)|$有關。)

又在一致收斂下，不會出現例 **1.5.3** 的極端情形(參見例 **1.5.3** 的說明)。

註：在 $d(x,y) = \sup_{t \in [0,1]} |x(t) - y(t)|$這種定義下，若$t_1 \in [0,1]$，$|x(t_1) - y(t_1)| = \sup_{t \in [0,1]} |x(t) - y(t)| = d_\infty$，可以知若$|x(t_1) - y(t_1)| \to 0$，則$\forall t \in [0,1]$，$|x(t) - y(t)| \to 0$，比$d_1(f,g) = \int_0^1 |f(t) - g(t)| dt$更嚴格，會形成一致收斂。$d(x,y) = \sup_{t \in [0,1]} |x(t) - y(t)|$類似找到一個 leading value。

　　由例 **3.10.1** 知 C$[0, 2\pi]$是 Banach 空間(在d_∞定義下)，週期為2π的週期連續函數(Periodic Funtion)可記為

C$_{\text{peri}}[0, 2\pi] = \{f(t)|f(t) \in$ C$[0, 2\pi]\}$，同時$f(0) = f(2\pi)$。

可驗證C$_{\text{peri}}[0, 2\pi]$是 C$[0, 2\pi]$的閉子空間(因為C$_{\text{peri}}[0, 2\pi]$是 C$[0, 2\pi]$的子空間，

並且任意柯西列都收斂在原本子空間內），所以$C_{peri}[0,2\pi]$也是 Banach 空間。（子空間可繼承母空間的所有性質）

$f(t) \in C_{peri}[0,2\pi]$導出的 Fourier 級數為

$\frac{1}{2}a_0 + \sum_{n=1}^{\infty}(a_n\cos nt + b_n\sin nt)$，

其中$a_n = \int_0^{2\pi} f(t)\cos nt\,dt$，$n = 0,1,2,\cdots$；$b_n = \int_0^{2\pi} f(t)\sin nt\,dt$，$n = 1,2,3,\cdots$。那麼，對於$\forall t\in[0,2\pi]$，$\lim_{n\to\infty}\frac{1}{2}a_0 + \sum_{m=1}^{n}(a_m\cos mt + b_m\sin mt) = f(t)$是否成立？

例 3.10.2 證明存在一個週期為2π的實值連續函數，它的 Fourier 級數在$t=0$處發散。

證明 設$f \in C_{peri}[0,2\pi]$，f導出的 Fourier 級數為$\frac{1}{2}a_0 + \sum_{n=1}^{\infty}(a_n\cos nt + b_n\sin nt)$。

當$t = 0$時，級數為$\frac{1}{2}a_0 + \sum_{m=1}^{n}a_m$，Fourier 級數前項部分和為

$S_n(f) = \frac{1}{2}a_0 + \sum_{m=1}^{n}a_m = \frac{1}{2\pi}\int_0^{2\pi} f(t)[1 + 2\sum_{m=1}^{n}a_m\cos mt]dt$，

持續利用積化和差公式$\sin\alpha\cos\beta = \frac{1}{2}[\sin(\alpha+\beta) + \sin(\alpha-\beta)]$，可得

$$\sin\frac{1}{2}t(1 + 2\sum_{m=1}^{n}\cos mt) = \sin\frac{1}{2}t + 2\sin\frac{1}{2}t\cos t + 2\sin\frac{1}{2}t\sum_{m=2}^{n}\cos mt$$
$$= \sin\frac{1}{2}t + \left[\sin\frac{3}{2}t - \sin\frac{1}{2}t\right] + 2\sin\frac{1}{2}t\sum_{m=2}^{n}\cos mt$$
$$= \sin\frac{3}{2}t + \left[\sin\frac{5}{2}t - \sin\frac{3}{2}t\right] + 2\sin\frac{1}{2}t\sum_{m=3}^{n}\cos mt$$
$$= \cdots$$
$$= \sin\frac{(2n+1)}{2}t \,。$$

於是令$K_n(t) = 1 + 2\sum_{m=1}^{n}\cos mt$，可得$K_n(t) = \frac{\sin(n+\frac{1}{2})t}{\sin\frac{1}{2}t}$，即

$S_n(f) = \frac{1}{2\pi}\int_0^{2\pi} f(t)K_n(t)dt$。

下面證明存在 $f \in C_{peri}[0, 2\pi]$，使得序列 $\{S_n(f)\}$ 發散 $(n \to \infty)$。顯然，$S_n: C_{peri}[0, 2\pi] \to \mathbb{R}$ 是線性泛函。

又因為 $|S_n(f)| \leq \max\limits_{t \in [0,2\pi]} \{|f(t)|\} \cdot \frac{1}{2\pi} \int_0^{2\pi} |K_n(t)| dt = \|f\| \cdot M_n$，

其中 $M_n = \frac{1}{2\pi} \int_0^{2\pi} |K_n(t)| dt$，所以 S_n 是連續線性泛函(有界線性等價於連續線性)，即 $\|S_n\| \leq M_n$。下面證明 $\|S_n\| = M_n$。

令 $|K_n(t)| = y(t) K_n(t)$，其中當 $K_n(t) \geq 0$ 時，$y(t) = 1$；當 $K_n(t) < 0$ 時，$y(t) = -1$。

函數 $y(t)$ 不一定連續，但因為 $K_n(t)$ 在 $[0, 2\pi]$ 上僅有有限個零點，所以 $\forall \varepsilon > 0$，存在一個

連續函數 $x(t) \in C_{peri}[0, 2\pi]$ 且 $-1 \leq x(t) \leq 1$，使得

$\frac{1}{2\pi} \left| \int_0^{2\pi} [x(t) - y(t)] K_n(t) dt \right| < \varepsilon$，　(連續函數 $x(t)$ 去逼近 $y(t)$；$y(t)$ 不一定連續)

即

$\frac{1}{2\pi} \left| \int_0^{2\pi} x(t) K_n(t) dt - \int_0^{2\pi} y(t) K_n(t) dt \right| = \left| \frac{1}{2\pi} \int_0^{2\pi} x(t) K_n(t) dt - \right.$

$\left. \frac{1}{2\pi} \int_0^{2\pi} |K_n(t)| dt \right| < \varepsilon$。

所以 $|S_n(x(t))| = \left| \frac{1}{2\pi} \int_0^{2\pi} x(t) K_n(t) dt \right| \geq \frac{1}{2\pi} \int_0^{2\pi} |K_n(t)| dt - \varepsilon = M_n - \varepsilon$。

(因為 $\varepsilon \geq \frac{1}{2\pi} \int_0^{2\pi} |K_n(t)| dt - \left| \frac{1}{2\pi} \int_0^{2\pi} x(t) K_n(t) dt \right|$；須找到適當的 $x(t)$ 去逼近 $y(t)$)

由於 $\|x(t)\| \leq 1$ (因範數定義為：$\|x(t)\| \max\limits_{t \in [0,2\pi]} |x(t)|$)，

根據泛函範數定義及 ε 可任意小，得 $\|S_n\| \geq M_n$。　$(\|\vec{A}\| - \|\vec{B}\| \leq \|\vec{A} - \vec{B}\|)$

綜合得 $\|S_n\| = M_n$。

由於是 $C_{peri}[0, 2\pi]$ 是 Banach 空間，為了證明存在 $f \in C_{peri}[0, 2\pi]$，使得 $\{\|S_n\|\}$ 無界。即根據一致有界定理，只需證明 $\{\|S_n\|\}$ 無界。因為當 $t \in [0, 2\pi]$ 時，$|\sin \frac{1}{2} t| < \frac{1}{2} t$，

$$\|S_n\| = \frac{1}{2\pi} \int_0^{2\pi} \left| \frac{\sin\left(n+\frac{1}{2}\right)t}{\sin\frac{1}{2}t} \right| \mathrm{d}t \geq \frac{1}{\pi} \int_0^{2\pi} \frac{\left| \sin\left(n+\frac{1}{2}\right)t \right|}{t} \mathrm{d}t$$

$$= \frac{1}{\pi} \int_0^{2\pi} \frac{\left| \sin\left(n+\frac{1}{2}\right)t \right|}{\left(n+\frac{1}{2}\right)t} \mathrm{d}\left(n+\frac{1}{2}\right)t$$

$$= \frac{1}{\pi} \int_0^{(2n+1)\pi} \frac{\left| \sin u \right|}{u} \mathrm{d}u = \frac{1}{\pi} \sum_{k=0}^{2n} \int_{k\pi}^{(k+1)\pi} \frac{\left| \sin u \right|}{u} \mathrm{d}u$$

$$\geq \frac{1}{\pi} \sum_{k=0}^{2n} \int_{k\pi}^{(k+1)\pi} \frac{\left| \sin u \right|}{(k+1)\pi} \mathrm{d}u =$$

$$\frac{1}{\pi} \sum_{k=0}^{2n} \frac{1}{(k+1)\pi} \int_{k\pi}^{(k+1)\pi} \left| \sin u \right| \mathrm{d}u$$

$$= \frac{1}{\pi^2} \sum_{k=0}^{2n} \frac{2}{k+1} \to \infty , n \to \infty ,$$

所以$\{\|S_n\|\}$無界。從而存在$\{S_n(f)\}$發散，即週期函數f的 Fourier 級數在$t=0$發散，但$f(0)$卻是一個定值。(由定理 3.10.1 知:算子族F一致有界等價於對$\forall x \in X$，$\{\|Tx\| \mid T \in F\}$是有界集，故當$\{\|S_n\|\}$無界時，$\forall x \in X$，$\{\|Tx\| \mid T \in F\}$是有界集這句話不成立，即存在$\{S_n(f)\}$發散，此處$T = S_n$。)

註：若$f(t) = sint$，則$S_n(f) = 0$。即$sint$的 Fourier 級數在t = 0處，不發散，也就是收斂。

3.11 點列的弱極限

設 X 為賦範線性空間，點列$\{x_n\} \subset$ X，若存在$x \in$ X，使得$\lim_{n \to \infty} \|x_n - x\| = 0$ 成立，則這是前面所說的依範數收斂。又可稱為點列$\{x_n\}$的**強收斂**，可表達為 $\{x_n\}$強收斂於x，記為$\lim_{n \to \infty} x_n = x$，或者記為 $\text{s} - \lim_{n \to \infty} x_n = x$ (s 為 strong 之意)， 或者簡記為$x_n \to x$。

定義 3.11.1 設 X 為賦範線性空間，$x_n, x \in$ X$(n = 1, 2, \cdots)$。若對於任意$f \in$ X*，$\lim_{n \to \infty} f(x_n) = f(x)$，

則稱$\{x_n\}$**弱收斂(Weakly Converge)**於x，記為$\text{w} - \lim_{n \to \infty} x_n = x$或者$x_n \overset{w}{\to} x$ (w 為 weak 之意)，並稱x是$\{x_n\}$的弱極限。

舉例來說在實數數線空間$(-\infty, \infty)$，設$x_n = (-1)^n, n = 1, 2, \cdots$，$\|x_n\| = 1$， $\|\cdot\| \in$ X*，但對於其他$f \in$ X*，$\lim_{n \to \infty} f(x_n) = f(1)$並不成立，所以$x_n$不**弱收斂**於$1$。 要所有的泛函都有$f(x_n) \to f(1)$，**弱收斂**才成立。**弱收斂**可看成限制式收斂 (Constrained Convergence)。

性質 3.11.1 若賦範線性空間 X 中的點列強收斂(或弱收斂)，則極限點唯一。

證明 (1)若點列依範數收斂，則極限唯一。故強收斂點列之極限唯一。 設$x_n \to x$，即$\|x_n - x\| \to 0(n \to \infty)$。對任一$f \in$ X*， $|f(x_n) - f(x)| = |f(x_n - x)| \leq \|f\| \cdot \|x_n - x\| \to 0$， 因此$x_n \overset{w}{\to} x$。

(2)若$x_n \overset{w}{\to} x$，且$x_n \overset{w}{\to} x'$，則對任意$f \in$ X*，$f(x_n) \to f(x)$與$f(x_n) \to f(x')$成立， 由極限唯一性知，$f(x) = f(x')$，即$\forall f \in$ X*， $0 = f(x) - f(x') = f(x - x')$。

若 $x \neq x'$，根據 Hahn-Banach 延拓定理可得，存在有界線性泛函 $f_0 \in X^*$，使得 $\|f_0\| = 1$，以及

$f_0(x - x') = \|x - x'\| \neq 0$，即 $f(x) - f(x') \neq 0$，產生矛盾。故 $x = x'$，即弱極限點 x 也唯一。

性質 3.11.2 若 X 是數域 $\mathbb{F}$ 上賦範線性空間，$\{x_n\}, \{y_n\} \subset X$，$x, y \in X$，$\alpha_n, \beta_n, \alpha, \beta \in \mathbb{F}$ 且 $\alpha_n \to \alpha$，$\beta_n \to \beta$，$n \to \infty$。

(1) 若 $\mathrm{s} - \lim\limits_{n\to\infty} x_n = x$，$\mathrm{s} - \lim\limits_{n\to\infty} y_n = y$，則 $\mathrm{s} - \lim\limits_{n\to\infty} \alpha_n x_n + \beta_n y_n = \alpha x + \beta y$。

(2) 若 $\mathrm{w} - \lim\limits_{n\to\infty} x_n = x$，$\mathrm{w} - \lim\limits_{n\to\infty} y_n = y$，則 $\mathrm{w} - \lim\limits_{n\to\infty} \alpha_n x_n + \beta_n y_n = \alpha x + \beta y$。

證明 因為

$\left\|(\alpha_n x_n + \beta_n y_n) - (\alpha x + \beta y)\right\| \leq \|\alpha_n x_n - \alpha x\| + \|\beta_n y_n - \beta y\|$

$\leq \|\alpha_n x_n - \alpha_n x + \alpha_n x - \alpha x\| + \|\beta_n y_n - \beta_n y + \beta_n y - \beta y\|$

$\leq |\alpha_n| \|x_n - x\| + |\alpha_n - \alpha| \|x\| + |\beta_n| \|y_n - y\| + |\beta_n - \beta| \|y\| \to 0$，$n \to \infty$

，所以(1)成立。

對任一 $f \in X^*$，因為

$|f(\alpha_n x_n + \beta_n y_n) - f(\alpha x + \beta y)| \leq |f(\alpha_n x_n) - f(\alpha x)| + |f(\beta_n y_n) - f(\beta y)|$

$\leq |f(\alpha_n x_n) - f(\alpha_n x) + f(\alpha_n x) - f(\alpha x)| + |f(\beta_n y_n) - f(\beta_n y) + f(\beta_n y) - f(\beta y)|$

$\leq |\alpha_n| |f(x_n) - f(x)| + |\alpha_n - \alpha| |f(x)| + |\beta_n| |f(y_n) - f(y)| + |\beta_n - \beta| |f(y)| \to 0$，$n \to \infty$，所以(2)成立。

性質 3.11.3 若賦範線性空間 X 中的點列 $\{x_n\}$ 強收斂到 x，則它一定弱收斂到 x。

證明 因為 $|f(x_n) - f(x)| \leq \|f\| \|x_n - x\|$，(受到 $\|x_n - x\|$ 控制)

所以當 $\|x_n - x\| \to 0$ 時，$\forall f \in X^*$，$|f(x_n) - f(x)| \to 0$，即 $\forall f \in X^*$，$\lim\limits_{n\to\infty} f(x_n) = f(x)$。

例 3.11.1 設內積空間 X 是 Hilbert 空間，$\{e_n\}$為空間 X 標準正交基，證明點列$\{e_n\}$弱收斂到 0 $(\mathrm{w}-\lim_{n\to\infty}e_n=0)$，但$\{e_n\}$不強收斂。

證明 因為當$m\neq n$時，$\|e_m-e_n\|^2=(e_m-e_n,e_m-e_n)=2$，所以$\{e_n\}$不強收斂。下面證明$\{e_n\}$弱收斂到 0。

$\forall f\in X^*$，由 Riesz 表示定理知，存在唯一的$z\in X$，使得$\forall x\in X$，$f(x)=(x,z)$。(任何泛函可由內積形成的函數代表)

於是$f(e_n)=(e_n,z)$，根據定理 2.8.4 知 Bessel 不等式知

$$\sum_{n=1}^{\infty}|(e_n,z)|^2\leq\|z\|^2，（\{(e_n,z)\}\text{ 順序可以由大到小重新排列）}$$

所以級數$\sum_n^{\infty}|(e_n,z)|^2$收斂。因而$f(e_n)=(e_n,z)\to 0=f(0)$，$n\to\infty$，即$\forall f\in X^*$，$f(e_n)\to 0$，故點列$\{e_n\}$弱收斂到 0。(若$f(e_n)$不趨近 0，則$\sum_{n=1}^{\infty}|(e_n,z)|^2\to\infty$)

舉例來說，有一泛函為$f(x)=(e_n,c_1e_1+c_2e_2)$，可得$(e_n,c_1e_1+c_2e_2)\to 0$，$n\to\infty$ $(n=1,2,\cdots)$。

性質 3.11.4 若賦範線性空間 X 中的點列$\{x_n\}$弱收斂到x，則數列$\{\|x_n\|\}$有界。

證明 因為$\forall f\in X^*$，數列$\{f(x_n)\}$收斂，所以$\{f(x_n)\}$有界，即存在$M_f>0$，使得$\forall n\in\mathbb{N}$，$|f(x_n)|\leq M_f$。

由定理 3.8.5 知，X 與它的二次共伴空間X^{**}的子空間$\widetilde{X}$等距線性同構，即存在一一映射$T_0:X\to\widetilde{X}\subset X^{**}$，亦即存在嵌射$T:X\to X^{**}$。此嵌射為將$x$映射到$x^{**}\in X^{**}$，其中$\forall f\in X^*$，$x^{**}(f)=f(x)$ (這種映射又稱自然嵌射，因為自然地存在)。

於是，對於所有n，存在映射關係 $T:x_n\to x_n^{**}$。

又$|x_n^{**}(f)|=|f(x_n)|\leq M_f$ $(f(x)$是有界線性泛函)，因此對於$\forall f\in X^*$，數列$\{x_n^{**}(f)\}$有界。根據定理 3.4.2 知X^*是巴拿赫空間(Banach Space)。由共鳴定理可得數列$\{\|x_n^{**}\|\}$有界。

再根據T的保距性(保持距離特性，也是保範性)可得數列$\{\|x_n\|\}$有界。

註：$T:X\to X^{**}$ 的映射是嵌射，又稱為自然嵌射。$T_0:X\to\widetilde{X}$的映射是一一映射，並有等距線性

同構特性。

定理 3.11.1 在有限維賦範線性空間中，強收斂等價於弱收斂。

證明 由性質 **3.11.3** 知必要性一定成立。下面證充分性。

設 X 是 n 維賦範線性空間，$\{e_1, e_2, \cdots, e_n\}$ 是 X 的基。設 $x_0, x_m \in X\ (m = 1,2,\cdots)$ 且 $x_m \overset{w}{\to} x_0$，

其中 $x_0 = x_1^{(0)}e_1 + x_2^{(0)}e_2 + \cdots + x_n^{(0)}e_n$，

$x_0 = x_1^{(0)}e_1 + x_2^{(0)}e_2 + \cdots + x_n^{(0)}e_n\ (m = 1,2,\cdots)$。

對任一 $f \in X^*$，$f(x_m) \to f(x_0)$，$m \to \infty$。

由定理 3.4.1 知存在 X 共伴空間 X^* 的基 $\{f_1, f_2, \cdots, f_n\}$ 滿足 $f_i(e_j) = \delta_{ij}$，$1 \le i, j \le n$。

則 $f_i \in X^*$ 且 $f_i(x_0) = x_i^{(0)}$，$f_i(x_m) = x_i^{(m)}$。由於 $f_i(x_m) \to f_i(x_0)$，即 $x_i^{(m)} \to x_i^{(0)}$，可得點列 x_m 的每個座標收斂於 x_0 的每個對應座標，故 x_m 強收斂於 x_0。

定理 3.11.2 點列 $\{x_n\} \subset X$ 及 $x_0 \in X$，則 $x_n \overset{w}{\to} x_0$ 當且僅當下列兩條同時成立：

(1) 數列 $\{\|x_n\|\}$ 有界；

(2) 存在 X^* 的一個稠密子集 M^*，使得 $\forall f \in M^*$，$f(x_n) \to f(x_0)$。

證明 $\Rightarrow$（必要性）由性質 3.11.4 推得(1)及弱收斂的定義推得(2)，故知必要性成立。

$\Leftarrow$（充分性）因為 M^* 是 X^* 的一個稠密子集(原集合任意元素皆可無窮被逼近之子集)，所以對於

任一 $f \in X^*$，$\forall \varepsilon > 0$，$\exists f_\varepsilon \in M^*$，使得 $\|f - f_\varepsilon\| \le \varepsilon$（先給定一個 ε，再找出對應的 f_ε；ε 可任意小）。由數列 $\{\|x_n\|\}$ 有界知，存在常數 $k > 0$，使得 $\|x_n\| \le k$，$n = 1,2,\cdots$。於是有

$$|f(x_n) - f(x_0)| \le |f(x_n) - f_\varepsilon(x_n)| + |f_\varepsilon(x_n) - f_\varepsilon(x_0)| + |f_\varepsilon(x_0) - f(x_0)|$$
$$= |(f - f_\varepsilon)(x_n)| + |f_\varepsilon(x_n) - f_\varepsilon(x_0)| + |(f_\varepsilon - f)(x_0)|$$
$$\le \|f - f_\varepsilon\|\|(x_n)\|| + |f_\varepsilon(x_n) - f_\varepsilon(x_0)| + \|f_\varepsilon - f\|\|x_0\|$$

$$\leq \varepsilon k + |f_\varepsilon(x_n) - f_\varepsilon(x_0)| + \varepsilon\|x_0\|。$$

由已知條件(2)推得：當$f_\varepsilon \in M^*$時，$f_\varepsilon(x_n) - f_\varepsilon(x_0) \to 0$，$n \to \infty$，$\varepsilon \to 0$。又$\varepsilon$可任意小。因此$|f(x_n) - f(x_0)| \to 0$，$n \to \infty$，即得 $x_n \overset{w}{\to} x_0$。 (w為 weak convergence 之意)

(注意:證明過程中， $f \in X^*$；$f_\varepsilon \in M^*$)

定理 3.11.3 設 X 為內積空間，點列$\{x_n\} \subset X$及$x_0 \in X$，則$x_n \overset{s}{\to} x_0$當且僅當 $x_n \overset{w}{\to} x_0$，$\lim_{n\to\infty} \|x_n\| = \|x_0\|$。

證明 $\Rightarrow$ (必要性)由性質 3.11.3 知成立。(內積空間為帶夾角的賦範線性空間)

$\Leftarrow$（充分性） 由 $\lim_{n\to\infty} \|x_n\| = \|x_0\|$(性質 2.1.1 範數連續性)可得 $\lim_{n\to\infty} \|x_n\|^2 = \|x_0\|^2$ ；

由$x_n \overset{w}{\to} x_0$可知 $f(x_n) \to f(x_0)$。由例 **2.5.5** 證明知內積為連續映射。又內積是有界線性泛函，

故 $\lim_{n\to\infty}(x_0, x_n) = (x_0, x_0)$，及$\lim_{n\to\infty}(x_n, x_0) = (x_0, x_0)$。

利用上式可得$\|x_n - x_0\|^2 = (x_n - x_0, x_n - x_0) = \|x_n\|^2 - (x_0, x_n) - (x_n, x_0) + \|x_0\|^2$。

從而可得$\lim_{n\to\infty} \|x_n - x_0\|^2 = \|x_0\|^2 - 2(x_0, x_0) + \|x_0\|^2 = 0$，即$\lim_{n\to\infty} \|x_n - x_0\| = 0$，亦即$x_n \overset{s}{\to} x_0$。

例 3.11.2 設 X 為賦範線性空間，M 是 X 的閉線性子空間，點列$\{x_n\} \subset M$及$x_n \overset{w}{\to} x_0$，證明$x_0 \in M$。

證明 若$x_0 \notin M$，由於 M 是 X 的閉線性子空間，所以$d = d(x_0, M) > 0$。由 Hahn-Banach 延拓定理知，存在$f \in X^*$，滿足$f(x_0) = d$，$\forall x \in M$，$f(x) = 0$。於是$f(x_n) = 0$。又知$x_n \overset{w}{\to} x_0$，所以$f(x_n) \to f(x_0)$。對線性算子而言，由定理

3.1.3 知連續性等價於有界性。又$0 = f(x_n) \to f(x_0)$，產生矛盾，故$x_0 \in M$。

定理 3.11.4 設 X，Y 為賦範線性空間，若 T$\in$ B(X $\to$ Y)，$\{x_n\} \subset$ X，$x_0 \in$ X。當$x_n \xrightarrow{w} x_0$ 時，$Tx_n \xrightarrow{w} Tx_0$。在此泛函映射到數域 K。如圖 3.11.1，B 為 Bounded Mappping 之意。

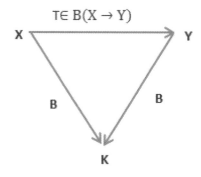

圖 3.11.1 映射示意圖

證明 因 $\{x_n\} \in$ X，T$\in$ B(X $\to$ Y)，故$\{Tx_n\}$存在。

由圖 3.11.1 知對於任意$h \in$ Y*，可定義 X 上的泛函 $f(x) = h(Tx)$。此處複合函數是 $f = hT$。

$|f(x)| = |h(Tx)| \leq \|h\|\|T\|\|x\|$ (T 是有界線性)，因f有界等價於f連續，得f為 X 上連續線性泛函。

當$f(x_n) \to f(x_0)$時，$|f(x_n) - f(x_0)| \to 0$，從而 $h(Tx_n) \to h(Tx_0)$，所以Tx_n弱收斂到Tx_0。

我們可以將$f(x_n)$、$h(Tx_n)$看成像點列。

定義 3.11.2 弱有界(Weak Boundedness)集

設 X 為賦範線性空間，集合 E$\subset$ X，若對於$\forall f \in$ X*，存在常數$M_f > 0$，滿足$\forall x \in$ E，$|f(x)| \leq M_f$，則稱 E 是 X 的**弱有界集**(或者 w-有界集)。

定理 3.11.5 設 X 為賦範線性空間，E 是 X 的弱有界集當且僅當 E 是 X 的有界集。

證明 ⇐ (充分性) 若 E 是 X 的有界集，則存在常數 M>0，滿足 $\forall x \in E$，$\|x\| \le M$。

又對於 $\forall f \in X^*$(有界線性泛函)，$|f(x)| \le \|f\|\|x\| \le \|f\| \cdot M$。由弱有界集定義知 E 是 X 的弱有界集。

⇒ (必要性) 若 E 是 X 的弱有界集，則存在常數 M>0，則對於 $\forall f \in X^*$，存在常數 $M_f > 0$，滿足 $\forall x \in E$，$|f(x)| \le M_f$。由定理 3.8.5 知，X 等距線性同構於 $\widetilde{X} \subset X^{**}$，即存在自然嵌射 $T: X \to \widetilde{X} \subset X^{**}$，

將 $\forall x \in E$ 映射到 $x^{**} \in \widetilde{X} \subset X^{**}$。對於 $\forall f \in X^*$，皆存在 $x^{**}(f) = f(x)$ (因為兩者的值域都是 $\mathbb{R}$ 及有界線性及共伴相互作用關係)。

於是 對應的 $\forall x^{**} \in \widetilde{X} \subset X^{**}$，$|x^{**}(f)| = |f(x)| \le M_f$，$\forall x \in E$。

即是，對於 $\forall f \in X^*$，集合 $\{x^{**}(f) \mid x^{**} \in \widetilde{X} \subset X^{**}, x \in E\}$ 有界。

X^{**} 是 Banach 空間，由共鳴定理(又稱一致有界定理)可得算子族 $\{x^{**} \mid x^{**} \in \widetilde{X} \subset X^{**}, x \in E\}$ 有界。即 $\{\|x^{**}\| \mid x^{**} \in \widetilde{X} \subset X^{**}, x \in E\}$ 有界。根據等距線性同構映射 T 的保距性，可得 $\{\|x\| \mid \forall x \in E\}$ 亦為有界。

註：共鳴定理(一致有界定理)：算子族有界，當且僅當對任一元素，算子族之像為有界。或寫成：對任一元素，算子族之像有界，當且僅當算子族有界。或寫成：對任一元素，算子集之像有界，當且僅當算子集有界。

3.12 算子列的極限

定義 3.12.1 弱*收斂(Weak * Convergence，可念成弱星收斂)

設 X 為賦範線性空間，X* 是共伴空間，$f_n, f \in X^*$ $(n = 1,2,\cdots)$。若對於任意 $x \in X$，都滿足 $\lim_{n\to\infty} |f_n(x) - f(x)| = 0$，則稱泛函列 $\{f_n\}$ **弱*收斂** 於 f，並稱 f 是 $\{f_n\}$ 的 **弱 *極限**，記為：$f_n \xrightarrow{w^*} f$ 或者 $w^* - \lim_{n\to\infty} f_n = f$。這裡星號*是在共伴空間 X* 的元素之意。

若存在 $f \in X^*$，滿足 $\lim_{n\to\infty} \|f_n - f\| = 0$，則稱泛函列 $\{f_n\}$ **強收斂** 於 f，記為：$f_n \to f$ 或者 $s - \lim_{n\to\infty} f_n = f$。因為 $|f_n(x) - f(x)| \leq \|f_n - f\|\|x\|$，所以若 $\{f_n\}$ **強收斂** 於 f，則 $\{f_n\}$ **弱*收斂** 於 f。

性質 3.12.1 設 X 為賦範線性空間，$\{f_n\} \subset X^*$，則下列敘述成立。

(1) 若 $w - \lim_{n\to\infty} f_n = f$，則 $w^* - \lim_{n\to\infty} f_n = f$ (弱收斂蘊含弱*收斂)。

(2) 若 X 是自反空間，則 $w^* - \lim_{n\to\infty} f_n = f$ 當且僅當 $w - \lim_{n\to\infty} f_n = f$。

(3) 弱*極限唯一。

證明 (1) 對於任意 $x \in X$，因 X 可等距嵌射到 X** 中，故可找到 $x^{**} \in X^{**}$，滿足

$$x^{**}(f) = f(x) , f \in X^{**}。(線性泛函 f 與 x 相互作用。一個是左乘$$

作用，一個是右乘作用)

$f_n \xrightarrow{w} f$ 成立，即 $x^{**}(f_n) \to x^{**}(f)$，亦即 $f_n(x) \to f(x)$，因此 $f_n \xrightarrow{w^*} f$。(泛函列的弱收斂定義需要找一個空間 X**)

(3) $(\Rightarrow)$ x 與 x^{**} 為一一映射。對於 $\forall x \in X$，$f_n(x) \to f(x)$，則 $x^{**}(f_n) \to x^{**}(f)$，因此 $f_n \xrightarrow{w} f$。

(⇐)由(1)推得。

(3) 若 $f_n \xrightarrow{w^*} f$，且 $f_n \xrightarrow{w^*} g$，由極限唯一性，可得 $\forall x \in X$，$f(x) = g(x)$，即 $f = g$。

定理 3.12.1 設 X 為 Banach 空間，$\{f_n\} \subset X^*$ 及 $f \in X^*$，則 $w^* - \lim\limits_{n \to \infty} f_n = f$ 當且僅當以下兩敘述同時成立。

(1) 數列 $\{\|f_n\|\}$ 有界。

(2) 存在 X 的一個稠密子集 G，滿足 $\forall x \in G$，$\lim\limits_{n \to \infty} f_n(x) = f(x)$。

證明 ⇒(必要性)(1)由**弱*收斂**定義可得，$\forall x \in X$，數列 $\{f_n(x)\}$ 收斂，故 $\{f_n(x)\}$ 有界，即存在 $M_x \geq 0$(不同的 x 對應不同 M_x)，滿足 $\forall n \in \mathbb{N}$，$|f_n(x)| \leq M_x$。X 為 Banach 空間，由一致有界定理可得 $\{\|f_n\|\}$ 有界。

(2)顯然，X的稠密子集元素，當然是X的元素，一定符合弱收斂條件，因為對X的每一元素符合弱收斂條件。

⇐(充分性) 因 G 是 X 的稠密子集(可無窮逼近原集合每個元素)，

故對於 $\forall x \in X$，$\forall \varepsilon > 0$，存在 $x_\varepsilon \in G$，使得 $\|x - x_\varepsilon\| \leq \varepsilon$ (先給定某一個 ε，再找到 $x_\varepsilon \in G$)。

因數列 $\{\|f_n\|\}$ 有界，故存在常數 $k > 0$，使得 $\|f_n\| \leq k$，$n = 1, 2, \cdots$。於是

$$|f_n(x) - f(x)| \leq |f_n(x) - f_n(x_\varepsilon)| + |f_n(x_\varepsilon) - f(x_\varepsilon)| + |f(x_\varepsilon) - f(x)|$$
$$\leq \|f_n\| \|x - x_\varepsilon\| + |f_n(x_\varepsilon) - f(x_\varepsilon)| + \|f\| \|x - x_\varepsilon\|$$
$$\leq k\varepsilon + |f_n(x_\varepsilon) - f(x_\varepsilon)| + \|f\|\varepsilon \text{ (f 為有界線性泛函)}$$

因 $x_\varepsilon \in$ 稠密子集 G，得 $|f_n(x_\varepsilon) - f(x_\varepsilon)| \to 0$ $(n \to \infty)$，又 ε 可任意小，故 $|f_n(x) - f(x)| \to 0$，

即 $w^* - \lim\limits_{n \to \infty} f_n = f$ 。注意，這裡有兩個趨近：$n \to \infty$，$\varepsilon \to 0$。

定義 3.12.2 設 X 和 Y 是同一數域 $\mathbb{F}$ 上的賦範線性空間，且 $T_n \subset B(X \to Y)$。

(1) 若存在 $T \in B(X \to Y)$，滿足 $\lim\limits_{n \to \infty} \|T_n - T\| = 0$，則稱算子列 $\{T_n\}$ 為一致收斂 (Uniform Convergence)

於T，記為$T_n \to T$ 或者 $T_n \overset{u}{\to} T$。

(2)若存在$T \in B(X, Y)$，滿足$\forall x \in X$，$\lim\limits_{n \to \infty} \|T_n(x) - T(x)\| = 0$，則稱算子列$\{T_n\}$為強收斂(Strong Convergence)於T，記為$T_n \overset{s}{\to} T$或者$s - \lim\limits_{n \to \infty} T_n = T$。(對$\forall x$都成立)

(3)若存在$T \in B(X, Y)$，滿足$\forall x \in X$，$\forall f \in Y^*$，$\lim\limits_{n \to \infty} \|f(T_n(x)) - f(T(x))\| = 0$，則稱算子列$\{T_n\}$為弱收斂(Weak Convergence)於T，記為$T_n \overset{w}{\to} T$或者$w - \lim\limits_{n \to \infty} T_n = T$。

註：f_n可看成一個算子列，而弱*收斂即是算子列的強收斂，只是稱呼不同。

因$|f(T_n(x)) - f(T(x))| \leq \|f\| \|T_n(x) - T(x)\| \leq \|f\| \|T_n - T\| \|x\|$，故若$\{T_n\}$為一致收斂於T，則$\{T_n\}$為強收斂於T（因為$\|T_n(x) - T(x)\| \leq \|T_n - T\| \|x\|$）；

若$\{T_n\}$為強收斂於T，則$\{T_n\}$為弱收斂於T（因為$|f(T_n(x)) - f(T(x))| \leq \|f\| \|T_n(x) - T(x)\|$）。

定理 3.12.2 設X為 Banach 空間，Y是賦範線性空間，$T_n \subset B(X \to Y)$，若算子列$\{T_n\}$強收斂於T，則數列$\{\|T_n\|\}$有界。

證明 因算子列$\{T_n\}$為強收斂於T，故對任意$x \in X$，$\{T_n(x)\}$是Y中的收斂點列（因為$\|T_n(x)\| \leq \|T_n\| \|x\|$）。可知$\{T_n(x)\}$是Y中的有界點列。由一致有界定理，可得$\{\|T_n\|\}$一致有界，即存在常數$M > 0$，滿足$\|T_n\| \leq M$，$n \in \mathbb{N}$。

定理 3.12.3 有界線性算子序列收斂定理

設 X，Y 為賦範線性空間，$T_n \subset B(X \to Y)$，則$\lim\limits_{n \to \infty} T_n = T$當且僅當$\{T_n\}$在X 中的任意有界集上都**一致收斂**，即對於任意有界集$A \subset X$，$\forall \varepsilon > 0$，存在$N \in \mathbb{N}$，當$n > N$時，對於$\forall x \in A$，$\|T_n x - Tx\| < \varepsilon$（與$x$在何處無關）。(這是函數列**一致收斂**的定義，此時將T當作函數)

證明 ⇒(必要性) A ⊂ X為有界集，可知存在常數c，滿足sup {‖x‖ | x ∈ A} ≤ c。

因‖T$_n$$x$ − Tx‖ ≤ ‖T$_n$ − T‖‖x‖ ≤ ‖T$_n$ − T‖ · c 及 $\lim\limits_{n \to \infty}$ T$_n$ = T。

‖T$_n$$x$ − Tx‖ → 0 $(n \to \infty)$。

等價於: ∀ε > 0，存在N∈N，當n > N時，對於∀x∈A，‖T$_n$$x$ − Tx‖ < ε。

⇐ (充分性)取有界集A = {x∈X | ‖x‖ = 1} (單位球)，因為

∀ε > 0，存在N∈N，當n > N時，對於∀x∈A，‖T$_n$$x$ − Tx‖ < ε，

所以

‖T$_n$ − T‖ = $\sup\limits_{\|x\|=1}$ {‖(T$_n$ − T)(x)‖} = $\sup\limits_{\|x\|=1}$ {‖(T$_n$$x$ − Tx)‖} ≤ ε，(加了上限符號

sup，所以< ε變成≤ ε)

當ε → 0時，‖T$_n$ − T‖ → 0。因此，$\lim\limits_{n \to \infty}$ T$_n$ = T。

引理 3.12.1 設 X 為賦範線性空間，則對任意x∈X，都有 ‖x‖ = $\sup\limits_{f \in X^*, \|f\|=1}$ {|$f(x)$|}。

與**推論 3.8.7** 相同，只是重寫一次。

定理 3.12.4 設 X，Y 為賦範線性空間且 X 是完整空間(完備空間)，T$_n$ ⊂ B(X → Y)，

w − $\lim\limits_{n \to \infty}$ T$_n$ = T，則‖T‖ ≤ sup {‖T$_n$‖ | n = 1,2,⋯} < ∞。

證明 取∀x∈X，∀f∈Y*，由w − $\lim\limits_{n \to \infty}$ T$_n$ = T知

$\lim\limits_{n \to \infty}$ ‖f(T$_n$(x)) − f(T(x))‖ = 0。

設φ為 Y 到 Y**的自然嵌射，即φ: Y → Y**。 (φ|$_{T_n(x)}$: T$_n$(x) → Y**)

上式可意味著: ∀f∈Y*，φ(T$_n$(x))(f) → φ(T(x))(f)，n → ∞。(注意: φ(T$_n$(x)) ∈ Y**，φ(T(x)) ∈ Y**)

Y*為完整空間。由一致有界定理知(Banach 空間中，算子族一致有界等價於算子族的像有界)，

{‖φ(T$_n$$x$)‖ | n = 1,2,⋯}有界⇔{‖φ(T$_n$($x$))($f$)‖ | n = 1,2,⋯}有界

（因為 $\varphi(T_n(x))(f) \to \varphi(T(x))(f)$，$n \to \infty$，$f \in Y^*$）。　（$\varphi(T_n(x))(f)$ 有界）

又 φ 為等距同構映射，故 $\sup\{\|\varphi(T_nx)\| \mid n = 1,2,\cdots\} = \sup\{\|T_nx\| \mid n = 1,2,\cdots\} < \infty$。

X為完整空間。再由一致有界定理知

$\{\|T_n\| \mid n = 1,2,\cdots\}$有界$\Leftrightarrow\{\|T_n(x)\| \mid n = 1,2,\cdots\}$有界，

故 $\sup\{\|T_n\| \mid n = 1,2,\cdots\} = c < \infty$。

$\forall x \in X$，$f \in Y^*$，　$\|f(T_n(x))\| \leq \|f\|\|T_n\|\|x\| \leq c \cdot \|f\|\ \|x\|$，

令$n \to \infty$，從而$T_n \to T$，由上式可得$\|f(T(x))\| \leq c \cdot \|f\|\ \|x\|$。

根據**引理 3.12.1**，$\|T(x)\| = \sup\{|f(T(x))| \mid f \in Y^*, \|f\| = 1\} \leq c \cdot \|x\|$，可得 $\|T\| \leq c$。

因此，$\|T\| \leq \sup\{\|T_n\| \mid n = 1,2,\cdots\} < \infty$。（前面推導有：$\sup\{\|T_n\| \mid n = 1,2,\cdots\} = c < \infty$）

　　例 在 l^2 上定義左移算子 A，$\forall x = (x_1, x_2, x_3, \cdots) \in l^2$，$Ax = (x_2, x_3, \cdots) \in l^2$，
　　　　$A_n = AA \cdots A = A^n$，

證明算子列$\{A_n\}$強收斂於 0，卻不一致收斂於 0。

　　證明 由於$A_nx = A_n(x_1, x_2, x_3, \cdots) = (x_{n+1}, x_{n+2}, \cdots)$，故

$$\|A_nx\| = \left(\sum_{i=n+1}^{\infty} |x_i|^2\right)^{\frac{1}{2}} \to 0，n \to \infty，（因為與 energy signal 的形$$
式一樣)

得算子列強收斂於 0。對於每個n，e_n表示l^2中第n個分量為 1，其餘分量為 0 的元素。

可得 $Ae_{n+1} = e_n$　，$A_ne_{n+1} = e_1$。

於是 $1 = \|e_1\| = \|A_ne_{n+1}\| \leq \|A_n\|\ \|e_{n+1}\| = \|A_n\|$，

即$1 \leq \|A_n\|$。故算子列$\{A_n\}$不一致收斂於 0。

3.13 共伴算子(Conjugate Operator)與線性緊算子 (Compact Operator)

設X，Y為賦範線性空間，T ∈ B(X → Y)，對任意f∈Y*，

定義$f^*(x) = f(Tx)$，x∈X。（共軛負數亦用此記號: * ；* 為共軛、共伴、相伴之意）

可知$f^* ∈ X^*$。(因f,T為線性映射，知f^*亦為線性映射) 且由不等式

$|f^*(x)| = |f(Tx)| ≤ \|f\|\|T\|\|x\|$ 知$|f^*| ≤ \|f\| \|T\|$，故$f^* ∈ B(X → \mathbb{F})$。由左式知，當f在Y*中變化時，f^*在X*中變化。

於是就建立從Y*到X*的一個映射，此映射為有界線性算子，記為T*，即$T^*f = f^* = f · T$。

(f^*與f為共伴之關係，如同複數中$a + bi$與$a - bi$為共軛關係，或稱共伴關係，為相互陪伴的關係)

故T ∈ B(X → Y)，T* ∈ B(Y* → X*)，$T^*f = f^* = f · T$，其中f∈Y*，$f^* ∈ X^*$；T*是T的共伴算子。

定義 3.13.1 設X，Y為賦範線性空間，T ∈ B(X → Y)，

定義$(T^*f)(x) = f(Tx)$，f∈Y*，x∈X，稱T*為T的**共伴算子**或共軛算子(**Conjugate Operator**)。

注意，作$(T^*f)(x)$運算時，不可以先求$f(x)$，再求$T^*f(x)$。(T是兩個距離空間之間的映射；T*是兩個共伴空間之間的映射)

例 3.13.1 $m × n$實矩陣 A = $(α_{ij})$可以看成空間 $\mathbb{R}^n$到$\mathbb{R}^m$的一個有界線性算子(A: $\mathbb{R}^n → \mathbb{R}^m$)，其中$(Ax)_i = \sum_{j=1}^n α_{ij} ξ_j$，$x = (ξ_1, ξ_2, \cdots, ξ_n) ∈ \mathbb{R}^n$， $i = 1,2,\cdots, m$。

證明 A的共伴算子$A^*: \mathbb{R}^m \to \mathbb{R}^n$所對應的矩陣為 A 的轉置矩陣$A^T$。

證明 $\mathbb{R}^m$上的有界線性泛函f可以表示為:

$f(y) = \sum_{i=1}^{m} c_i \, \eta_i$，$y = (\eta_1, \eta_2, \cdots, \eta_m) \in \mathbb{R}^m$，($f$可"看作等於"$n$維向量)

其中c_i是常數。於是對任一$x = (\xi_1, \xi_2, \cdots, \xi_n) \in \mathbb{R}^n$，

求$A^*f = f^* = fA$，

$(A^*f)(x) = f(Ax) = \sum_{i=1}^{m} c_i \sum_{j=1}^{n} \alpha_{ij} \, \xi_j = \sum_{i=1}^{m} \sum_{j=1}^{n} \alpha_{ij} c_i \, \xi_j =$

$\sum_{j1}^{n} (\sum_{i=1}^{m} \alpha_{ij} c_i) \, \xi_j$ ，

(A^*f作用在n維元素)

由上式可得

$A^*f = (\sum_{i=1}^{m} \alpha_{i1} c_i \, , \sum_{i=1}^{m} \alpha_{i2} c_i \, , \cdots, \sum_{i=1}^{m} \alpha_{in} c_i) \; = A^T f$。(這裡"等於"不是真得等於，而是"看作等於")

上述表明運算A^*就是 A 的轉置矩陣A^T。

註：上面推導是一種數學推導的表達方式，如果不是很了解，將$x = (\xi_1, \xi_2, \cdots, \xi_n)^T$，所有運算化成向量(column vector)與矩陣的運算，即可明瞭。即

將A^*f當作行向量來看，即$A^*f = \begin{bmatrix} \sum_{i=1}^{m} \alpha_{i1} c_i \\ \sum_{i=1}^{m} \alpha_{i2} c_i \\ \vdots \\ \sum_{i=1}^{m} \alpha_{in} c_i \end{bmatrix}$，

又$A^*f = [A_{m \times n}]^T f_{m \times 1}$; $A^*f = A^T f = n \left\{ \overbrace{\begin{bmatrix} \alpha_{11} & \cdots & \alpha_{m1} \\ \vdots & \ddots & \vdots \\ \alpha_{1n} & \cdots & \cdots \end{bmatrix}}^{m} \begin{bmatrix} c_1 \\ c_2 \\ \vdots \\ c_m \end{bmatrix} = \begin{bmatrix} \vdots \\ \vdots \\ \vdots \\ \vdots \end{bmatrix}_{n \times 1} \right.$ 。

緊線性算子是從無窮維空間到"類似"有限維空間的映射。這個無窮維空間包含有限維空間。

定義 3.13.2 設X，Y為賦範線性空間，若算子$T: X \to Y$將X中任一有界集映射到Y中的准緊集，稱T為緊算子。若緊算子T是線性的，則稱T為線性緊算子。

從X到Y的線性緊算子全體記為K(X → Y)。當X = Y時，記為K(X)。在有些書中記為C(x)(即Compact(x))，因為 C 可能與 Complex 混淆，故記號採用K(x)。

從定義可直接得出緊算子的兩個等價敘述：

(1) T: X → Y為緊算子當且僅當對X中任一有界點列$\{x_n\}$，$\{Tx_n\}$中有收斂子列。

(2) T: X → Y為緊算子當且僅當T將X中的單位開球(或閉球)映射為Y中准緊集。

例 3.13.2 設空間 X = $(-1,1)^n$，$n \to \infty$。空間 Y = $(-1,1)^5$，$n \to \infty$。則算子T: X → Y是一個緊算子。可知空間 X是無限維有界集，空間 Y是有限維有界集。就控制領域來說，空間 X是輸入，空間 Y是輸出，我們把輸出侷限在更小的範圍了，得到更好的可控制性。從測度觀點來看，定義域的超體積是2^n，像域(又稱值域)的超體積是2^5。

例 3.13.3 設空間 X = $(-\infty, \infty)$，Y = $[-\frac{\pi}{2}, \frac{\pi}{2}]$。T: X → Y。$y = Tx = \arctan(x)$，$x \in$ X，$y \in$ Y。X中任一有界集映射到Y中的准緊集，故T為緊算子。但T不是線性緊算子。

例 3.13.4 設I是無窮維賦範線性空間X上的恆等算子，則I不是緊算子。

證明 採用反證法。若I為緊算子(有界→准緊集)，則X的單位閉球 B 在I映射的像為X的准緊集，即單位閉球是准緊集，由例 1.6.1 可知X是有限維賦範線性空間，產生矛盾，故I不是緊算子。

例 3.13.5 定義積分算子T: C[a, b] → C[a, b]，

$(Tx)(t) = \int_{[a,b]} k(t,s)x(s)ds$，$x \in$ C[a, b]，

其中k(t, s)在[a, b] × [a, b]上連續，則T是緊線性算子。

證明 顯然T是線性算子，設A ⊂ C[a, b]且 A 有界，即存在常數L > 0，滿足$\|x\| \leq$ L，$x \in$ A。

因為k(t, s)在[a, b] × [a, b]上連續，故k(t, s)在[a, b] × [a, b]上有界。

令M = $\max\limits_{t,s \in [a,b]} |k(t,s)|$。那麼對任意$x \in$ A，

$$\|Tx\| \triangleq \max_{t \in [a,b]} \left| \int_{[a,b]} k(t,s)x(s)ds \right| \leq \max_{t \in [a,b]} \int_{[a,b]} \left| k(t,s)x(s) \right| ds \leq LM(b-a) ,$$

因此$T(A)$一致有界。由於$k(t,s)$在$[a,b] \times [a,b]$上連續，則$k(t,s)$對於t在$[a,b] \times [a,b]$上一致連續(此時將s當作定值)，即對任意$\varepsilon > 0$，存在$\delta > 0$，使得當 $|t_1 - t_2| < \delta$ 時，

$$|k(t_2,s) - k(t_1,s)| < \frac{\varepsilon}{L(b-a)} , s \in [a,b] 。$$

於是，對任意$x \in A$，當$|t_1 - t_2| < \delta$ 時，(表示t_1，t_2的位置可在$[a,b]$任意選擇的)

$$|Tx(t_2) - Tx(t_1)| = \int_{[a,b]} \left(k(t_2,s) - k(t_1,s) \right) x(s) ds$$

$$\leq \int_{[a,b]} |k(t_2,s) - k(t_1,s)| \cdot \|x\| ds < \varepsilon , \quad (此處$$

$\|x\| \triangleq \max_{t \in [a,b]} |x(t)|)$

故$T(A)$是等變化度連續的。由**定理** 1.7.5 (Arzela-Ascoli 定理)知，$T(A)$是准緊的，因此T是緊線性算子。(等變化度連續就是等變化度一致性連續，即:函數族內，每個函數的一致性連續的標準都是統一的)

定理 3.13.1 緊線性算子是有界線性算子。

證明 緊線性算子將任一有界集映射至准緊集。因准緊集是有界集，故緊線性算子是有界線性算子。

定理 3.13.2 設X，Y是賦範線性空間，若$T \in B(X \to Y)$，且$\dim R(T) < \infty$，則$T \in K(X \to Y)$。

證明 對任一點列$\{x_n\} \subset X$，因T是有界算子，故$\{Tx_n\}$是$R(T)$中的有界點列。由於$\dim R(T) < \infty$，利用定理 1.5.5 聚點定理知，$\{Tx_n\}$有收斂子列，因此$T \in K(X \to Y)$。

若X是賦範線性空間，則對任意$f \in X^*$，f是緊線性算子($\dim R(T) = 1$)。

定理 3.13.3 設X是賦範線性空間，$T \in K(X)$ (即$T \in K(X \to X)$)，$S \in B(X)$ (即$S \in B(X \to X)$)，則 TS，ST 都是X上緊線性算子。

證明 設$A \subset X$，且 A 有界。因$S \in B(X)$，故$S(A)$有界。又因$T \in K(X)$，故$T\big(S(A)\big) = (TS)(A)$是准緊集，所以 TS 是緊算子。

因 T 是緊算子，故$T(A)$是准緊集。又有界算子等價於連續算子，故 S 連續。因而，$(ST)(A)$是准緊集，從而 ST 是緊線性算子。(准緊集經連續算子還是准緊集)

定理 3.13.4 設X是賦範線性空間，Y是 Banach 空間，則$K(X \to Y)$依算子線性運算及算子範數是$B(X \to Y)$的閉子空間，故$K(X \to Y)$為完整空間(又稱完備空間)。

證明 由定理 3.13.1 知$K(X \to Y)$是$B(X \to Y)$的子空間。下面證$K(X \to Y)$是$B(X \to Y)$的閉子空間。(緊算子: 有界集 → 准緊集)(准緊集存在收斂子列，即無窮點列不會散開。但收斂點不一定在原集合內)

設$T_n \subset K(X \to Y)$，且$T_n \to T \ (n \to \infty)$。任取X中的有界點列$\{x_n\}$，則存在常數$M > 0$，滿足$\|x_n\| < M \ (n = 1,2,\cdots)$。由於$T_1$是緊算子，故存在有界$\{x_n\}$的子列$\{x_n^{(1)}\}$，滿足$\{T_1 x_n^{(1)}\}$收斂。

同理，由於T_2是緊算子，及點列$\{x_n^{(1)}\}$有界，故存在$\{x_n^{(1)}\}$的子列$\{x_n^{(2)}\}$，滿足$\{T_2 x_n^{(2)}\}$收斂。

依此類推，對任意自然數k，可找到子列$\{x_n^{(k)}\}$，滿足$\{T_k x_n^{(k)}\}$收斂。於是，$\{T_k x_n^{(k)}\}$是Y 中的 Cauchy 列。當k夠大 ，或$k \to \infty$時，可找到$\{x_n\}$的子列$\{x^{(n)}\}$，則對任一自然數k_1，$\{T_{k_1} x^{(n)}\}$是Y 中的 Cauchy 列。(注意: $\{x_n\} \supseteq \{x_n^{(1)}\} \supseteq \{x_n^{(2)}\} \supseteq \cdots \supseteq \{x^{(n)}\}$。這個是集合序列的收斂)

對任意$\varepsilon > 0$，由$T_n \to T$可知，存在夠大$k_0 \in \mathbb{N}$，滿足

$$\|T_{k_0} - T\| < \frac{\varepsilon}{3M} \text{。}$$

由於$\{T_{k_0} x^{(n)}\}$是Y 中的 Cauchy 列，故存在$N > 0$，當$m, n > N$時，

$$\|T_{k_0} x^{(n)} - T_{k_0} x^{(m)}\| < \frac{\varepsilon}{3} \quad \text{。}$$

由上兩式可得，當$m, n > N$時，

$$\left\| Tx^{(n)} - Tx^{(m)} \right\|$$

$$\leq \left\| Tx^{(n)} - T_{k_0}x^{(n)} \right\| + \left\| T_{k_0}x^{(n)} - T_{k_0}x^{(m)} \right\| + \left\| T_{k_0}x^{(m)} - Tx^{(m)} \right\|$$

$$\leq \left\| T - T_{k_0} \right\| \cdot \left\| x^{(n)} \right\| + \left\| T_{k_0}x^{(n)} - T_{k_0}x^{(m)} \right\| + \left\| T_{k_0} - T \right\| \cdot \left\| x^{(m)} \right\|$$

$$< \varepsilon \quad,$$

因此，$\{Tx^{(n)}\}$為Y 中的 Cauchy 列。由於Y是 Banach 空間，則$\{Tx^{(n)}\}$在Y 中收斂，故$T \in K(X \to Y)$（極限點T仍屬於原空間$K(X \to Y)$），即$K(X \to Y)$是$B(X \to Y)$的閉子空間，故$K(X \to Y)$為完整空間。

定理 3.13.5 設X，Y是賦範線性空間，若$T \in K(X \to Y)$，則T將X中的弱收斂點列映射為Y中的強收斂點列。(像是強收斂)(強收斂又稱依範數收斂)

證明 設在 X 中$x_n \overset{w}{\to} x$。若$Tx_n \to Tx \ (n \to \infty)$不成立，則存在$\varepsilon_0 > 0$及$\{x_n\}$的子列$\{x_{n_k}\}$，滿足

$$\|Tx_{n_k} - Tx\| \geq \varepsilon_0 \ , \ k = 1, 2, \cdots 。$$

因為$T \in K(X \to Y)$，故假設$\{x_n\}$有界，則$\{x_{n_k}\}$有界。

因T是緊線性算子，知$\{Tx_{n_k}\}$有收斂子列，為了方便推導，可方便設$Tx_{n_k} \to y$，$k \to \infty$，即$\{Tx_{n_k}\}$就是收斂列。

當$\|Tx_{n_k} - Tx\| \geq \varepsilon_0$，$k \to \infty$時，得 $\|y - Tx\| \geq \varepsilon_0$。

任取 $f \in Y^*$，有$T^*f \in X^*$，由$x_{n_k} \overset{w}{\to} x$ （ 因$x_n \overset{w}{\to} x$），得

$$f\left(Tx_{n_k}\right) = (T^*f)\left(x_{n_k}\right) \to (T^*f)(x) = f(Tx) 。$$

注意到f是有界線性的，故等價於連續的。

依方便設條件知: $Tx_{n_k} \to f(y)$，可得$f\left(Tx_{n_k}\right) \to f(y)$。($f \in Y^*$) (強收斂蘊含弱收斂)

因$f\left(Tx_{n_k}\right) \to f(Tx)$及弱極限的唯一性，得 $f(Tx) = f(y)$。

再由f的任意性，得 $Tx = y$。(當f為 identity mapping，或稱恆等映射時)

這與$\|y - Tx\| \geq \varepsilon_0$ 矛盾（由$Tx = y$ 得 $\|y - Tx\| = 0$ ），故$Tx_n \to Tx$，$n \to \infty$ 成立。

第四章 對泛函取變分以求最佳控制(Optimal Control)

變分是變動的微積分(calculus of variations)之意。Calculus 在英文字源為 count 之意,即計算之意。而 calculus 又分成 differential calculus(微分計算學) 與 integral calculus(積分計算學)。實際上,變動微積分為變動微分與變動積分之意。Variation 英文解釋為: something a little different from others of the same type (微變之意),故 calculus of variations 可說成 calculus of two variations。One variation is the variation of the independednt variable(自變量), the other variation is the variation of the dependednt variable(因變量). Variation 可翻譯成: 微變(微小變量)或微變量。自變量指泛函的自變量,因變量指泛函的因變量。

在此對變量(或稱變化量)與增量(或稱增加量)作一些說明,圓: $x^2 + y^2 = 1$ 上任兩相異點比較皆產生變量,但任兩相異點比較皆不產生增量,因為所有點半徑皆為 1。所以在歐式空間中,如點$(1,1)$附近之極小鄰域,可稱為極微變量,用極微增量就不適合。

如圖 4.1 將$f(x)$與$g(x)$作比較,若以面積來度量兩個函數的大小,$f(x)$與$g(x)$有變量發生,但沒有增量發生。即有增量發生,一定有變量發生;有變量發生,不一定有增量發生。

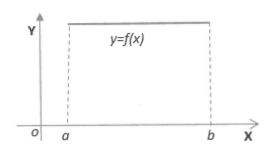 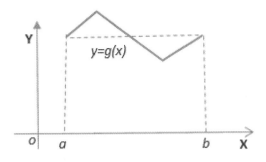

圖 4.1

4.1 泛函與變分法的基本概念

定義 4.1 給定函數空間U，若對於任何函數x(t) ∈ U，有一個實數(或複數)J(x(t))與之對應，則稱J(x(t))是x(t)的泛函。例如$J = \int_0^1 x(t)\, dt$是一個泛函。可知將$x(t)$映射為 一個實數值。$\delta x(t)$是$x(t)$的微變量，δJ是 J 的微變量。$\delta x(t)$用英文表達為 the variation of x(t)；δJ用英文表達為 the variation of J。所以$\delta x(t)$與δJ皆為微變量。為了方便後面敘述，我們不妨將微變量稱作極微變量(因為極微變量一定是微變量，但微變量不一定是極微變量)。在此我們稱取微分是指對函數取微分，取極微變量就是$\delta x(t)$或δJ。變分是變動微積分(Variational Calculus or Calculus of Variations)之意。取變分包括對$x(t)$取極微變量及對 J 取極微變量(take the variation)，一般書上將 take the variation 稱作取變分。take the variation 就自字面上是取微變之意。同樣地，取微分英文是 take the differential，也就是取極微增量或極微差量之意。Differential 在數學領域，英文可解釋為：a very very small difference (**infinitesimal** difference)。Differential 英文本義為：a difference as in rate, cost, quantity, degree, or quality, between things that are comparable。

如例，$J = \int_0^1 3t^2\, dt = \int_0^1 dt^3$，

$J + \Delta J = \int_0^1 3(t + 0.01)^2\, dt = \int_0^1 d(t + 0.01)^3$，可知$dt^3$變成$d(t + 0.01)^3$ (微分項發生了微小變化)，因而積分項亦發生了微小變化。故微分項發生微變(因函數$3t^2$發生了微小變形，變成了$3(t + 0.01)^2$)，導致積分也發生微變。也可以這樣去解釋 two variations。即 Variation of the differential and Variation of the intergral。又微分可解釋成：極微分割；變分可解釋成：(極)微變分割。

設$\delta x(t) = x(t) - x_0(t)$ $(x_0(t)$發生極微變，極微變量為：$x(t) - x_0(t))$，泛函的增量$\Delta J = J(x_0 + \delta x(t)) - J(x_0)$。為了評量$x(t)$微小變化的程度，可取兩種方

式：

$$d^0\big(x(t), x_0(t)\big) = \max_{t \in [a,b]} \{|x(t) - x_0(t)|\}$$

$$d^1\big(x(t), x_0(t)\big) = \max_{t \in [a,b]} \{|x(t) - x_0(t)|, |\dot{x}(t) - \dot{x}_0(t)|\}$$

稱前者為$x(t)$與$x_0(t)$在函數空間中 0 階距離，稱後者為$x(t)$與$x_0(t)$在函數空間中 1 階距離(代表$x(t)$與$x_0(t)$的差異性)。若$x(t)$與 $x_0(t)$為光滑(smooth)函數，則d^0與d^1兩種度量會相近；若$x(t)$與 $x_0(t)$不為光滑(smooth)函數，則d^0與d^1會相差更大，因為後者度量之微分項可能會使d^1變更大。在此，為了不讓讀者混淆，可舉一個簡單的例子，若x為實數，則$\Delta x = x - x_0$。Δx為x在x_0之處的增量。

定義 4.2 如果對任意給定的$\varepsilon > 0$，都可找到對應的$\delta > 0$，使得當 $d^0\big(x(t), x_0(t)\big) < \delta$ (或$d^1\big(x(t), x_0(t)\big) < \delta$) 時，則稱泛函$J\big(x(t)\big)$在點$x_0(t)$ 0 階連續 (或 1 階連續)。一般來說，0 階連續簡稱連續。如果泛函 $J\big(x(t)\big)$在函數空間U中任意一點都是連續的，則稱泛函$J\big(x(t)\big)$是U上的連續泛函。

再者，如果此函數空間足夠"良好"，則可以用傅立葉級數表示，傅立葉係數就是各維的分量，這時候此函數空間U就可等價於無限維歐式空間。在歐式空間作一些數學推理，就更容易理解了。故$J\big(x(t)\big)$在d^0的度量是連續，在d^1的度量不一定是連續。若在d^1的度量是連續，則表示$J\big(x(t)\big)$是光滑的。

如果對任何常數c_1、c_2及任何$x_1(t) \in U$，$x_2(t) \in U$，都有線性性質如下：

$$J(c_1 x_1 + c_2 x_2) = c_1 J(x_1) + c_2(x_2)$$

則稱泛函$J\big(x(t)\big)$是U上的連續線性泛函。

在此對變量與增量作一些說明，圓：$x^2 + y^2 = 1$上任兩相異點比較皆產生變量，但任兩相異點比較皆不產生增量，因為大小都沒變。

可將泛函變分(又可稱微變量或稱極微變量)看成是函數微分的推廣(更廣義)。接著，先介紹函數微分的定義。

若函數$y = f(x)$的微增量可表示為：

$$\Delta y = \frac{dy}{dx}\Delta x + r(x, \Delta x)$$

其中右式第一項為Δx的線性函數；第二項為Δx的高次項，即$r(x, \Delta x)$可表示為無窮級數：

$k_2(\Delta x)^2 + k_3(\Delta x)^3 + \cdots$ 。此函數$f(x)$可稱可微的。當右式第二項$r(x, \Delta x)$足夠小時，$r(x, \Delta x)$ 可忽略不計。因此把右式第一項稱為函數的增量的線性主部，也可叫做函數的微分。記做：

$$dy = f'(x)dx$$

類似函數的微分定義，有

定義 4.3 若連續泛函$J\big(x(t)\big)$ 的增量可表示為：

$$\Delta J = J\big(x(t) + \delta x(t)\big) - J\big(x(t)\big)$$
$$= L(x(t), \delta(x)) + r(x(t), \delta(x))$$

其中右式第一項為δx的線性函數；第二項為δx的高次項，即$r(x, \delta x)$可表示為無窮級數：

$k_2(\delta x)^2 + k_3(\delta x)^3 + \cdots$ (類似泰勒級數展開)。當右式第二項$r(x, \delta x)$足夠小時，$r(x, \delta x)$ 可忽略不計。 右式第一項稱為泛函的"變分" (又稱極微變量)，記做：(稱變分表示此泛函由積分運算產生)

$$\delta J = L(x(t), \delta(x))$$

如同函數的微分是函數微增量的線性主部一樣，泛函的變分是泛函數微增量的線性主部。

$\delta x(t) = x(t) - x_0(t)$與$dx(t)$有什麼差別？ 當說到$\delta x(t)$時，函數$x(t)$有變形了；當說到$dx(t)$時，函數$x(t)$沒有變形，只是表示$x(t)$因極微增量$dt$而產生極微增量$dx(t)$，$\frac{dx(t)}{dt}$即為切線斜率。

例 4.1 求泛函 $J = \int_0^1 x^2(t)dt$ 的變分(或稱極微變量)。

解

變量 $\Delta J = \int_0^1 (x+\delta x)^2 dt - \int_0^1 x^2(t)dt = \int_0^1 2x(t)\delta x dt + \int_0^1 (\delta x)^2 dt$

由於 $\int_0^1 2x(t)\delta x dt$ 是 δx 的連續線性函數(linear function of δx),亦即連續線性函數泛函,且有

$$\lim_{\delta x \to 0} \frac{\int_0^1 (\delta x)^2 dt}{\|\delta x\|} = \lim_{\delta x \to 0} \frac{[\delta(x(\xi))]^2 \cdot 1}{\|\delta x\|} = \lim_{\delta x \to 0} \frac{\delta(x(\xi))}{\|\delta x\|} \cdot \delta(x(\xi))$$
$$= 0 \text{ (均值定理;} 0 < \xi < 1)$$

其中 $\|\delta x\| \triangleq \max_{t \in [0,1]} |\delta x(t)|$,故 （當 $\|\delta x\| \to 0$ 時,$|\delta(x(\xi))| \to 0$ ）

$$\delta J = 2\int_0^1 x \delta x dt$$

註:利用微積分均值定理可得,$\int_0^1 (\delta x)^2 dt = [\delta(x(\xi))]^2 \cdot 1 (0 < \xi < 1)$。

$\lim_{\delta x \to 0} \frac{[\delta x(\xi)]^2}{\|\delta x\|} = \lim_{\delta x \to 0} \frac{\delta x(\xi)}{\|\delta x\|} \cdot \lim_{\delta x \to 0} \delta x(\xi)$。因為 $\|\delta x\| \triangleq \max_{t \in [01]} |\delta x(t)|$,故 $\left|\frac{\delta(x(\xi))}{\|\delta x\|}\right| \le 1$,

當 $\|\delta x\| \to 0$ 時,$\left|\frac{\delta(x(\xi))}{\|\delta x\|}\right|$ 仍然 ≤ 1。又 $\lim_{\delta x \to 0} \delta x(\xi) = 0$。

顯然,直接用定義求泛函的變分 δJ 很困難。因此必須找另一種計算方式。

引理 4.1 如果連續泛函 $J(x(t))$ 的變分存在,則

$$\delta J(x, \delta x) = \frac{\partial J(x + \alpha \delta x)}{\partial \alpha}\bigg|_{\alpha=0}$$

證明 因為泛函 $J x(t)$ 的變分存在,故有

$\Delta J = J(x + \alpha \delta x(t)) - J(x) = L(x, \alpha \delta x) + r(x, \alpha \delta x) = \alpha L(x, \delta x) + r(x, \alpha \delta x)$

且

$$\lim_{\alpha \to 0} \frac{r(x, \alpha \delta x)}{\alpha} = \lim_{\alpha \to 0} \frac{r(x, \alpha \delta x)}{\alpha \delta x} \delta x = 0$$
$$(\ r(x, \delta x) = k_2(\delta x)^2 + k_3(\delta x)^3 + \cdots\ )$$

從而有

$$\frac{\partial J(x + \alpha \delta x(t))}{\partial \alpha}\bigg|_{\alpha=0} = \lim_{\alpha \to 0} \frac{J(x+\alpha\delta x) - J(x)}{\alpha - 0} = \frac{\alpha L(x, \delta x)}{\alpha} = L(x, \delta x)$$

證明完畢。

又 $\frac{\partial J(x+\alpha\delta x(t))}{\partial \alpha}\bigg|_{\alpha=0} = \lim_{\alpha \to 0} \frac{J(x+\alpha\delta x)-J(x)}{\alpha-0} = \lim_{\alpha \to 0} \frac{J(x+\alpha\delta x)-J(x)}{\alpha\delta x-0} \cdot \delta x = F_x \delta x$。

例 4.2 $J = \int_a^b \sqrt{1+x^2}dt$ 的變分(極微變量)。

解 $\delta J(x, \delta x) = \int_a^b \frac{\partial \sqrt{1+(x+\alpha\delta x)^2}}{\partial \alpha} dt \big|_{\alpha=0} = \int_a^b \frac{\partial \sqrt{1+(x+\alpha\delta x)^2}}{\partial \alpha} \big|_{\alpha=0} dt = \int_a^b \frac{x\delta x}{\sqrt{1+x^2}} dt$

例 4.3 求泛函 $J = \int_{t_0}^T F(x, \dot{x}, t)dt$ 的變分(極微變量)。其中 t_0、T、$x(t_0)$、$x(T)$ 固定。

解 由引理 4.1，可得

$$\delta J = \int_{t_0}^T \frac{\partial}{\partial \alpha} F(x + \alpha\delta x, \dot{x} + \alpha\delta\dot{x}, t)dt$$

$$= \int_{t_0}^T (F_x\delta x + F_{\dot{x}}\delta\dot{x})dt \quad (F_x \text{是對應於} \delta x \text{的線性主部}; F_{\dot{x}} \text{是對應}$$

於$\delta\dot{x}$的線性主部)

$$= \int_{t_0}^T F_x\delta x dt + \int_{t_0}^T F_{\dot{x}}d[\delta x(t)] = F_{\dot{x}}\delta x \big|_{t_0}^T - \int_{t_0}^T \delta x dF_{\dot{x}} + \int_{t_0}^T F_x\delta x dt$$

$$= F_{\dot{x}}\delta x \big|_{t_0}^T - \int_{t_0}^T (\delta x)(\frac{d}{dt}F_{\dot{x}})dt + \int_{t_0}^T F_x\delta x dt$$

由於 t_0、T、$x(t_0)$、$x(T)$ 固定的，即 $\delta x(t_0) = 0$，$\delta x(T) = 0$ (沒有極微變量)，故上式第一項為 0

從而有

$\delta J = \int_{t_0}^T (F_x - \frac{d}{dt}F_{\dot{x}})\delta x dt$。

註 1：設 $\delta x(t) = x(t) - x_0(t)$，則 $\delta \dot{x}(t) = \dot{x}(t) - \dot{x}_0(t)$，

$$\delta \dot{x}dt = [\dot{x}(t) - \dot{x}_0(t)]dt = dx(t) - dx_0(t) = d[x(t) - x_0(t)] = d\delta x(t)$$

註 2：$\frac{\partial}{\partial \alpha}F\big(x + \alpha\delta x, \dot{x} + \alpha\delta\dot{x}, t\big) = \frac{\partial F}{\partial(x+\alpha\delta x)} \cdot \frac{\partial(x+\alpha\delta x)}{\partial \alpha} + \frac{\partial F}{\partial(\dot{x}+\alpha\delta\dot{x})} \cdot \frac{\partial \dot{x}+\alpha\delta\dot{x}}{\partial \alpha} + \frac{\partial F}{\partial t} \cdot \frac{\partial t}{\partial \alpha}$

$$= F_{(x+\alpha\delta x)} + F_{(\dot{x}+\alpha\delta\dot{x})} = F_x + F_{\dot{x}} \text{ (因為} \delta x \to 0 \text{)}$$

定義 4.1 如果在 $x = x_0(t)$ 的一個 r 鄰域

$$d^0\big(x(t), x_0(t)\big) = \max_{a \le t \le b} |x(t) - x_0(t)| < r$$

內恆有

$J(x) \geq J(x_0)$ 或 $J(x) \leq J(x_0)$

則稱$J(x_0(t))$為泛函$J(x(t))$的**極小值**或**極大值**。

引理 4.2 若連續泛函 $J(x(t))$ 在 $x(t) = x_0(t)$處的變分(極微變量)存在，且在點$x = x_0(t)$處達到極值，則泛函在$x = x_0(t)$處的變分$\delta J \big|_{x=x_0} = 0$。

證明 對於任意給定的$\delta x(t)$ (指任何"方向")，

由於$J(x_0 + \alpha \delta x)$在 $\alpha = 0$ 時可取到極值，必有

$\frac{\partial J(x_0 + \alpha \delta x)}{\partial \alpha} \big|_{\alpha=0} = L(x, \delta x) = \delta J(x_0, \delta x) \big|_{x=x_0} = 0$ ，即 $\delta J(x_0, \delta x) \big|_{x=x_0} = 0$。

$\delta x(t)$是極微變量，$\delta J(x_0, \delta x) = 0$ 對任何"方向"的δx都成立。$x = x_0(t)$可當作空間某一點來看。如同微積分中的$z = f(x, y)$，$dz = \nabla f(x, y) \cdot d\vec{s}$ ，$d\vec{s} = dx\, \hat{\imath} + dy\, \hat{\jmath}$。若$z = f(x, y)$在點$(x_0, y_0)$有極值，則$\nabla f(x_0, y_0) = 0$。在$(x_0, y_0)$之處對任何方向的坡度都為$0$。

註：若$f(x) = x^2$，則$df(x) = dx^2 = 2xdx = f^{'}(x)dx$，在$x = 0$處有極值，$f^{'}(x) \big|_{x=0} = 0$，

$df(x) = f^{'}(x)dx = 0 \cdot dx = 0$ 。在此，將函數在極值處取微分與將泛函在極值處取變分(極微變量)作比較。

例 4.4 求泛函 $J = \int_{-1}^{1}(\ddot{x}^2 + 8x)dt$ 極值對應的曲線(又稱極值曲線)，其中 $x(-1) = \dot{x}(-1) = x(1) = \dot{x}(1) = 0$

解 將例 4.3 作修改，可得

$$\delta J = \int_{t_0}^{T}(F_{\ddot{x}}\delta \ddot{x} + F_x \delta x)dt = \int_{-1}^{1}(2\ddot{x}\delta \ddot{x} + 8\delta x)dt$$

$$= \int_{-1}^{1} 2\ddot{x}d\delta \dot{x} + \int_{-1}^{1} 8\delta x dt = 2\ddot{x} \cdot \delta \dot{x} \big|_{-1}^{1} - \int_{-1}^{1} \delta \dot{x}d(2\ddot{x}) + \int_{-1}^{1} 8\delta x dt$$

$$= -\int_{-1}^{1} 2x^{(3)}\delta \dot{x}dt + \int_{-1}^{1} 8\delta x dt = -\int_{-1}^{1} 2x^{(3)}d\delta x + \int_{-1}^{1} 8\delta x dt$$

$$= -\left[2x^{(3)} \cdot \delta x \big|_{-1}^{1} - \int_{-1}^{1} \delta x d(2x^{(3)})\right] + \int_{-1}^{1} 8\delta x dt$$

$$= \int_{-1}^{1} (2x^{(4)} + 8)\delta x\, dt$$

讓 $2x^{(4)} + 8 = 0$，即 $x^{(4)} = -4$

$$x = -\frac{1}{6}t^4 + \frac{c_1}{6}t^3 + \frac{c_2}{2}t^2 + c_3 t + c_4$$

帶入邊界條件得

$$\begin{cases} -\dfrac{1}{6} - \dfrac{c_1}{6} + \dfrac{c_2}{2} - c_3 + c_4 = 0 \\[2mm] \dfrac{2}{3} + \dfrac{c_1}{2} - c_2 + c_3 = 0 \\[2mm] -\dfrac{1}{6} + \dfrac{c_1}{6} + \dfrac{c_2}{2} + c_3 + c_4 = 0 \\[2mm] -\dfrac{2}{3} + \dfrac{c_1}{2} + c_2 + c_3 = 0 \end{cases}$$

解之，得

$$c_1 = c_3 = 0 \text{，} c_2 = \frac{2}{3} \text{，} c_4 = -\frac{1}{6}$$

故極值曲線為

$$x(t) = -\frac{1}{6}(t^4 - 2t^2 + 1)$$

4.2 歐拉方程

現在討論對泛函

$$J = \int_{t_0}^{T} F(x, \dot{x}, t)dt \tag{4.1}$$

取極值的條件。由例 2.3 可知，在初始時間與初始狀態、終止狀態都固定的(fixed)情況下，泛函(4.1) 取極值的必要條件是

$$\int_{t_0}^{T} (F_x - \frac{d}{dt}F_{\dot{x}})\delta x dt = 0$$

由於微變量δx是任意值，故$x(t)$是極值的必要條件要滿足如下方程

$$F_x - \frac{d}{dt}F_{\dot{x}} = 0 \tag{4.2}$$

邊界條件為

$$x(t_0) = x_0 , x(t_1) = x_1 \tag{4.3}$$

稱方程(4.2)為歐拉方程 因為 $F = F(x, \dot{x}, t)$ (是顯含t的函數)

$$\frac{d}{dt}F_{\dot{x}} = F_{\dot{x}\dot{x}}\frac{d\dot{x}}{dt} + F_{\dot{x}x}\frac{dx}{dt} + F_{\dot{x}t}\frac{dt}{dt} = F_{\dot{x}\dot{x}}\ddot{x} + F_{\dot{x}x}\dot{x} + F_{\dot{x}t}$$

可知歐拉方程(4.2)為 2 階微分方程，極值曲線要通過解此微分方程求得，邊界條件(4.3) 用於確定解中的兩個常數。

註 4.1 由歐拉方程中解出的函數$x = x(t)$未必為極值曲線(因為僅符合必要

條件)，但它已經縮小了範圍，即找到了極值曲線的侯選曲線。

註 4.2 當函數 F 不是顯含 t 時(自變數不含t)，即

$F = F(x, \dot{x})$ 時，歐拉方程 使得 $F = \dot{x}F_{\dot{x}} + c$ 成立。

其中 c 是任意常數。

以下證明註 **4.2** 的結論。

證明 (舉一個例子 $F = x^2 + \dot{x}$ 是不顯含t；$F = x^2 + \dot{x} + t^2$ 是顯含t)

$$\frac{d}{dt}(F - \dot{x}F_{\dot{x}}) = \frac{dF}{dt} - \frac{d}{dt}\dot{x}F_{\dot{x}}$$

$$\frac{dF}{dt} = \frac{\partial F}{\partial x}\frac{dx}{dt} + \frac{\partial F}{\partial \dot{x}}\frac{d\dot{x}}{dt}, \quad -\frac{d}{dt}\dot{x}F_{\dot{x}} = -\frac{d}{dt}\dot{x}F_{\dot{x}} - (\dot{x})^2 F_{\dot{x}x} - \ddot{x}F_{\dot{x}\dot{x}}\dot{x}$$

$$\frac{d}{dt}(F - \dot{x}F_{\dot{x}}) = F_x\dot{x} + \ddot{x}F_{\dot{x}} - \ddot{x}F_{\dot{x}} - (\dot{x})^2 F_{\dot{x}x} - \ddot{x}F_{\dot{x}\dot{x}}\dot{x}$$

$$= F_x\dot{x} - \dot{x}\frac{d}{dt}F_{\dot{x}} = \left(F_x - \frac{d}{dt}F_{\dot{x}}\right)\dot{x} = 0 \cdot \dot{x} = 0$$

$$又 \ \frac{d}{dt}F_{\dot{x}} = \dot{x}F_{\dot{x}x} + \ddot{x}F_{\dot{x}\dot{x}}$$

可得

$$F - \dot{x}F_{\dot{x}} = c$$

即 $F = \dot{x}F_{\dot{x}} + c$。

例 4.5 證明平面二個定點間連線的最短曲線為直線。

解 由弧長微分公式

$ds = \sqrt{1 + \dot{x}^2}dt$ 式 (注意:此處 $x(t)$ 代表 X-Y 平面 Y 座標，t 代表 X-Y 平面 X 座標)

將問題化為求泛函的極值，並找出對應的極值曲線

泛函為

$$J\big(x(t)\big) = \int_{t_0}^{t_1}\sqrt{1 + \dot{x}^2}dt = \int_{t_0}^{t_1}F(x, \dot{x}, t)dt$$

邊界條件為 $x(t_0) = a$，$x(T) = b$。($F(x, \dot{x}, t) = \sqrt{1 + \dot{x}^2}$)

(找函數空間中的極點；每一個點$x(t)$對應一個性能值$J(x(t))$)

顯然

$$F_x = 0 \, , F_{\dot{x}} = \frac{\dot{x}}{\sqrt{1 + \dot{x}^2}}$$

故歐拉方程 $F_x - \frac{d}{dt}F_{\dot{x}} = 0$ 變成 $\frac{d}{dt}F_{\dot{x}} = 0$

得

$$\frac{\dot{x}}{\sqrt{1 + \dot{x}^2}} = c_0$$

簡單代數運算得

$$\dot{x} = c_1$$

解之，得

$$x(t) = c_1 t + c_2$$

其中c_1與c_2由邊界條件$x(t_0) = a$，$x(T) = b$來確定，顯然，$x(t)$是一條直線。證明完畢。由此可知，對J來說，函數空間的極點為$c_1 t + c_2$，此時$\delta J = 0$。類似函數在切線斜率=0 時求極值。以前高中數學學過當$x \in \mathbb{R}$，對函數$f(x)$求極值，現在則是當$x(t) \in$函數空間，對泛函$f(x(t))$求極值。

在此我們作一個比較。若$x \in \mathbb{R}$，$y = f(x)$，$dy = df(x) = \frac{df(x)}{dx}dx = f'(x)dx$。若$x(t) \in$函數空間，$J = f(x(t))$，$\delta J = \delta f(x(t))$。函數$x(t)$之極微變形$\delta x(t)$發生導致$\delta J$發生。

4.3 端點可變下的橫跨條件(Ttransversality Condition)

所謂**橫跨條件**是時間橫跨的意思，就像發射長程飛彈的時候，飛行時間要橫跨夠長，才叫長程飛彈。終止時間要選短或要選長的動作稱作橫跨，而且在此特定終止時間，泛函是最大值或最小值，即最佳值(Optimal Value)。舉例來說，在此特定終止時間，飛行燃料要用最少，這就是最佳值(Optimal Value)的意義。一個特定的終止時間對應一個**橫跨條件**。**邊界條件**定義成所有**橫跨條件**的集合，即**橫跨條件集**。在最佳控制領域中，**邊界條件(Boundary Condition)** 是這樣定義的。

假定初始時間固定與初始狀態固定，而終止時間與終止狀態是變化的。則泛函(4.1)的變分(極微變量)為如下:

(泛函的變分可類比函數的微分。變分符號用δ；微分符號用d。)

$$\delta J = \frac{\partial J(x+\alpha\delta x)}{\partial \alpha}\Big|_{\alpha=0} \qquad (利用引理 4.1 及例 4.3)$$

$$= \frac{\partial}{\partial \alpha}\int_{t_0}^{T+\alpha\delta T} F(x+\alpha\delta x, \dot{x}+\alpha\delta\dot{x}, t)dt$$

$$= \int_{t_0}^{T+\alpha\delta T}(F_x\delta x + F_{\dot{x}}\delta\dot{x})dt + \frac{\partial}{\partial \alpha}\int_{t_0}^{T+\alpha\delta T} F(x,\dot{x}, t)dt \qquad (\delta T \to 0)$$

$$= \int_{t_0}^{T}(F_x\delta x + F_{\dot{x}}\delta\dot{x})dt \qquad\qquad + \frac{\partial}{\partial \alpha}\int_{t_0}^{T+\alpha\delta T} F(x,\dot{x}, t)dt$$

$$= \int_{t_0}^{T}(F_x - \frac{d}{dt}F_{\dot{x}})\delta x dt + \int_{t_0}^{T} F_x\delta x dt \quad + F(x,\dot{x},t)\delta T$$

$$= \int_{t_0}^{T}(F_x - \frac{dF_{\dot{x}}}{dt})\delta x dt + F_{\dot{x}}\delta x\Big|_{t_0}^{T} \quad + F(x,\dot{x},T)\delta T)$$

$$= \int_{t_0}^{T}(F_x - \frac{dF_{\dot{x}}}{dt})\delta x dt + F_{\dot{x}}\delta x\Big|_{t=T} \quad + F(x,\dot{x},T)\delta T$$

$$\tag{4.4}$$

註1：$\delta x(T) \to 0$；$\delta x(t_0) = 0$，因為假設條件為:初始時刻及初始狀態固定。初始狀態固定如同中學物理所學的駐波，其節點是不上下振動的。駐波振動時，其節點始終是一個固定

點。

註 2:　　$\left(F(t) = F(x,\dot{x},t) \right)$；因為$x$：fixed, $\dot{x}$：fixed。)

$$\frac{\partial}{\partial \alpha} \int_{t_0}^{T+\alpha\delta T} F(t)dt$$

$$= \frac{\partial}{\partial \alpha}\left[F^{(-1)}(t) \mid \begin{matrix} T+\alpha\delta T \\ t_0 \end{matrix} \right] \qquad (F^{(-1)} \text{代表}F\text{的不定積分})$$

$$= \frac{d}{\partial(\alpha\delta T)}\left[F^{(-1)} \mid \begin{matrix} T+\alpha\delta T \\ t_0 \end{matrix} \right] \cdot \frac{\partial(\alpha\delta T)}{\partial \alpha}$$

$$= F(x,\dot{x},T)\,\delta T$$

之前證明了極值曲線必滿足歐拉方程

$$F_x - \frac{dF_{\dot{x}}}{dt} = 0$$

故(4.4)變成

$$\delta J = F_{\dot{x}}\delta\mathrm{x} \mid_{t=T} + F(x,\dot{x},t)\delta T \mid_{t=T} \tag{4.5}$$

由此可知在滿足歐拉方程後，又必須滿足(時間)橫跨條件。現按如下幾種情況進行討論。

(1)　如果T固定的(fixed)，則$\delta T = 0$，故有

$$\delta J = F_{\dot{x}}\delta x(t) \mid_{t=T}$$

由$\delta x(T)$可為任意值，得橫跨條件為

$$F_{\dot{x}} \mid_{t=T} = 0 \tag{4.6}$$

此時，極值曲線滿足

$$\begin{cases} F_x - \dfrac{dF_{\dot{x}}}{dt} = 0 \\ F_{\dot{x}} \mid_{t=T} = 0 \,,\, x(t_0) = x_0 \end{cases}$$

(2)　如果T與$x(T)$任意變化，則由於 δT 與 $\delta x(T)$可為任意值，得橫跨條件為

$$F_{\dot{x}} \mid_{t=T} = 0 \,,\, F \mid_{t=T} = 0 \tag{4.7}$$

此時，極值曲線滿足

$$\begin{cases} F_x - \dfrac{dF_{\dot{x}}}{dt} = 0 \\ F_{\dot{x}}\big|_{t=T} = 0 \,, x(t_0) = x_0 \,, F\big|_{t=T} = 0 \end{cases}$$

(3) 如圖 4.2，如果T與$x(T)$沿曲線$x = \varphi(t)$變化(或說T與$x(T)$靠近曲線$x = \varphi(t)$作變化，即當T作微小變化時，$x(T)$也在$\varphi(t)$附近作微小變化)， 則極微變量δT與$\delta x(T)$有關 (δT表示從$t = T$處往橫軸方向作極微變化；$\delta x(T)$表示在$t = T$處往縱軸方向作極微變化)。因為

$$\varphi(T + \delta T) = x(T + \delta T) + \delta x(T)$$

(將符號δ替換成Δ，則上式變成: $\varphi(T + \Delta T) \simeq x(T + \Delta T) + \Delta x(T)$；此處$\simeq$為近似之意)

即 $\qquad x(T + \alpha\delta T) + \alpha\delta x(T) = \varphi(T + \alpha\delta T)$

($\delta\alpha T = \alpha\delta T$；極微變量$\delta T$導致發生極微變量$\delta x(T)$，即在$t = T$之處，$x(T)$亦會生微小變化)

在二邊同時對α求導，並取$\alpha = 0$，有

$$\dot{x}(T)\delta T + \delta x(T) = \dot{\varphi}(T)\delta T \quad (\text{即 } \delta x(T) = \dot{\varphi}(T)\delta T - \dot{x}(T)\delta T)$$

由δT的任意性 ($x(t)$在任意"方向"作極微小變動；由於T是時間，故方向只有正與負)，再藉由(4.5)，得橫跨條件為 (又極微變量δT導致極微變量δJ發生；當函數空間中的點$x(t)$為極點時，則極微變量$\delta J = 0$)

$$\delta J = [F_{\dot{x}}(\dot{\varphi} - \dot{x}) + F]\big|_{t=T} = 0 \tag{4.8}$$

上述條件可從圖 4.2 看出，其中通過 A 與 B 的曲線為$x(t)$，通過 A、D、C 的曲線為$x(t) + \delta x(t)$，$DB = \delta x(T)$，$EC \approx \dot{x}(T)\delta T$，$FC \approx \dot{\varphi}(T)\delta T$ ($DB = \delta x(T) = \dot{\varphi}(T)\delta T - \dot{x}(T)\delta T \approx FC - EC = EF$)。

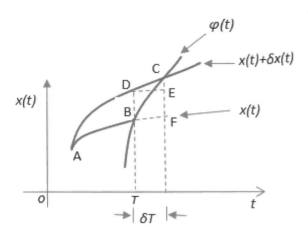

圖 4.2

此時，極值曲線滿足

$$\begin{cases} F_x - \dfrac{dF_{\dot{x}}}{dt} = 0 \\ x(t_0) = x_0 \, , x(T) = \varphi(T) \, , [F_{\dot{x}}(\dot{\varphi} - \dot{x}) + F] \big|_{t=T} = 0 \end{cases} \tag{4.9}$$

如果泛函有以下型式：

$$J = \varphi(x(T), T) + \int_{t_0}^{T} F(x, \dot{x}, t) dt$$

此式表示J的變化與$x(T)$、T 有關，即$x(T)$、T為非固定。

$$\delta J = \frac{\partial \varphi}{\partial x(T)} \delta x(T) + \frac{\partial \varphi}{\partial T} \delta T + \int_{t_0}^{T} (F_x - \frac{dF_{\dot{x}}}{dt}) \delta x dt + F_{\dot{x}} \delta x \big|_{t=T} + F(x, \dot{x}, t) \delta t \big|_{t=T}$$

$$= (\frac{\partial \varphi}{\partial x(T)} + F_{\dot{x}}) \big|_{t=T} \delta x(T) + \left(\frac{\partial \varphi}{\partial T} + F \right) \big|_{t=T} \delta T + + \int_{t_0}^{T} (F_x - \frac{dF_{\dot{x}}}{dt}) \delta x dt$$

因此若極值存在，則極值曲線要滿足如下方程：

$$F_x - \frac{dF_{\dot{x}}}{dt} = 0$$

邊界條件為:

$$\left(\frac{\partial \varphi}{\partial x(T)} + F_{\dot{x}}\right)\big|_{t=T} = 0 , \left(\frac{\partial \varphi}{\partial T} + F\right)\big|_{t=T} , x(t_0) = x_0$$

由上式知此邊界條件由兩個(時間)橫跨條件與一個初始狀態所組成。又當$t = T$作極微變動時，$x(T)$可作極微變動，亦可不作極微變動。換句話說，$x(T)$可作極微變形，亦可不作極微變形。

例 4.6 在XY平面上給定二點 A 與 B，A 位於座標原點不動。B 可沿$x = \varphi(t)$移動， 求一條曲線，使 A,B 二點間的弧長為最短。(注意:此處 $x(t)$ 代表歐式空間 X-Y 平面 Y 座標，t 代表 X-Y 平面 X 座標)

解 利用與例4.5相同的方法，可求得極值曲線為

$$x = c_1 t + c_2$$

由$x(0) = 0$ ，得$c_2 = 0$ 。根據橫跨條件(2.7)，得

$$\frac{\dot{x}(t)}{\sqrt{1 + \dot{x}^2()}}[(\dot{\varphi}(T) - c_1] + \sqrt{1 + \dot{x}^2(T)} = 0$$

由$\dot{x} = c_1$代入上式得

$c_1 \dot{\varphi}(T) = -1$，即 $c_1 = \frac{-1}{\dot{\varphi}(T)}$

故極值曲線為

$$x(t) = -\frac{t}{\dot{\varphi}(T)}$$

如果$\varphi(t) = t$，則極值曲線為$x = -t$。

例 4.7 一質點沿XY平面上的曲線$y = f(x)$移動，起點為$(0,8)$，終點為$(4,0)$，設質點運動速度等於它橫座標的值(橫座標越大，質點切線速度越大)，則曲線取何種形狀，質點運動時間最短(時間最佳化問題)。

解 由題意知 $dt = \frac{ds}{x}$，其中 s 為曲線$x = f(x)$上運動的弧長，t是時間。故

$$dt = \frac{ds}{x} = \frac{\sqrt{1+(\dot{y})^2}dx}{x}$$

因此，問題化為求泛函的極值，泛函如下

$$t = \int_0^4 \frac{\sqrt{1+(\dot{y})^2}dx}{x}$$

顯然，被積函數不顯含y，故歐拉方程化為

$$\frac{dF_{\dot{y}}}{dx} = 0 \ (F_{\dot{y}} = c_1)$$

由於 $F_{\dot{y}} = \dfrac{\dot{y}}{x\sqrt{1+(\dot{y})^2}}$

故得

$$\frac{\dot{y}}{x\sqrt{1+(\dot{y})^2}} = c_1 \ \text{即} \ \dot{y}^2 = c_1{}^2 x^2(1+(\dot{y})^2)$$

解之，得

$$\dot{y} = \frac{c_1 x}{\sqrt{1-c_1{}^2 x^2}}$$

即 $\int \dot{y}\,dx = \int \frac{c_1 x}{\sqrt{1-c_1{}^2 x^2}}\,dx$

從而

$$y = \int \frac{c_1 x}{\sqrt{1-c_1{}^2 x^2}}\,dx = -\frac{1}{2c_1}\int \frac{d(1-c_1{}^2 x^2)}{\sqrt{1-c_1{}^2 x^2}}$$

$$= -\frac{1}{c_1}\sqrt{1-c_1{}^2 x^2} + c_2$$

代入邊界條件$y(0) = 8$，$y(4)$，得

$-\frac{1}{c_1} + c_2 = 8$，$-\frac{1}{c_1}\sqrt{1-16c_1{}^2} + c_2 = 0$

解之，得

$$c_1 t = -\frac{1}{5} \ , \ c_2 = 3$$

故所求最佳曲線為

$$y = 5\sqrt{1 - \frac{x^2}{25}} + 3$$

即

$$x^2 + (y - 3)^2 = 25$$

此為圓心在座標(0,3)，半徑為 5 的圓。

4.4 含有多個未知函數的泛函極值

前面討論的變分問題僅牽涉到一個未知函數的泛函。現在來討論具有多個未知函數的泛函極值問題。設泛函

$$J = \int_{t_0}^T F(x_1, \cdots, x_n, \dot{x_1}, \cdots, \dot{x_n}, t)dt \tag{4.10}$$

令

$x = [x_1, \cdots, x_n]$ ，$F_x = F_{x_1}, \cdots, F_{x_n}$

$F_{\dot{x}} = F_{\dot{x_1}}, \cdots, F_{\dot{x_n}}$

則式(4.9)可寫成

$$J = \int_{t_0}^T F(x, \dot{x}, t)dt$$

而極值曲線應滿足如下歐拉方程組:

$$F_x - \frac{d}{dt}F_{\dot{x}} = 0 \tag{4.11}$$

式中(4.11)可寫成n個微分方程組，它的解中含有n個任意值常數。

如果(t_0, x_0)與 $(T, x(T))$固定，則求解式(4.11)的邊界條件為

為

$x(t_0) = x_0$， $x(T) = x_T$

這一共有$2n$個條件，用於確定求解歐拉方程組所含有$2n$個任意值常數。

如果(t_0, x_0)與T固定，而$x(T) = x_1$在變化，則求解式(4.11) 邊界條件為

$x(t_0) = x_0$，$F_{\dot{x}}\big|_{t=T} = 0$

同時可確定歐拉方程解中$2n$個任意值常數。

如果(t_0, x_0)固定，而T與 $x(T) = x_1$作任意變化，則求解式(4.11) 邊界條件為

$x(t_0) = x_0$，$F_{\dot{x}}\big|_{t=T} = 0$，$F\big|_{t=T} = 0$ (3 項條件依序為: n個常數、n個常數、1 個常數。)

這一共有$2n + 1$個條件，用於確定求解歐拉方程組所含有$2n$個任意值常數及終止時間T。

如果(t_0, x_0)固定，而T與$x(T) = x_1$沿函數$x = \varphi(t)$作變化，則求解式(4.11)邊界條件為

$$x(t_0) = x_0 \, , x_1 = \varphi(T) \, , \left[F_{\dot{x}}^T(\dot{\varphi}(t) - \dot{x}(t)) + F\right]\big|_{t=T} = 0$$

(參考式(4.9)，$F_{\dot{x}}^T$中的T為轉置之意) 這一共有$2n + 1$個條件，用於確定求解歐拉方程組所含有$2n$個任意值常數及終止時間T。

例如，當$n = 2$ 時，$x = (x_1, x_2)^T$，式(4.10)僅針對第一個變量而導致的泛函增量為

$$\Delta J = \int_0^1 F(x_1 + \delta x_1, x_2, \dot{x}_1 + \delta \dot{x}_1, \dot{x}_2, t)dt - \int_0^1 F(x_1, x_2, \dot{x}_1, \dot{x}_2, t)dt$$

因此，採用之前完全相同的方法，使泛函$J = \int_0^1 F(x_1, x_2, \dot{x}_1, \dot{x}_2, t)dt$ 當滿足方程(4.11)及(t_0, x_0)與 $(T, x(T))$時，

此時取極值的函數$x_1(t)$應該滿足方程

$$F_{x_1} - \frac{d}{dt}F_{\dot{x}_1} = 0$$

同理可知，取極值的函數$x_2(t)$應該滿足方程

$$F_{x_2} - \frac{d}{dt}F_{\dot{x}_2} = 0$$

此時邊界條件為

$$x(t_0) = (x_1(t_0) \, , x_2(t_0))^T \quad , x(T) = (x_1(T) \, , x_2(T))^T$$

例 4.8 求泛函 $J = \int_0^{\frac{\pi}{2}}(2x_1x_2, \dot{x}_1^2 + x_2^2)dt$

在邊界條件為

$$\begin{bmatrix} x_1(0) \\ x_2(0) \end{bmatrix} = \begin{bmatrix} 0 \\ 0 \end{bmatrix}, \begin{bmatrix} x_1\left(\frac{\pi}{2}\right) \\ x_2\left(\frac{\pi}{2}\right) \end{bmatrix} = \begin{bmatrix} 1 \\ -1 \end{bmatrix}$$

下的最佳軌線。

解 由歐拉方程組(4.11)得

$$\begin{bmatrix} F_{x_1} \\ F_{x_2} \end{bmatrix} - \frac{d}{dt}\begin{bmatrix} F_{\dot{x}_1} \\ F_{\dot{x}_2} \end{bmatrix} = \begin{bmatrix} 2x_2 - 2\ddot{x}_1 \\ 2x_1 - 2\ddot{x}_2 \end{bmatrix} = 0$$

於是有

$$\ddot{x}_1 - x_2 = 0$$
$$\ddot{x}_2 - x_1 = 0$$

消去x_2，得

$$x_1^{(4)} - x_1 = 0$$

解特徵方程

$$\lambda^4 - 1 = 0$$

得

$$\lambda = 1, -1, j, -j$$

故通解為

$$x_1(t) = c_1 e^t + c_2 e^{-t} + c_3\cos(t) + c_4\sin(t)$$

因$\ddot{x}_1 - x_2 = 0$ ，故對上式求導數兩次，得

$$x_2(t) = c_1 e^t + c_2 e^{-t} - c_3\cos(t) - c_4\sin(t)$$

帶入邊界條件，得

$$c_1 + c_2 + c_3 = 0 \text{，} c_4 = 1$$

故泛函的極值曲線為

$$x_1^*(t) = \sin t \text{，} x_2^*(t) = -\sin t \text{。}$$

4.5 帶有控制律(Control Law)以變分方法(變動微積分方法)求解最佳控制

前面對泛函取變分時，泛函J的自變量不含控制項，以下要討論**泛函 J 受到系統方程與控制項**的影響，此控制項稱為**控制律**(Control Law)。這個**控制律**就是宛如法律的力量控制系統狀態的走向。

例 4.8 求極值的時候，狀態$x = [x_1(t), x_2(t)]$有兩個子狀態，即$x_1(t), x_2(t)$。這兩個子狀態互不相關。但給定一個系統方程(受到 Control Law 控制)，$x_1(t), x_2(t), u(t)$ 三者產生了關係。如下

$$\dot{x}_1 = x_2, \ x_1(0) = 1, \ x_1(2) = 0$$
$$\dot{x}_2 = u, \ x_2(0) = 1, \ x_2(2) = 0$$

性能指標為: $J = \frac{1}{2}\int_0^2 u^2 \, \mathrm{d}t$

此處 0 與 2 分別是起始時間與終止時間。這時候直接對 J 取微變量(或說微增量)，$\delta J = \frac{1}{2}\int_0^2 u\delta u dt$，此舉沒有什麼意義。在此，Control Law 可解釋成控制律力，因為此控制項的作用宛如對系統施加一個力去控制系統，這個力也如同法律作用要系統藉著這個控制力受到控制。

接下來，我們構造一個**哈密頓函數**(Hamiltonian Function)與**協態方程**(Costate Equation)要對性能指標 J 求極值曲線，指標 J 會受到**系統方程**與**控制項 u** 的影響。(**哈密頓函數法**)

給定系統的狀態方程

$$\dot{x} = f(x(t), u(t), t) \tag{4.12}$$

其中$x(t)$是n維狀態向量，$u(t)$是m維控制向量，$m \leq n$。$f(x(t), u(t), t)$ 是n維連續可微向量函數。

試求控制函數$u(t)$，使系統由初始狀態$x(t_0)$轉移到終止狀態$x(T)$，

性能指標為

$$J = \varphi(x(T), T) + \int_{t_0}^{T} F(x, u(t), t)dt \tag{4.13}$$

並對性能指標求極值。其中$\varphi(x(T), T)$與$F(x, u(t), t)$都是可微的函數；$u(t)$是 t 的連續函數。

設

$$H(x, u, \lambda, t) = F(x, u(t), t) + \lambda^T f(x(t), u(t), t) \tag{4.14}$$

上式稱為哈密頓函數，泛函J改寫成

$$J_0 = \varphi(x(T), T) + \int_{t_0}^{T} H(x, u, \lambda, t) - \lambda^T \dot{x} dt \tag{4.15}$$

可知 $J_0 = J$，表示性能指標的評價(evaluation)並無改變。

對J_0取變分(或稱取微變量)，推導如下

$$\delta J_0 = \frac{\partial J_0(x + \alpha \delta x, \ u + \alpha \delta u, T + \alpha \delta T)}{\partial \alpha} \Big|_{\alpha = 0}$$

$$= \frac{\partial}{\partial \alpha} \big\{ \varphi \big(x(T + \alpha \delta T) + \alpha \delta x \big|_{t=T}, \ T + \alpha \delta T \big) +$$

$$\int_{t_0}^{T + \alpha \delta T} [H(x + \alpha \delta x, u + \alpha \delta u, t) - \lambda^T(\dot{x} + \dot{x} \alpha \delta)] dt \big\} \Big|_{\alpha = 0}$$

$$= \frac{\partial \varphi^T}{\partial x(T)} (\dot{x} \big|_{t=T} \delta T + \delta x \big|_{t=T}) + \frac{\partial \varphi}{\partial T} \delta T + \int_{t_0}^{T} (H_x^T \delta x + H_u^T \delta u - \lambda^T \delta \dot{x}) dt + (H -$$

$$\lambda^T \dot{x}) \big|_{t=T} \delta T$$

$$= \left(\frac{\partial \varphi}{\partial T} + H \right) \Big|_{t=T} \delta T + \frac{\partial \varphi^T}{\partial x(T)} (\dot{x} \big|_{t=T} \delta T + \delta x \big|_{t=T}) - \lambda^T \dot{x} \big|_{t=T} \delta T - \lambda^T \delta x \big|_{t=T} \delta T \quad +$$

$$\int_{t_0}^{T} [(H_x + \dot{\lambda})^T \delta x + H_u^T \delta u] dt$$

$$= \left(\frac{\partial \varphi}{\partial T} + H \right) \Big|_{t=T} \delta T \ + \left(\frac{\partial \varphi}{\partial x(T)} - \lambda \right)^T \Big|_{t=T} (\dot{x} \big|_{t=T} \delta T + \delta x \big|_{t=T}) + \int_{t_0}^{T} [(H_x + \dot{\lambda})^T \delta x +$$

$$H_u^T \delta u] dt$$

接下來，令變分$\delta J_0 = 0$，可得取極值的一組必要條件。解此方程得到的$x^*(t)$ 與 $u^*(t)$分別稱為最佳狀態軌線與最佳控制。

註：$\frac{\partial \varphi(x(T + \alpha T))}{\partial \alpha} = \frac{\partial \varphi(x(T + \alpha \delta T))}{\partial x(T + \alpha \delta T)} \frac{\partial x(T + \alpha \delta T)}{\partial (T + \alpha \delta T)} \frac{\partial (T + \alpha \delta T)}{\partial \alpha} = \frac{\partial \varphi(x(T))}{\partial x(T)} \frac{\partial x(T)}{\partial (T)} \delta T = \frac{\partial \varphi(x(T))}{\partial x(T)} \cdot \dot{x} \Big|_{t=T} \cdot \delta T$，當$\alpha \to 0$

時。

4.5.1 固定端問題 （t_0, $x(t_0) = x_0$, T, $x(T) = x_1$　都固定）

此時，性能指標(4.14)中的第一項與第二項皆為 0（因為$\delta T = 0$，$\delta x\big|_{t=T} = 0$）。
因此，

$$\delta J_0 = \int_{t_0}^{T} [(H_x + \dot\lambda)^T \delta x + H_u^T \delta u] dt = 0$$

由於$\delta x(t)$與$\delta u(t)$可取任意值，得

$$H_x + \dot\lambda = 0$$
$$H_u^T \delta u = 0$$

即

$$\dot\lambda = -H_x \qquad\qquad\qquad (4.16)$$
$$H_u = 0 \qquad\qquad\qquad (4.17)$$

其中稱為哈密頓函數，即是式(4.14)的哈密頓函數。式(4.16)稱為伴態方程(costate equation)　，式(4.17)稱為控制方程。

定理 4.1 對於系統(4.12)與性能指標(4.13)，如果初始時間與初始狀態、終止時間與終止狀態都固定　，則$u^*(t)$ 與 $x^*(t)$為最佳控制與最佳狀態軌線的必要條件是：可找到一伴態向量$\lambda(t)$，使$\lambda(t)$、$u^*(t)$、$x^*(t)$滿足

$$\dot\lambda = -H_x$$
$$H_u = 0$$
$$\dot x = f(x(t), u(t), t) \qquad\qquad\qquad (4.18)$$

並邊界條件為

$$x(t_0) = x_0 , x(T) = x_1 \qquad\qquad\qquad (4.19)$$

稱(4.16)、(4.17)、(4.18)為求解最佳控制的正則方程。

例 4.9 給定系統的狀態方程 (或可稱系統轉態方程,因為此方程表示系統狀態如何轉變。)

$$\begin{cases} \dot{x}_1 = x_2 \text{,} \ x_1(0) = 1 \text{,} \ x_1(2) = 0 \\ \dot{x}_2 = u \text{,} \ x_2(0) = 1 \text{,} \ x_2(2) = 0 \end{cases}$$

求$u(t)$,對性能指標 $J = \frac{1}{2}\int_0^2 u^2 \, \mathrm{d}t$

取極值。(事實上可以看成此解必須滿足兩個條件:1.系統轉態方程 2. 性能指標要最佳)

解 構造哈密頓函數

$$H = \frac{1}{2}u^2 + \lambda_1 x_2 + \lambda_2 u$$

因為

$$H_{x_1} = 0 \text{,} \ H_{x_2} = \lambda_1 \text{,} \ H_u = u + \lambda_2$$

因伴態方程為$\dot{\lambda} = -H_x$,故可得

$$\dot{\lambda}_1 = 0$$
$$\dot{\lambda}_2 = -\lambda_1$$

解之,得

$\lambda_1(t) = c_1$,$\lambda_2 = -c_1 t + c_2$

由$H_u = 0$,可得

$$u = -\lambda_2 = c_1 t - c_2$$

將上式代入系統狀態方程,得

$$\dot{x}_2 = c_1 t - c_2$$

解之,可得

$$x_2 = \frac{c_1}{2}t^2 - c_2 t + c_3$$

故

$$x_1 = \frac{c_1}{6}t^3 - \frac{c_2}{2}t^2 + c_3 t + c_4$$

帶入邊界條件，得

$$c_4 = 1 \text{，} c_3 = 1$$

$$\frac{8c_1}{6} - \frac{4c_1}{2} + 3 = 0$$

$$\frac{4c_1}{2} - 2c_2 + 1 = 0$$

解之，得　　　　　　$c_1 = 3 \text{，} c_2 = \frac{7}{2}$ 。

最佳控制與最佳狀態軌線為

$$u^* = 3t - \frac{7}{2}$$

$$x_1{}^* = \frac{1}{2}t^3 - \frac{7}{4}t^2 + t + 1$$

$$x_2{}^* = \frac{3}{2}t^2 - \frac{7}{2}t + 1$$

4.5.2 自由端問題（ t_0 , $x(t_0) = x_0$, T 固定， $x(T) = x_1$ 任意變化)

因 $\delta T = 0$，故變分(微變量)為

$$\delta J_0 = \left(\frac{\partial \varphi}{\partial x(T)} - \lambda(T)\right)^T \delta x(T) + \int_{t_0}^{T} [(H_x + \dot{\lambda})^T \delta x(t) + H_u^T \delta u]dt = 0$$

由於 $\delta x(t)$、$\delta x(T)$、δu可為任意值，可得如下結論:

定理 4.2 對於系統(4.12)與性能指標(4.13)，如果初始時間、終止時間、終止時間都固定，終止狀態任意變化，則$u^*(t)$ 與 $x^*(t)$為最佳控制與最佳狀態軌線的必要條件是 : 可找到一伴態向量$\lambda(t)$，使$\lambda(t)$、$u^*(t)$、$x^*(t)$滿足

$$\begin{cases} \dot{\lambda} = -H_x \ , \ \lambda(T) = \dfrac{\partial \varphi(x(T))}{\partial x(T)} \\ \quad H_u = 0 \\ \dot{x} = f(x(t), u(t), t) \ , \ x(t_0) = x_0 \end{cases}$$

例 4.10 給定系統的狀態方程與初始條件

$$\begin{cases} \dot{x} = u(t) \\ x(0) = 1 \end{cases}$$

試找到 u，使得

$$J = \frac{1}{2}x(1) + \frac{1}{2}\int_0^2 u^2 \, dt$$

為極小值。

解 設哈密頓函數為

$$H = \frac{1}{2}u^2 + \lambda u$$

故伴態方程 $\dot{\lambda} = 0$，解之，得 $\lambda = c_1$ 。

由邊界條件可得

$$\lambda(1) = \frac{\partial \varphi(x(1))}{\partial x(1)} = \frac{1}{2} = c_1$$

又 $H_u = u + \lambda = 0$ ，故 $u(t) = -c_1$，代入系統狀態方程，可得

$$\dot{x} = -c_1$$

解之，得

$$x = -c_1 t + c_2$$

代入另一邊界條件: $x(0) = 1$，得 $c_2 = 1$。

從而得

$x^* = -\frac{1}{2}t + 1$, $u^* = -\frac{1}{2}$

4.5.3 終端點自由 (t_0 , $x(t_0) = x_0$ 固定，T、$x(T) = x_1$ 任意變化)

性能指標如下:

$$J = \varphi(x(T), T) + \int_{t_0}^{T} F(x, u(t), t) dt$$

對 $J = J_0$ 取變分(取微變)，並參考 式(2.14)下面推導，可得

$$\delta J_0 = \left(\frac{\partial \varphi}{\partial T} + H \right) \Big|_{t=T} \delta T + \left(\frac{\partial \varphi}{\partial x(T)} - \lambda \right)^T \Big|_{t=T} \cdot$$

$$\left(\dot{x} \Big|_{t=T} \delta T + \delta x \Big|_{t=T} \right) + \int_{t_0}^{T} [(H_x + \dot{\lambda})^T \delta x + H_u^T \delta u] dt$$

其中 $\delta x(T) = \dot{x} \big|_{t=T} \delta T + \delta x \big|_{t=T}$ 與 $\delta x \big|_{t=T}$ 的區別是：前者是 $x(T)$ 的微變，後者是 $x(T)$ 的微變(但 t 固定在 T)，即 $t = T$。事實上，對 $x(T)$ 作微變，可分兩種情形:1. t 固定在 T，$x(T)$ 作微變，即 $\delta x \big|_{t=T}$；2. t 在 T 往右作微增長，$x(T)$ 作微變，即 $\dot{x} \big|_{t=T} \delta T$。函數作微變可以看成函數作"微變形"。

由於 δx，δu，δT，$\delta x(T)$ 可為任意值，可得如下結論:

定理 4.3 對於系統(4.12)與性能指標(4.13)，如果初始時間與初始狀態都固定 ，終止時間及終止狀態任意變化，則 $u^*(t)$ 與 $x^*(t)$ 為最佳控制與最佳狀態軌線的必要條件是：找到一伴態向量 $\lambda(t)$，使 $\lambda(t)$、$u^*(t)$、$x^*(t)$ 滿足

$$\begin{cases} \dot{\lambda} = -H_x \\ H_u = 0 \\ \dot{x} = f(x(t), u(t), t) \end{cases}$$

並邊界條件為

$$\begin{cases} \left(\dfrac{\partial \varphi}{\partial T} + H \right) \Big|_{t=T} = 0 \\ \dfrac{\partial \varphi}{\partial x(T)} - \lambda(T) = 0 \\ x(t_0) = x_0 \end{cases}$$

例 4.11 給定系統的狀態方程與初始條件

$$\begin{cases} \dot{x} = u(t) \\ x(0) = 1 \end{cases}$$

試找到 u，使得

$$J = \frac{1}{2}x(T) + \frac{1}{2}\int_0^T (1 + u^2)\,dt$$

為極小值。

解 設哈密頓函數為

$$H = 1 + u^2 + \lambda u$$

故伴態方程$\dot{\lambda} = 0$，解之，得$\lambda = c_1$ 。

由 $0 = H_u = u + \lambda = 0$

得

$$u = -\frac{\lambda}{2} = -\frac{c_1}{2}$$

代入系統狀態方程，可得

$$\dot{x} = -\frac{c_1}{2}$$

解之，得

$$x = -\frac{c_1}{2}t + c_2$$

代入邊界條件: $x(0) = 1$，得 $c_2 = 1$。

又因為

$$\lambda(T) = \frac{\partial \varphi}{\partial x(T)} = 4x(T)$$

$$H\big|_{t=T} = 1 + u^2(T) + +\lambda u(T) = 1 + \frac{c_1^2}{4} - \frac{\lambda c_1}{2}$$

$$= 1 + \frac{c_1^2}{4} - \frac{c_1^2}{2} = 0 \ (因為0 = \frac{\partial(2x^2(T))}{\partial T} = -H\big|_{t=T})$$

故得

$c_1 = \pm 2$，$\lambda(T) = c_1 = 4x(T) = \pm 2$

從而

$$x(T) = \pm\frac{1}{2}$$

由 $x = -\frac{c_1}{2}t + c_2$ 得 $x(T) = -\frac{4x(T)}{2}T + c_2$ 即 $\pm\frac{1}{2} = (\pm T) + 1$

捨去負值，$T^* = \frac{1}{2}$。最後得

$x^* = -t + 1$，$u^* = -1$

4.5.4 終端點受限(t_0, $x(t_0) = x_0$ 固定，T變化，$x(T)$受限制)

此求極值問題有兩種約束(Constraint)，其一是狀態方程，其二是終端約束。

終端約束如下：

$$G(x(T), T) = 0 , G \in \mathbb{R}^k , k < n \tag{4.19}$$

在此引入兩個代確定乘子向量，一個是n維向量$\lambda(t)$，一個是k維向量$\mu(t)$。

因有約束$G(x(T), T) = 0$，

性能指標如下：

$$J_0 = \varphi(x(T), T) + \mu^T G(x(T), T) + \int_{t_0}^{T} F(x, u(t), t)dt$$

$$= \varphi(x(T), T) + \mu^T G(x(T), T) + \int_{t_0}^{T} F + \lambda^T(f - \dot{x})dt$$

設

$H(x, u, \lambda, t) = F(x, u(t), t) + \lambda^T f(x(t), u(t), t)$

與(4.15) 下方推導比較，可得

$$\delta J_0 = \left[\frac{\partial\varphi}{\partial x(T)} - \lambda(T) + \frac{\partial G^T \mu(t)}{\partial x(T)}\right]^T \delta x(T) +$$

$$\left(H + \frac{\partial\varphi}{\partial T} + \mu^T \frac{\partial G}{\partial T}\right)\delta T +$$

$$\int_{t_0}^{T} [(H_x + \dot{\lambda})^T \delta x + H_u^T \delta u]dt$$

由於δx，δu，δT，$\delta x(T)$ 可為任意值，可得如下結論:

定理 4.4 對於系統(4.12)與性能指標(4.13)，如果初始時間與初始狀態都固定 ，終止時間任意變化，終止狀態受式(4.20)約束，則$u^*(t)$ 與 $x^*(t)$為最佳控制與最佳狀態軌線的必要條件是 : 可找到一伴態向量$\lambda(t)$，使$\lambda(t)$、$u^*(t)$、$x^*(t)$滿足

$$\begin{cases} \dot{\lambda} = -H_x \text{ , } \lambda(T) = \frac{\partial \varphi}{\partial x(T)} + \frac{\partial G^T}{\partial x(T)} \mu(t) \text{ , } \mathrm{G}(x(T),T) = 0 \\ \quad H_u = 0 \text{ , } \left(H + \frac{\partial \varphi}{\partial T} + \mu^T \frac{\partial G}{\partial T} \right)\big|_{t=T} = 0 \\ \quad \dot{x} = f(x(t),u(t),t) \text{ , } x(t_0) = x_0 \end{cases}$$

綜合上面所述，利用變分法求最佳控制，即是在一定的邊界條件下求解聯立方程，即狀態方程、伴態方程、控制方程。

參考書目

[1] 康淑瑰，郭建敏 等。 泛函分析。 北京:科學出版社，2017。

[2] 楊有龍。 泛函分析引論。 西安:西安電子科技大學出版社，2018。

[3] 郭懋正。 實變函數與泛函分析。 北京:北京大學出版社，2017。

[4] 王於平，夏業茂 等。 測度與積分。 南京:東南大學出版社，2017。

[5] 黎永錦。 泛函分析的問題與反例。 北京:科學出版社，2016。

[6] 尤承業。 基礎拓撲學。 北京:北京大學出版社，2018。

[7] 周民強。 實變函數論(第三版)。 北京:北京大學出版社，2018。

[8] 王公寶，李衛軍，何漢霖。 實變函數與泛函分析。 北京:科學出版社,2014。

[9] 李登峰。 小波分析的數學理論。北京:科學出版社，2017。

[10] 荊海英。 最優控制理論與方法。瀋陽:東北大學出版社，2002。

[11] 黎永錦。 實變函數論講義。 北京:科學出版社，2020。

國家圖書館出版品預行編目資料

白話泛函分析入門：數學推理入門／陳興逸、蔡
清池、陳興忠著. --初版.--臺中市：白象文化事
業有限公司，2023.4
　　面；　公分
　　ISBN 978-626-7253-76-2（平裝）
　　1.CST: 泛函分析
314.7　　　　　　　　　　　　112002115

白話泛函分析入門：數學推理入門

作　　者　陳興逸、蔡清池、陳興忠
校　　對　陳興逸、蔡清池、陳興忠
發 行 人　張輝潭
出版發行　白象文化事業有限公司
　　　　　412台中市大里區科技路1號8樓之2（台中軟體園區）
　　　　　出版專線：（04）2496-5995　　傳真：（04）2496-9901
　　　　　401台中市東區和平街228巷44號（經銷部）
　　　　　購書專線：（04）2220-8589　　傳真：（04）2220-8505
專案主編　林榮威
出版編印　林榮威、陳逸儒、黃麗穎、水邊、陳婷婷、李婕
設計創意　張禮南、何佳誼
經紀企劃　張輝潭、徐錦淳、廖書湘
經銷推廣　李莉吟、莊博亞、劉育姍、林政泓
行銷宣傳　黃姿虹、沈若瑜
營運管理　林金郎、曾千熏
印　　刷　基盛印刷工場
初版一刷　2023 年 4 月
定　　價　420 元